教育部高等学校"农业机械化及其自动化本科专业综合改革试点"项目

中国教师发展基金会教师出版基金项目

吉林大学高等教育出版计划项目

吉林大学本科"十三五"规划教材建设项目

农 学 基 础

王淑杰　主编

U0287292

科学出版社

北京

内 容 简 介

本书主要结合近 10 年来农业科技发展状况及农业基本理论、基本方法、基本技能编写而成。第一章主要讲述农业系统的构成及农学基础课程的主要研究内容与任务；第二章至第六章为土壤学的相关内容，主要介绍土壤的组成及质地、土壤矿物质及有机质、土壤孔性及结构性、土壤水分、土壤通气、土壤热量、土壤物理机械性质等方面的核心内容；第七章至第十章为耕作学的相关内容，主要介绍土壤耕作的基础知识及技能、作物育种及施肥技术、土壤的种植制度；第十一章至第十三章为作物栽培学的相关内容，主要介绍作物生物学特性及其对于制定农业生产技术措施的积极作用，为农业机械设计及制造提供农艺学信息。

本书可作为农业机械化及其自动化本科专业学生的教材，也可供相关工科专业农学爱好者使用。

图书在版编目（CIP）数据

农学基础/王淑杰主编. —北京：科学出版社，2022.2
ISBN 978-7-03-071624-8

Ⅰ．①农… Ⅱ．①王… Ⅲ．①农学-高等学校-教材 Ⅳ．①S3

中国版本图书馆 CIP 数据核字（2022）第 030997 号

责任编辑：丛 楠 韩书云 / 责任校对：杨 赛
责任印制：赵 博 / 封面设计：迷底书装

科学出版社 出版
北京东黄城根北街 16 号
邮政编码：100717
http://www.sciencep.com
北京凌奇印刷有限责任公司印刷
科学出版社发行 各地新华书店经销
*
2022 年 2 月第 一 版 开本：787×1092 1/16
2025 年 2 月第 三 次印刷 印张：17
字数：403 000
定价：59.80 元
（如有印装质量问题，我社负责调换）

编委会名单

主　编　王淑杰（吉林大学）

副主编　徐丽明（中国农业大学）

徐惠风（吉林农业大学）

于海秋（沈阳农业大学）

参　编　（按姓氏笔画排序）

王　薇（吉林农业大学）

乔建磊（吉林农业大学）

祁　新（吉林农业大学）

李大伟（吉林大学）

赵　莹（东北农业大学）

徐　岩（吉林大学）

隋媛媛（吉林大学）

前　　言

本书主要适合农业机械化及其自动化本科专业学生运用。自 2002 年 9 月吉林大学正式恢复招收农业机械化及其自动化本科专业学生以来，作者根据教育部对农业机械化及其自动化本科教学目的及要求，起草了农业机械化及其自动化本科"农学基础"课程教学大纲（2005 版），并参照各农业大学农业机械化及其自动化本科专业的《农学基础》等相关教材，执教并完成四届农业机械化及其自动化本科生"农学基础"的教学任务；2009 年，教育部试行实施了"农业机械化及其自动化专业卓越工程师培养计划"，作者参考国内外相关农业院校农业机械化及其自动化本科专业的教学要求及培养目标，结合本校实际教学情况起草了农业机械化及其自动化卓越工程师班"农学基础"教学大纲（2009 版），后更名为"农学概论"（卓越版）及"农学概论"（普通版）教学大纲，并执教完成四届农业机械化及其自动化本科生的该课程教学任务；然后起草"农学概论 A"及"农学概论 B"教学大纲（2013 版），并执教完成四届农业机械化及其自动化卓越工程师班该课程教学任务，积累了大量的教学素材及教学经验。2013 年，作者承担教育部高等院校"农业机械化及其自动化本科专业综合改革试点"项目，起草编写《农学概论》教材；2015 年，受到中国教师发展基金会教师出版基金资助继续修改编写《农学概论》（卓越班）教材；2016 年，承担吉林大学首批"十三五"规划教材编写任务，继续编写及修改《农学概论》教材；2018 年，承担吉林大学高等院校教材编写任务，经过学院及学校两级教学指导委员会专家组讨论通过，将《农学概论》改版成《农学基础》，由科学出版社出版。

"农学基础"是农业工程类专业基础课程，本课程内容是工程技术人员必备的知识，为农业机械化及自动化专业的学科基础必修课。学习本课程的目的是了解农业工程技术所涉及的农学中的土壤学、耕作学、作物栽培学三方面的内容，使读者熟悉并掌握农业科学有关的基本原理、基本方法、基本技能，了解我国农业生产的基本概况、农业生产特点及农业生产过程，熟悉各种主要农业机械作业的技术要求及科学理论依据，同时在鉴别、分析与本专业有关的土壤理化性质及作物栽培学方面具有一定的操作技能，为农业机械设计及制造提供农业信息来源。

本书在内容上深浅适度，安排合理，结构紧凑，逻辑严谨，具有先进性、前瞻性、综合性、针对性，强调并突出农业机械与农学的深度融合，强调理论与实践相结合，指导农业机械设计与制造，有效地服务于农业生产。本书可供农业机械化及其自动化本科及相关工科专业农学爱好者使用，以满足广大农机科技工作者对农学基础知识及基本技能的需求。

本书在编写过程中得到了各位编委的支持，还得到了研究生赵子瑞、张雅静、孟慧雯、李文龙等同学的协助，同时参阅了隋媛媛、徐岩、李大伟等老师的有关教学大纲资料；感谢科学出版社编辑在出版过程中提出了许多宝贵的建议，感谢科学出版社的鼎力支持；感谢吉林大学生物与农业工程学院及教务处等有关领导的大力支持。

由于编者水平有限，书中疏漏及不足在所难免，敬请各位专家和读者提出批评及建议。

编 者

2022 年 3 月

目　　录

第一章　绪　　论 ·· 1

第一节　农业的组成与农业的系统观 ··· 1

一、农业的组成 ·· 1

二、农业科学 ··· 1

三、农业生产 ··· 1

四、农业生态系统的基本规律 ··· 2

第二节　我国农业发展历史、农业技术发展历程及其特点 ························· 4

一、我国农业发展的历史 ··· 4

二、我国农业技术发展的历程 ··· 4

三、我国多元化发展的农业 ··· 5

四、我国发展当代农业的基本战略 ·· 7

第三节　农学基础课程概述 ··· 8

一、农学基础课程的特点 ··· 8

二、农学基础课程的主要任务 ··· 8

三、农学基础课程的主要内容 ··· 9

四、农学的发展前景 ··· 9

学习重点与难点 ·· 11

复习思考题 ·· 11

第二章　土壤组成及土壤质地 ·· 12

第一节　土壤组成及土壤肥力 ··· 12

一、土壤的形成 ·· 12

二、土壤的基本构成物质 ··· 13

三、土壤肥力及其形成 ·· 13

第二节　土壤质地 ·· 14

一、土壤质地的分类 ··· 14

二、土壤质地与肥力 ··· 16

三、我国土壤情况和质地分布特点 ·· 17

第三节　土壤矿物质与土壤有机质 ·· 18

一、土壤矿物质 ·· 18

二、土壤有机质的来源及组成 ··· 20

三、土壤有机质的转化过程 ··· 21

四、土壤有机质对肥力形成的影响 ·· 22

学习重点与难点 ·········23

复习思考题 ·········24

第三章 土壤的孔性和结构性 ·········25

第一节 土壤的孔性 ·········25

一、土壤密度 ·········25

二、土壤容重 ·········26

三、土壤的孔隙性状 ·········28

四、影响土壤孔性的因素 ·········30

五、土壤孔性的调节 ·········32

六、土壤孔性与作物生长 ·········32

七、三相组成和孔隙度的测定及计算 ·········33

八、三相组成的适宜范围和表示方法 ·········34

第二节 土壤的结构性 ·········34

一、土壤结构体与结构性 ·········34

二、团粒结构的形成 ·········36

三、团粒结构在土壤肥力中的作用 ·········38

四、土壤结构体的评价 ·········41

五、土壤的结构管理 ·········41

学习重点与难点 ·········43

复习思考题 ·········44

第四章 土壤水 ·········45

第一节 土壤水分类 ·········45

一、土壤水的类型及性质 ·········45

二、土壤水分的有效性 ·········49

三、土壤含水量的表示方法 ·········51

第二节 土壤水的能态 ·········52

一、土壤水势及其分势 ·········52

二、土壤水吸力 ·········54

三、土壤水分特征曲线 ·········55

第三节 田间土壤水运动及循环 ·········56

一、液态水运动 ·········56

二、气态水运动 ·········58

三、田间土壤水分循环 ·········59

四、土壤-植物-大气系统 ·········62

学习重点与难点 ·········63

复习思考题 ·········63

第五章 土壤空气和土壤热量状况 ·········64

第一节 土壤空气 ·········64

一、土壤空气的来源及组成特点 ………………………………… 64

二、土壤空气与作物生长 ………………………………………… 66

三、土壤通气性 …………………………………………………… 67

四、土壤空气与植物生长及土壤肥力的关系 …………………… 70

第二节　土壤热量状况 ……………………………………………… 71

一、土壤热量的来源和热性质 …………………………………… 71

二、土温状况 ……………………………………………………… 76

三、地形地貌和土壤性质对土温的影响 ………………………… 77

四、土温对作物生长的影响 ……………………………………… 78

五、土温的调节措施 ……………………………………………… 79

学习重点与难点 ……………………………………………………… 80

复习思考题 …………………………………………………………… 80

第六章　土壤的物理机械性质 …………………………………………… 81

第一节　土壤的结持特性 …………………………………………… 81

一、土壤结持类型 ………………………………………………… 82

二、土壤的黏结性 ………………………………………………… 83

三、土壤的黏着性 ………………………………………………… 86

四、土壤的塑性 …………………………………………………… 88

五、土壤的胀缩性 ………………………………………………… 90

六、土壤的宜耕性与土壤耕作 …………………………………… 91

第二节　土壤的摩擦性质 …………………………………………… 91

一、土壤的外摩擦性质 …………………………………………… 92

二、土壤的内摩擦性质 …………………………………………… 92

第三节　土壤的抗剪强度 …………………………………………… 92

一、影响土壤抗剪强度的因素 …………………………………… 93

二、土壤抗剪强度与土壤耕作的关系 …………………………… 94

三、土壤抗剪强度与土壤附着力的关系 ………………………… 94

四、土壤抗剪强度与土壤塑性的关系 …………………………… 95

第四节　土壤的压缩和压实 ………………………………………… 95

一、压缩和压实的基本理论 ……………………………………… 95

二、耕作栽培中的土壤压实问题 ………………………………… 98

第五节　土壤的坚实度 ……………………………………………… 100

一、土壤坚实度的概念 …………………………………………… 100

二、影响土壤坚实度的因素 ……………………………………… 100

三、土壤坚实度对作物生长的影响 ……………………………… 101

四、土壤坚实度的应用 …………………………………………… 101

学习重点与难点 ……………………………………………………… 102

复习思考题 …………………………………………………………… 102

第七章 土壤耕作 ·· 103

第一节 土壤的基本耕作 ·· 103
一、土壤耕作的目的 ··· 103
二、耕作对土壤的机械作用 ··· 104
三、土壤耕作措施 ··· 105

第二节 土壤耕作制 ··· 108
一、不同的耕作方式 ··· 108
二、少耕法和免耕法 ··· 109
三、保护性耕作机具 ··· 112

学习重点与难点 ··· 112
复习思考题 ·· 112

第八章 作物育种与种子繁育 ··· 113

第一节 良种在生产上的作用 ·· 113
一、品种定义及特征 ··· 113
二、良种在农业生产中的作用 ··· 115
三、群体品种 ··· 116

第二节 作物育种的主要方法 ·· 116
一、选择育种 ··· 117
二、传统育种 ··· 119
三、杂交育种 ··· 120
四、诱变育种 ··· 121
五、生物技术育种 ··· 121
六、航天育种 ··· 121

第三节 种子繁育 ··· 122
一、良种繁育 ··· 122
二、种子加工、贮藏和检验 ··· 126

学习重点与难点 ··· 135
复习思考题 ·· 135

第九章 作物营养与施肥 ·· 136

第一节 作物生长必需的营养元素 ··· 136
一、作物必需元素 ··· 136
二、营养元素的生理功能 ·· 137

第二节 作物营养诊断及缺素症 ··· 139

第三节 施肥的基本原理 ··· 144
一、养分归还学说 ··· 144
二、最小养分律 ··· 145
三、限制因子律 ··· 145
四、报酬递减律 ··· 145

　　　　五、有机肥料在农业生产中的作用 ···145

　　第四节　营养与施肥 ···147

　　　　一、施肥的基本原则 ···147

　　　　二、肥料种类 ···150

　　　　三、施肥技术 ···153

　学习重点与难点 ···157

　复习思考题 ···157

第十章　种植制度 ··158

　　第一节　种植制度与作物布局 ···158

　　　　一、种植制度的概念与意义 ···158

　　　　二、种植制度的类型 ···158

　　　　三、我国种植制度的特点 ···159

　　　　四、种植制度的功能 ···159

　　　　五、建立合理种植制度的原则 ···160

　　　　六、作物布局的含义和重要性 ···161

　　　　七、决定作物布局的因素 ···162

　　　　八、作物合理布局的原则 ···163

　　　　九、作物布局的步骤与内容 ···164

　　第二节　生态环境因素对作物布局的影响 ···166

　　　　一、作物对光的适应性 ···166

　　　　二、作物对温度的适应性 ···169

　　　　三、作物对水分的适应性 ···171

　　　　四、作物对土肥的适应性 ···173

　　　　五、作物对地势、地形的适应性 ···176

　　第三节　复种 ···178

　　　　一、复种的概念与意义 ···178

　　　　二、复种的条件 ···179

　　　　三、熟制 ···181

　　第四节　间、混、套作 ···182

　　　　一、单作 ···182

　　　　二、间作 ···182

　　　　三、混作 ···182

　　　　四、套作 ···182

　　　　五、间、混、套作的意义 ···183

　　第五节　轮作与连作 ···184

　　　　一、轮作 ···184

　　　　二、连作 ···185

　　第六节　生态农业 ···187

一、现代生态农业及其特点 ································· 187
二、几种典型的现代生态农业生产模式 ·················· 188
学习重点与难点 ··· 190
复习思考题 ··· 190

第十一章 作物的生长发育及其产量、品质形成 ············ 191
第一节 作物的生长发育 ································· 191
一、生长和发育的概念 ······························· 191
二、营养生长与生殖生长的关系及其调控 ··············· 192
三、作物生长的规律 ································· 192
四、作物发育的规律 ································· 193
五、作物器官的建成 ································· 194
六、作物的生命周期与年生命周期 ····················· 203
第二节 作物的产量及产量形成 ··························· 208
一、作物的产量 ····································· 208
二、产量构成因素 ··································· 209
三、作物的产量潜力与增产途径 ······················· 212
第三节 作物的品质及品质形成 ··························· 213
一、作物的品质 ····································· 213
二、作物产品品质形成过程 ··························· 215
第四节 影响作物品质的因素 ····························· 216
一、遗传因素 ······································· 216
二、环境因素 ······································· 217
三、栽培技术措施 ··································· 219
四、病虫害对作物品质的影响 ························· 221
第五节 提高农作物品质的途径 ··························· 221
第六节 作物的源、库、流理论 ··························· 222
一、基本概念 ······································· 222
二、源、库、流之间的关系 ··························· 223
学习重点与难点 ··· 224
复习思考题 ··· 224

第十二章 作物生长发育与环境的关系 ····················· 225
第一节 作物生长发育与光 ······························· 225
一、光照强度 ······································· 226
二、日照长度 ······································· 227
三、光谱成分 ······································· 228
四、光质与作物 ····································· 228
第二节 作物生长发育与温度 ····························· 229
一、作物的基本温度 ································· 230

二、低温对作物的危害及预防 ………………………………………………230

三、高温对作物的危害及预防 ………………………………………………231

四、积温与作物的生长发育 …………………………………………………232

五、无霜期 ……………………………………………………………………232

六、温度变化与干物质的积累 ………………………………………………232

七、温度对作物产品质量的影响 ……………………………………………232

第三节 作物生长发育与水分 …………………………………………………233

一、水对作物的生理、生态作用 ……………………………………………233

二、作物的需水量和需水临界期 ……………………………………………233

三、水分逆境对作物的影响及作物的抗性 …………………………………234

第四节 作物生长发育与空气 …………………………………………………235

一、空气对作物生产的重要性 ………………………………………………235

二、空气对作物生长发育的影响 ……………………………………………235

学习重点与难点 ……………………………………………………………………237

复习思考题 …………………………………………………………………………237

第十三章 作物栽培技术与病、虫、草害 ……………………………………238

第一节 播种与育苗技术 ………………………………………………………238

一、播种期的确定与播种技术 ………………………………………………238

二、育苗技术 …………………………………………………………………240

第二节 营养和水分调节技术 …………………………………………………242

一、营养调节技术 ……………………………………………………………242

二、水分调节技术 ……………………………………………………………242

第三节 收获与贮藏技术 ………………………………………………………243

一、收获技术 …………………………………………………………………243

二、贮藏技术 …………………………………………………………………243

第四节 作物栽培智能化生产 …………………………………………………245

一、背景 ………………………………………………………………………245

二、作物生产智能化技术 ……………………………………………………245

第五节 作物病、虫、草害与防治 ……………………………………………247

一、作物病害 …………………………………………………………………247

二、作物虫害 …………………………………………………………………250

三、作物草害 …………………………………………………………………253

四、作物病、虫、草害的防治方法 …………………………………………254

五、专家系统在作物病、虫、草害防治中的应用 …………………………256

学习重点与难点 ……………………………………………………………………257

复习思考题 …………………………………………………………………………257

主要参考文献 ………………………………………………………………………258

第一章 绪 论

第一节 农业的组成与农业的系统观

农业是人类社会最古老的物质生产活动，也是人类社会最基本的物质生产活动。农业生产是人类有意识地利用动植物生长机能获得生活所必需的食物和其他物质资料的经济活动。农业生产是自然再生产过程和经济再生产过程的交织、协同发展。因而，它既要服从自然规律又应该服从经济规律，同时还与其他活动的一些重要特征有所差别。

一、农业的组成

狭义的农业是指耕耘土地及栽培作物的人类生产活动。广义的农业泛指人类通过农业技术措施，充分利用自然田间与经济条件来调控农业生物的生命活动的全过程，以获得人类生活所必需的农产品的生产活动及附属于这类生产的各部门的统称。广义的农业包括农（种植业）、林、牧、副、渔 5 业。农业包括生物、环境及人类的劳动。农业生产过程包括自然再生产和经济再生产的过程。农业生产对象主要包括植物、动物、微生物。

二、农业科学

农业科学的三层含义：①广义的农业科学是指研究农业发展的自然规律和经济规律的科学，即农业生产理论与实践的一门科学，包括农业基础科学、农业工程、农业生产、农业经济和农业管理 5 门学科。②中义的农业科学是指研究广义农业科学范畴的农业生产科学，包括农、林、牧、副、渔 5 业。③狭义的农业科学是指研究农作物生产的一门科学；是研究使作物达到高产、优质、高效和可持续发展的理论与技术的科学；是一门综合性很强的应用性科学，它涉及土壤学、作物栽培学、植物营养学、植物保护学等多学科多门类知识。随着农业研究范畴的不断扩大，对农业的定义是：农业是人类通过社会生产劳动，利用自然环境提供的条件，促进和控制生物体（包括植物、动物和微生物）的生命活动过程，以获得人类社会所需要产品的生产部门。

三、农业生产

（一）农业生产的概念

农业生产是一个物质与能量的转化、传递的过程，包括初级生产（第一性生产）与次级生产（第二性生产）。

初级生产是植物利用光合作用，合成人类所需要的有机物质并释放出能量和氧气的过程，即植物利用光和叶绿素把自然界中的无机化合物（二氧化碳、水）转化成有机化合物（CH₂O）并释放出氧气的过程。光合作用是把自然界中的无机物变成有机物，把太阳能变成化学能的过程。这是一个复杂的光化学反应及生物化学反应过程。次级生产是人类通过动物生产（即第二性生产）来实现物质的转化与能量、信息传递的全过程。

（二）农业生产的特点

1. 农业生产是通过生物的生命活动来实现的　　有机物本身既是生产原料，又是农业产品。有机物的转化过程就是农产品的生产过程。农业生产过程首先必须受生物学规律支配，同时也受环境条件的制约。

2. 农业生产具有严格的地域性和强烈的季节性　　这是农业生产的一个重要特点。各地都有各自适宜种植的作物类型、品种、种植制度及相应的栽培措施。如果忽视作物生产的地域性特点，采用生物界的通用规律来规划作物生产或推广农业技术，往往会导致失败。季节性主要体现在受气候、土壤、生物等环境条件的影响。一年春、夏、秋、冬四季交替，光、热、降水等气候条件在四季中分布的差异较大，造成土壤环境与生物环境的季节差异，使得作物生产不可避免地受到季节的强烈影响。因此必须因地制宜，不违农时，按照地域与季节安排农业生产管理，使作物的高效生长期与最佳环境条件一致，才能达到增产、增收的目标。

3. 农业生产具有连续性　　作物生长的每个周期内，各环节之间相互联系、互不可分，前者是后者的基础，后者是前者的延续。农业生产是一个长期的周年性社会产业。上一季作物与下一季作物、上一年生产与下一年生产、上一个生产周期与下一个生产周期紧密相连、互相制约。因此，农学专家需要按照规律全面长远地来安排农业生产。

4. 农业生产具有有序性、规律性　　作物在生长发育过程中有显著的季节性、有序性、周期性。不同种类的作物具有不同的生命周期。例如，水稻、玉米和棉花等为一年生作物，冬小麦、冬油菜为二年生作物。另外，作物个体的生命周期又有一定的阶段性变化，是一个有序的生长发育过程，需要特定的环境条件。水稻的短日照高温特性就是典型的事例。又由于作物生长发育的各个阶段具有有序性，是紧密衔接的过程，不可以颠倒重来，因此具有不可逆性。

农业生产最根本的特点是把自然再生产和经济再生产紧密结合，根据生物学规律和经济规律组织农业生产，才能达到高产、优质、低耗、高效的效果。

5. 农业生产具有复杂性　　农业生产是综合性的生产，具有复杂性。

四、农业生态系统的基本规律

生态系统是指一定地域内生物群落与环境因素之间、生物与生物之间相互作用，并产生能量交换和物质循环的具有一定生态学功能的统一体。它包括有生命部分和无生命部分。有生命部分由生物个体、种群、群落组成。无生命部分由环境中影响有机体的所有物质和能量组成。各种生态系统都有自己特有的组成与结构，因而也发挥着特定的生态功能。

生态系统中的物质经常在循环，而能量则处于不断转化和消耗之中，从生产者（绿色植物）、消费者（动物）到分解者（微生物）逐级单向流动，这是生态系统的基本规律。

（一）生态系统构成要素

生态系统构成要素的核心内容包括无机环境（包括光、二氧化碳、氧气、水、营养物质等）、生产者（绿色植物）、消费者（动物）和分解者（微生物）。具体由物质流、能量流和信息流构成（图1-1）。

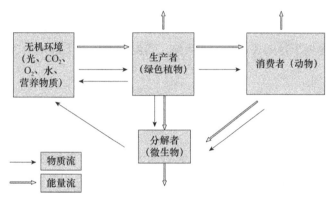

图1-1 物质双向循环传递和能量单向循环转移示意图

（二）农业生态系统

人类是生态系统中最活跃、最积极的因素，按照自己的需要对自然生态系统进行各种干预和影响。农业生态系统就是由农业生物及其所处的无机环境构成的具有特定物质循环与能量循环转化功能的生态系统。农业生态系统有自己明显的特点。

首先，农业生态系统的结构比较简单，系统的稳定性较差，这主要是人类种植作物和饲养动物往往仅以符合自身需要为目的而造成的。

其次，农业生态系统的输出主要以产品形式运出系统，因而开放性较强，随着农产品及其商品的增加，要维持生态系统平衡，必须伴有相应的物质与能量输入系统。

最后，农业生态系统是在人类的干预下所形成的开放性系统，这就必须消耗一定的辅助能量，随着干预程度的不断加强，辅助能量的消耗也在不断地增多。

因此，对于这样复杂的农业生态系统来说，既要考虑到生态系统特性，同时还要兼顾生产的发展。

第二节 我国农业发展历史、农业技术发展历程及其特点

一、我国农业发展的历史

(一)原始农业

直到新石器时代以后,用石器种植或者打猎才形成原始的种植业与原始的畜牧业。新石器时代以原始的种植业和养殖业为主,主要是适应与利用自然资源,改造自然的能力很小。

(二)传统农业

金属工具的出现,标志着精耕细作的传统农业的产生。在青铜器(金属工具)时代,人们利用精耕细作、浇水、施肥等方法来补充作物所需的水分、养分,利用换茬调节地力。此阶段为半封闭式农业生态系统,自给自足,易于维持生态平衡。

(三)现代农业

现代农业的生产方式是高投入、高产出,使土地生产力和农业生产力得以飞速增长,对人类社会有巨大贡献。

石油农业是世界经济发达国家以廉价石油为基础的、高度发展、工业化程度高的农业的总称;是在昂贵的生产因素(人力、畜力和土地等),可由廉价的生产因素(石油、机械、农药、化肥、技术等)代替的理论指导下,把农业发展建立在以石油、煤和天然气等能源和原料为基础,以高投资、高能耗方式进行经营的大型农业。在 18 世纪末叶,欧美处于农业转型阶段,主要标志是生产工具机械化、生产技术科学化、生产组织社会化,这一时期我国农业发展也呈现多元化的趋势。

由于资源环境和生产成本方面的负效应,现代农业耗能多、水资源紧缺、成本高、污染加剧,使生态环境恶化,所以出现了当今的替代农业。

二、我国农业技术发展的历程

中国农业技术发展的历程可以分为农业技术萌芽时期、农业技术形成初期、精耕细作技术的发生时期、(北方)旱地精耕细作技术的形成时期、(南方)水田精耕细作技术的形成时期、精耕细作技术的深入发展时期和科技农业飞跃发展时期 7 个发展阶段。

(一)农业技术萌芽时期

中国农业大约起源于一万年前的新石器时代。它是在采集和渔猎经济中逐步发展起来的。原始农业技术的产生,为人类的文明进步奠定了坚实的基础。

（二）农业技术形成初期

夏、商、周时期（公元前 2070～前 771 年），中国发明了金属冶炼技术，青铜器农具开始被应用于农业生产中。长江中下游地区水利工程开始兴建，农业技术有了初步的发展。

（三）精耕细作技术的发生时期

春秋战国时期（公元前 770～前 221 年）是中国社会大变革和科技文化大发展时期。炼铁技术的发明标志着新的生产力登上了历史舞台，铁农具和畜力在生产中的利用，推动了我国农业生产的大发展。

（四）（北方）旱地精耕细作技术的形成时期

秦、汉至南北朝时期（公元前 221～公元 589 年）是中国北方地区旱地农业技术成熟时期，形成了耕、耙、耱等配套技术，人们发明及运用了多种大型复杂的农机具。著名农学家贾思勰写作的大型农业百科全书《齐民要术》有详细记载。

（五）（南方）水田精耕细作技术的形成时期

隋、唐、宋、元代国家的经济重心从北方转移到南方，形成了南方水田配套技术，发明与普及了水田专用农具，棉花在中国被逐渐推广，土地利用方式增多，南北方农业同时获得迅速发展。

（六）精耕细作技术的深入发展时期

明代至清代前中期这一历史阶段，中国普遍出现人多地少的现象，农业生产向进一步精耕细作的方向发展。美洲新大陆的许多作物被引进中国，对中国的作物结构产生了重大影响。发展多种经营和多熟种植生产模式已经成为农业生产的主要方式。

（七）科技农业飞跃发展时期

1949 年以后，中国农业以高科技应用为基础，取得了辉煌的成就。中国用占世界 7%的土地，养活了占世界 22%的人口，农业科技得到了巨大的发展，中国与世界农业科技发达国家的差距已经变得越来越小。科学技术对农业发展的贡献已经从 1949 年的 20%提高到 1966 年前的 42%。

三、我国多元化发展的农业

我国农业呈多元化发展并存趋势，如持续农业、三色农业（绿色农业、白色农业、蓝色农业）、数字农业、节水农业、设施农业、生态农业、生物农业、观光农业（都市农业）、有机农业等多种形式。

（一）持续农业

持续农业是从保障农业和农村经济长远发展的角度，保障农业生产、经济、社会持续发展，实现食品供给的有效性和安全性，增加农业就业，扩大农业再生产，保护资源环境永续性循环的目标。

（二）三色农业

三色农业包括绿色农业、白色农业、蓝色农业。

（1）绿色农业　这里单指种植业，是绿色植物依靠叶绿素进行光合作用来生产食品的农业。

（2）白色农业　是以蛋白质工程、细胞工程、酶工程为基础，人类利用基因工程来全面综合组建的一种工程农业。

（3）蓝色农业　将海洋种植业、养殖业、捕捞业形象地喻为蓝色农业。其总目标是开发食品蛋白质。

（三）数字农业

数字农业是以信息为重点发展农业生产，是遥感农业、精确农业的发展和延伸。其典型的是地理信息系统控制、监测农业生产，把信息、遥感、检测、卫星定位技术应用于农业生产。

（四）节水农业

节水农业是针对水资源贫乏的地区，以节水为重点来发展农业生产。节水农业包括设施节水、技术节水、农艺节水3部分。

（五）设施农业

设施农业是在极端温度地区，利用保护地来发展农业生产，通过调节适宜的温、湿度条件来满足作物生长发育的需要。其包括植物工厂、温室、大棚、小拱棚、地膜覆盖、风障、阳畦等农业设施。

（六）生态农业

生态农业是以生态学原理为基础建立起一种既利于资源与环境的保护，又能促进农业生产发展的农业生态系统。其着眼于系统的整体功能，达到经济效益、社会效益、生态效益三者之间的统一。

（七）生物农业

生物农业是利用生物学原理培肥土壤、消灭杂草和害虫，是利用传统农业方法结合生态学、生物学的新理论与新技术，不使用化学药品、化肥，以利于资源环境保护及农业生产持续发展。

（八）观光农业

观光农业是集旅游、观光、生产、经济为一体的农业生产，也称都市农业。

（九）有机农业

有机农业是利用农牧结合、轮作、堆肥等保护土壤养分平衡，用生物防治的方法来控制病虫害，通过土壤耕作调节其结构性能，降低成本与能耗，保护环境和提高产品质量。

四、我国发展当代农业的基本战略

（一）增加农业投入是发展当代农业的关键

我国农民人数多，农业、农村和农民问题关系到我国总体发展水平的提高。经过几十年的发展，我国工业取得了许多成就，但农业发展极其缓慢，使得农村和城市的差距越来越大。因此，必须尽快发展农业，建设社会主义新农村，提高农民收入。首要的问题就是加大农业投入，尤其是加大农村基础设施建设的投入，调动农民的积极性，农业得到发展，农民变得富裕，缩小城乡差距，更有利于城乡协调、稳定及可持续发展。

（二）扩大经营规模是发展当代农业的重要途径

农业规模化经营是实现农业现代化的必由之路，它与工业化和城镇化进程密切相关。随着经济全球化的日趋深入，任何国家的农业发展都必须与国际接轨。一个国家如果在农业生产效率上显著落后于国际先进水平，就存在粮食安全危机。当今中国，正处于经济社会的重大结构转型阶段，能否顺利推进农业规模化经营，是当代国家安全的必备条件。适度地加速农业规模化、机械化，可以提高农民的工作效率，为扩大经营规模创造条件，进一步提高农业现代化的进程。

（三）用现代技术改造农业是发展当代农业的重要环节

我国农业经历了几千年的发展，积累了丰富的经验，这些经验值得我国发展农业时借鉴。随着社会的进步、科技的发展，传统农业向当代农业的转变更加迫切，生物技术与信息技术的应用变得更加广泛。在国民经济快速发展的过程中，与传统的粗放式农业相对应的分散式经营已经无法适应当今时代发展的要求。据相关数据统计，截至 2018 年底，我国的人均耕地面积小于 $0.1hm^2$，使得小规模、分散性的经营状态更加与时代脱节，不仅对当代农业的发展不利，甚至还会对国家经济发展产生负面的影响。我国当代农业具有集约化、产业化、市场化等特点，将专业化、规模化、机械化进行紧密结合，并且利用信息技术使种植、收割、加工、生产、销售都能在产业化程度较高的模式下进行，形成了完善的产业链，农业生产变得更加高效，土地利用率不断提高，我国的人均粮食产量也在不断提高。此外，新型农业生产模式的建立，改善了农村的生态环境和生活方式，使人们的生活幸福指数得到了提高，也推进了我国生态环境的可持续发展。

第三节 农学基础课程概述

一、农学基础课程的特点

（一）综合性与应用性强

农学是把自然科学及农业科学的基础理论转化为实际的生产技术和生产力的科学。作物生产系统是一个作物-环境-社会相互交织的复杂系统，作物生产的高产、优质和高效通常是矛盾的对立统一体，三者之间的关系也随着社会经济发展水平的不断提高而发生了很大的变化。因此，农学不仅涉及自然因素，还涉及社会因素。农学也包括一些应用基础方面的内容，如作物生长发育、产量形成和品质形成的生理生态规律，但它主要研究解决作物生产中实际问题的方法，应用的技术必须具有适用性和可操作性，力争做到简便易行、省时省工、经济安全。

（二）具有生物性与复杂性

农学主要的研究内容是作物。作物具有生命周期与年生命周期，了解作物的生长发育规律、生命周期、年生命周期，对不同时期制订相应的农业技术措施具有重要的指导意义。因此，了解并掌握作物的生长发育规律为农学研究的重点。还可以采取一定的措施调控其生长量。例如，生长季节控制葡萄枝梢过旺生长，可以采取去卷须、掐复梢等措施。作物生产是一个有结构和秩序的复杂系统，由各个环节（子系统）组成，而且受自然和人为多种因素的影响和制约，同时又是一个统一的整体。因此，必须采用整体的观点和系统的方法，运用多学科知识，采取综合措施，全方位研究如何处理和协调各种因素的关系，以实现高产、优质、高效的作物生产总体效益。

（三）研究的范围广泛

农业是人们利用动植物体的生活机能，把自然界的物质和能量转化为人类所需的食物、工业原料和生物能源的过程。广义的农业包括种植业、林业、畜牧业、渔业、副业5种产业形式。狭义的农业是指种植业，包括生产粮食作物、经济作物、饲料作物和绿肥作物等的生产活动。随着农业生产范畴的不断扩大，现在对农学的定义又有了新的内涵。从专业角度上讲，广义的农学包括植物生产类（下设农学、园艺等专业）、自然环境类、林学、动物科学、动物医学、草学、水产等专业。从学科角度上讲，广义的农学包括作物学、园艺学、植物保护、农业资源与环境、林学、动物科学、动物医学、草学、水产9个一级学科。

二、农学基础课程的主要任务

"农学基础"是一门综合性高、实用性强的课程，学习这门课程是了解作物生产概况及发展趋势、掌握作物研究和生产技术、服务于农业生产的重要途径。该课程着重介绍作物生产存在的共性规律、农业基本概念、基本理论、基本方法和基本操作技术，内容涉及作物栽培学、作物育种学、耕作学、植物营养学和土壤肥料学等多学科与领域。本课程的学习任务是了解农学及整个农业生产的基本情况，学会农学的基本原理及基本操作技能，为农业生产服务。重点领会农业机械学与农业技术（农艺学）之间的辩证关系。农业机械学服务于农艺学，农艺学对农业机械设计与制造具有重要的指导意义。例如，在黏重土壤上耕作时需要减黏降阻的机械设备（如仿生犁、仿生铧），在我国东北广袤的平原地域收获时通常使用大型联合收割机等。农业机械对我国农业生产向现代化、机械化方向发展具有重要的指导意义。

三、农学基础课程的主要内容

（一）土壤学

土壤学主要介绍土壤的基本构成、土壤质地、土壤结构、土壤的物理机械性质、土壤分类及我国的土壤分布等。随着社会不断地向前发展，人类活动对全球生态环境的冲击强度和规模在不断扩大，从 20 世纪中叶以来，整个世界一直受到资源、环境、人口、粮食等一系列重大问题的困扰。土壤作为人类赖以生存的重要自然资源，是农业生产的基础，合理开发利用土地资源为农业生产服务、合理利用农业生产技术可以使农业生产实现高产、高效、优质的目标，使农业生产能够可持续发展。

（二）耕作学

耕作学又称农作学，是研究建立合理耕作制度与农业生产技术体系及其理论的一门综合性应用科学，属于自然科学的性质，其与社会生产条件有着密切的关系。耕作制度也称农作制度，是指一个地区或生产单位的作物种植制度，以及与之相适应的养地制度的综合技术体系。耕作制度随着社会生产力的发展、生产条件的改善而逐步完善，具有相对稳定性。因此，耕作学是一门技术性很强的应用性科学。耕作制度是综合性技术，它集种植制度、养地制度与护地制度于一体，还包括作物布局、复种、间作套种、轮作与连作、保护种植、土壤耕作、少免耕技术、覆盖栽培、轮作期间施肥制、农牧结合与物质良性循环技术、防风蚀、防水蚀和农田杂草防除等，都是耕作制度所致力解决的农业生产技术问题。

（三）作物栽培学

作物栽培学也称农业技术（农艺学），包括播种及育苗、田间管理、作物营养与施肥、作物病虫害防治等方面的内容。

本书主要简述种子的清选及播种、育苗技术、作物营养及施肥技术、收获与贮藏技术、作物病虫害防治技术等农业技术措施方面的内容。

四、农学的发展前景

（一）信息技术的融合

信息技术是指信息产生、采集、存储、交换、传递、处理利用的高新技术，已经渗透到各学科领域。信息技术被应用于数据处理、系统模拟、专家系统、计算机网络、决策支持和信息的实时处理技术六大领域。计算机网络技术的普及使农业生产向着全方位、综合性、智能化的方向发展。当代农业的发展趋势必须与信息技术相结合，农业信息技术是指利用信息技术对农业生产、经营管理、战略决策过程中的自然、经济和社会信息进行采集、存储、传递、处理和分析，为农业研究者、生产者、经营者和管理者提供资料查询、技术咨询、辅助决策和自动调控等多项服务技术的总称。它是利用现代高新技术改造传统农业的重要途径。农业信息技术如遥感技术（RS）、地理信息系统（GIS）、全球定位系统（GPS），因具有宏观、实时、低成本、快速、高精度的信息获取、高效数据管理及空间分析的能力，从而成为重要的现代农业资源管理手段，已经被广泛地应用于土地、土壤、气候、水、作物品种、动植物类群等资源的清查与管理，以及全球植被动态监测、土地利用动态监测、土壤侵蚀监测等方面。我国已研制出红壤资源信息系统、土地利用现状调查和数据处理系统、北方草地产量动态监测系统、中国农作物种质资源数据库及国家农业资源数据库等。

物联网的出现为智能农业的构建、发展和管理提供了必要的技术手段。物联网就是要实现物与物的联通，目前也被广泛应用在农业生产的各个方面。

（二）生态农业

生态农业以生态效益、经济效益、社会效益统一为目标；把现代农业科技成果与传统农业精华相结合，具有较强的地域性和多样性特征。生态农业是按照生态学原理和经济学原理，将现代科学技术成果和现代管理手段与传统农业有机结合起来，能获得较高的经济效益、生态效益和社会效益的现代化高效农业。它要求把发展粮食与多种经济作物生产，发展大田种植与林、牧、副、渔业，发展大农业与第二、三产业结合起来，利用传统农业的精华和现代科技成果，通过人工设计生态工程，协调发展与环境之间、资源利用与保护之间的矛盾，形成生态上与经济上的良性循环，达到经济效益、生态效益、社会效益三者的统一。

（三）可持续农业

可持续农业是指采取某种合理使用和维护自然资源的方式，实行技术变革和机制性改革，以确保当代人类及其后代对农产品的需求可以持续被满足的农业系统。可持续农业是一种通过管理、保护和持续利用自然资源，来维护和合理利用土地、水和动植物资源，不会造成环境退化，同时在技术上适当可行、经济上有活力、能够被社会广泛接受的农业。农业的可持续发展在中国有着特殊的重要意义：一是有利于更好地双向协调农业发展与环境保护之间的关系，在发展经济的同时，注意资源、环境的保护，使资源和环境能永续地支撑农业发展，同时，通过农业的发展促进资源和环境有效保护，使资源与环境的开发、利用、保护有机地结合。二是有利于重新认识农业的基础地位和作用，使农业的功能不断得到拓宽，促进农村全面、综合、协调地发展，增加了农村就业、农民收入，缩小了城乡差距。三是有利于从我国国情出发，调整农业发展战略和方向，合理开发利用环境，促使农业可持续发展，选择适合我国国情的现代化农业发展的道路。

（四）生物防治技术

生物技术是指人们以现代生命科学为基础，结合其他基础学科的科学原理，采用先进的科学技术手段，按照预先的设计改造生物体或加工生物原料，为人类生产出所需的产品或达到某种目的。现代生物技术综合基因工程、分子生物学、生物化学、遗传学、细胞生物学、胚胎学、免疫学、有机化学、无机化学、物理化学、物理学、信息学及计算机科学等多学科技术，可用于研究生命活动的规律和提供产品为社会服务等。其中生物防治也利用了生物技术。由于化学农药的长期使用，一些害虫已经具有很强的抗药性，许多害虫的天敌又大量被杀灭，致使一些病虫害泛滥。许多种化学农药严重污染水体、大气和土壤，并通过食物链进入人体，危害人群健康。生物防治是利用生态系统中各种生物之间相互依存、相互制约的生态学现象和某些生物学特性，以防治危害农业生产与食品安全的生物技术措施。

学习重点与难点

如何正确理解农业机械与农学之间的辩证关系？

复习思考题

1．举例论述农学与农业机械之间的辩证关系。
2．正确区分农学、农业、农艺学的概念及范畴。
3．农业生态系统的构成要素及特点有哪些？
4．生态系统的基本规律是什么？
5．简述现代农业多元化发展的具体实例及其应用。

第二章　土壤组成及土壤质地

土壤是农业生态系统中的重要组成部分，是农业生产的基础。合理地利用土壤资源，充分发挥土壤的生产潜力，使土壤能为人类创造出更多的物质财富，这是农业科学的重要任务。

第一节　土壤组成及土壤肥力

一、土壤的形成

地壳的变迁使岩石露出地面，经阳光、水、二氧化碳等的作用而矿化形成母质碎片，虽然母质碎片具有通气性、透水性、蓄水能力，并含钙、铁、磷、镁、钾等元素，但必须经过成土过程后才能转变成土壤。土壤是由岩石、矿物转变而来，岩石、矿物要变成土壤必须经过两个过程：首先是岩石、矿物风化分解，产生土壤母质；其次是土壤母质经过成土过程形成土壤。

在外部环境和内在因素的相互作用下，坚硬的大块岩石发生物理的、化学的和生物化学的变化，逐渐变成疏松、细小的颗粒或粉末，这个变化过程叫作岩石的风化过程。风化的产物是土壤母质，简称母质。岩石的风化作用是岩石在外力作用的影响下，所产生的必然结果。裸露在地球表面的岩石，由单一或多种矿物质组成。各种岩石的矿物质成分、结构、构造等与它形成时的环境条件相一致，当环境条件发生变化时，它们也会随之变化。例如，岩浆岩是处于地下深处高温、高压下的岩浆，在上升过程中缓慢冷凝或喷出地表快速冷凝的产物，一旦这些岩石露出地表，所接触的温度、压力与水分条件都与原来形成时大有不同，为了适应新的环境，岩石必然会发生变化。所以说风化作用是岩石、矿物质内部与外界环境条件矛盾统一的结果。

风化的类型有：①物理风化，是指岩石在外力影响下机械地破裂成碎块，仅改变了大小与外形而不改变化学成分的过程。产生物理风化的原因以地表温度变化为主。此外，岩石空隙中水的冻结与融化，盐的结晶、胀裂，风力、流水、冰川的磨蚀，以及海浪、湖浪的冲击力均会促使岩石碎裂。②化学风化，是指岩石在外界环境条件的影响下，化学成分发生改变、产生新的物质的过程。引起化学风化的因素主要是水、二氧化碳和氧气。这三者的作用是交叉进行的。③生物风化，是指生物及其生命活动对岩石、矿物产生的破坏作用，也表现为物理与化学两种形式。生物对矿物质岩石的物理风化，如树根在岩隙中长大、穴居动物的挖掘等都会引起岩石的崩解和破坏。生物风化比化学风化进行得更广泛。

母质碎片具有一定的通气性、透水性和蓄水能力，同时含有少量的钙、镁、铁、钾、磷等生物可直接吸收利用的矿物质营养元素，不含氮素，所以，养分不够完善，必须经成土作用才能转化成土壤。

母质在生物、气候、地形、时间等各种成土因素的综合作用下演变为土壤的全过程称为土壤形成过程，简称成土过程。成土过程是在母质的基础上，以生物为主导因素，有机质不断地合成和分解，营养元素不断地集中和积累，使土壤肥力因素不断完善的过程。在自然界中影响成土作用及肥力发生发展的因素有很多，主要有生物、气候、地形、母质和时间等五大因素。生物、气候、地形、母质的综合作用，随时间的延长而加深，可使土体表层积累腐殖质，形成土壤团粒结构，矿物质发生淋溶、移动、积淀，从而引起土体母质变性，形成不同的层次分化，这样就形成了不同的土壤。

从岩石到土壤必须经过风化过程和成土过程，但是这两个过程不是截然分开的，在自然界中，这两个过程是互相联系、互相影响、同时进行的。

二、土壤的基本构成物质

土壤是一个相当复杂的物质体系，它是由固体、液体和气体三类物质组成的一个疏松多孔的整体，通常说土壤由土壤固相、土壤液相、土壤气相构成。其中，土壤固相由土壤有机质、土壤矿物质构成。土壤液相即土壤水分，它由地表水与地下水构成，溶解各种无机盐类、有机质、胶体物质等，它实质上是浓度不等的土壤溶液。土壤气相即土壤空气，包括氧气、氮气、二氧化碳和水汽等。

一般土壤的有机质含量不高，常在 10% 以下，即土壤的物质组成多以矿物质成分为主，所以常将有机质含量占 10% 的土壤称为矿质土壤或无机土壤。泥炭土等有机质含量高达 70%~80% 及其以上的土壤称为有机质土壤。矿质土壤的面积比有机质土壤的面积大得多。同是矿质土壤，其有机质含量也有很大差别。肥沃土壤的有机质含量通常占 2.5% 以上，而许多砂质土壤及受严重侵蚀的瘠薄土壤，其有机质含量可能会低至千分之几。土壤组成中的水分、空气的容积总共占土体总容积的 50% 左右，因为它们同时并存于土壤孔隙中，所以一切影响土壤孔隙度（孔度）的因素，都将对水、气含量产生强烈的影响。在土壤组成中，还应该注意土壤中的生物组成，尤其是土壤微生物的组成，因为土壤中微生物的数量及种类繁多。例如，1g 土壤中通常含有几亿甚至几十亿个微生物。土壤养分的转化与微生物的类型及生命活动有着密切关系。

土壤的物质组成是非常复杂的，其数量和质地都各有不同。而且土壤中固体、液体、气体之间，有机物质和无机物质之间，有生命物质和无生命物质之间，都不是孤立地、简单地、机械地混合存在的，而是相互联系、相互制约的有机整体。它们在这个有机整体中不是静止不变的，而是在自然条件和人类活动的影响下不断地发展变化。所以我们必须充分了解土壤中各组成含量及质地的变化规律，才能充分地培肥土壤的生产环境，充分发挥人的主观能动性，调节土壤的有效成分，来定向地改良土壤，满足农业生产的要求。

三、土壤肥力及其形成

土壤是地球陆地表层能够生长植物的疏松表层，具有土壤肥力，所以植物才能正常生长。土壤是农业生产最基本的生产资料，在人类有目的、有意识的培育下，土壤可以被定向地培育而变得高度肥沃，所以它又是人类劳动的产物。

土壤具有能够同时不断地供应和调节植物生长发育所必需的水分、空气、养分和热量等生活因素的能力，将水、肥、气、热等因素和能量条件称为土壤肥力因素。它是土壤的本质特征，是土壤理化性质生物学特征的综合反映。理论上的土壤肥力分为自然肥力和人为肥力。

（1）自然肥力　　人类没有开垦利用之前的土壤，称为自然土壤。这类土壤所具有的肥力称为自然肥力。它是单纯受自然因素影响形成的，是自然成土过程的产物。自然肥力存在于原始森林。

（2）人为肥力　　人类对土地进行开垦利用时，人为生产活动如耕作、施肥、灌溉、排水等措施就与自然因素一起对土壤产生深刻的影响，并能不断地改善土壤中水分、养分、空气和热量的状况，使之更易于被作物吸收和利用。这时的肥力包括了土壤的自然肥力和人为肥力，后者又称为有效肥力或潜在肥力。具有人为肥力的土壤，称为农业土壤或耕作土壤。

第二节　土壤质地

土壤质地对土壤的各种性状，如养分含量、通气透水性、保水保肥性及耕作性状等都有很大的影响，特别是目前我国耕作土壤有机质含量不多的情况下，质地对土壤各种性状的影响更为明显。

一、土壤质地的分类

自然界的土壤不是只由单一粒级的颗粒所组成的，而是由大小不同的各级土粒以各种比例关系自然地混为一体。土壤中各级土粒所占的质量百分数称为土壤机械组成或土壤颗粒组成。根据不同粒级的颗粒在土壤中的含量比例，可把土壤划分为许多类，这种土壤分类的方法称为土壤质地分类或土壤颗粒组成分类。土壤质地分类制有如下几种。

（一）国际制

国际制土壤质地分类标准于 1930 年由第二届国际土壤学大会通过，与国际制土壤粒级划分标准相配套。国际制土壤质地分类称为 3 级分类法，按砂粒、粉砂粒和黏粒的质量百分数组合将土壤质地划分为 4 类 12 级，其具体分类标准见图 2-1。

国际制土壤质地分类的主要标准是：①以黏粒含量 15% 作为砂土类和壤土类同黏壤土类的划分界限，以黏粒含量 25% 作为黏壤土类同黏土类的划分界限。②以粉砂粒含量达 45% 以上作为"粉砂质"土壤的定名标准。③以砂粒含量 85% 以上作为划分砂土类的界限，砂粒含量在 55%～85% 时，作为"砂质"土壤定名标准。1949 年以前多采用这种分类制，目前有的地区仍在采用。

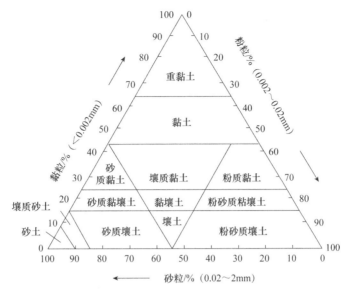

图 2-1 国际制土壤质地分类三角坐标图（引自林大仪，2002）

（二）美国制

美国制土壤质地分类标准由美国农业部制定。美国制土壤质地分类也是 3 级分类法，按照砂粒、粉粒和黏粒的质量百分数划分土壤质地，具体分类标准也常用三角坐标图表示，如图 2-2 所示。其应用方法同国际制三角坐标图。例如，某土壤中砂粒、粉粒和黏粒含量分别为 65%、20% 和 15%，查图 2-2 得知该土壤质地名称为"砂壤土"。

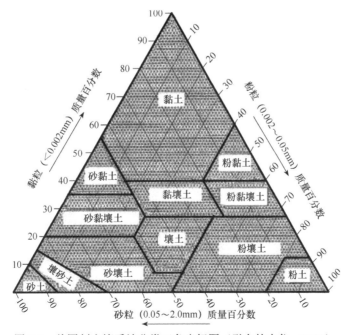

图 2-2 美国制土壤质地分类三角坐标图（引自林大仪，2002）

（三）我国土壤质地分类制

中国科学院南京土壤研究所等单位综合国内土壤情况及其研究成果，将土壤质地分为 3 类 12 级（表 2-1）。这个分类方案是结合了我国南北土壤中不同粒级含量的实际情况提出来的，比较符合我国国情，但自提出来后一直没有普遍推广应用，说明仍需要进一步补充、修改和不断完善。相信经过广大土壤科技工作者的努力，在不久的将来一定会制订出一套较为完善的我国土壤质地分类方案来推广应用。

表 2-1　我国土壤质地分类方案（引自林大仪，2002）

质地类别	质地名称	不同粒级的颗粒组成		
		砂粒（1～0.05mm）	粗粉粒（0.05～0.01mm）	细黏粒（<0.001mm）
砂土	粗砂土	>70	—	
	细砂土	60～70	—	
	面砂土	50～60	—	
壤土	砂粉土	≥20	≥40	<30
	粉土	<20		
	砂壤土	≥20	<40	
	壤土	<20		
	砂黏土	≥50		≥30
黏土	粉黏土		—	30～35
	壤黏土		—	35～40
	黏土		—	40～60
	重黏土		—	>60

二、土壤质地与肥力

土壤质地与土壤的物理、化学和生物学等性质有密切关系，对作物生长发育有很大的影响。不同质地的土壤，其肥力特点各异，对机械耕作的影响也不相同。

（一）砂土组

这类土壤泛指与砂土性状相近的一类土壤，其物理性黏粒含量<15%。颗粒组成较粗，砂粒含量为 50%，砂粒间孔隙大，水分难以保存，土壤含水量低，表层土水分易散失，土壤瘠薄，有机质、全氮、全磷含量低。但其土质疏松，易于耕作，通气透水性好，抗涝，增温快，易于发育苗，还利于作物早熟。种植块根植物（地瓜等）比较好。

（二）壤土组

这类土壤在北方又称为二合土。其砂黏比例一般为 6∶4 左右。粉粒含量高，并含有适量的黏粒与砂粒，质地均匀，在性质上兼有黏土与砂土的优点。保水保肥的能力强，有机质及氮、磷、钾的含量较高，土壤孔隙适中，大小孔隙比例较适宜，具有良好的通气、透水性能，易于耕种，水、肥、气、热等肥力因素比较适宜。适种作物范围广，产量高而稳，土壤质地最好。

（三）黏土组

这类土壤一般指含物理性黏粒≥45%，质地细（黏重），包括黏土，以及类似黏土性质的重壤土和部分中壤土。黏土的主要特征是黏粒含量高，质地黏重，黏粒细，多片层，土片间接触面大，粒间孔隙小，黏土通气不良，透水性差，含矿质养料丰富，K^+、Ca^{2+}、Mg^{2+}等阳离子含量较多。吸水吸肥能力强，有机质分解较慢，肥效稳定而长久。

（四）砾质土壤

砾质土壤含粗砂碎石，保水、保肥能力弱，土层薄。其对耕具有较大的磨损，对机具有明显的影响。砾质土壤在山地林区比较常见，土壤中的石砾可以提高土温，增大孔隙，有利于通气、透水。同时，表层石砾还可减少水分蒸发，防止土壤侵蚀，这对于黏质土壤或山区土壤非常重要。但当土壤中石砾或石块达到一定数量时将阻碍种子萌发和植物生长，不便于土壤管理。一般情况下，石砾含量超过土壤总体积的 20%时，就会使土温剧烈变化，持水能力降低，对作物生长发育产生诸多不良影响。

三、我国土壤情况和质地分布特点

我国物产丰富，地大物博，不同区域作物的分布差异巨大。这种差异不仅与气候条件有关，还和土壤质地密切相关。

（一）我国土壤情况

我国土壤的水平分布与气候带及地带性植被相一致，气候带影响土壤形成的主要因素是温度和湿度。从南向北随着温度变化，相应的土壤类型是热带的砖红壤（海南、广东、广西），南亚热带的赤红壤（广东、广西、湖南），中亚热带的红壤（江西、湖南、湖北），北亚热带的黄褐土、黄棕壤（安徽、江苏），温带的棕壤（河南、河北），寒温带的针叶林土。从东到西分布的是黄棕壤（江苏）→黄褐土（河南）→褐土（山西）→栗褐土（陕西）→黑垆土（甘肃、陕西）→灰钙土（新疆东部）→漠土（新疆中、西部），总体趋势是南方土壤偏酸，钾元素严重缺乏；北方土壤偏盐碱化，微量元素有效性差；东部土壤中性，氮、磷、钾养分普遍缺乏；西部土壤养分贫乏，有机质含量低。

（二）我国土壤质地分布特点

土壤因其母质组成和成土过程不同，土壤质地也有所差别。我国土壤的颗粒分布及质地分布，有自西到东、从北至南，颗粒逐渐由粗变细，质地由砂变黏的趋势。

北方地区的土壤颗粒和质地的分布主要受黄土及黄土状母岩等堆积物的影响，土壤中砾质颗粒、砂粒、粗粉粒含量多，而黏粒含量少。它们主要分布于我国西北地区如新疆、甘肃、宁夏、内蒙古、青海的山前平原，以及各地河流两岸、滨海平原一带。例如，砂土广泛分布于新疆、青海、甘肃、内蒙古等省（自治区），以及华北平原和沿江、河、海地区。内蒙古和新疆地区的栗钙土、淡栗钙土、棕钙土及棕漠土，其颗粒组成中的石砾含量达 10%以上，有的甚至超过 50%，其砂粒含量高达 40%~70%，有的甚至超过80%，按质地分类，多为需要改良的砾质土或粗砂土。

壤土广泛分布于松辽平原、华北平原、黄土高原、长江中下游平原、珠江三角洲平原及南方丘陵区。例如，在东北、西北、华北及长江中下游地区的黑土、黑垆土、黄绵土、黄潮土、缕土等类土壤中，其颗粒组成显著的特点如下：粗粉粒含量高达 30%~50%，黏粒含量多为13%~29%，土壤多为以壤土质地为主的砂粉土、粉土及黏壤土。

黏土广泛分布于平原洼地、山间盆地、湖积平原地区和南方红色黏土发育的土壤上。长江以南地区的红壤、黄壤、砖红壤等土壤，由于风化强度大，其颗粒组成中，黏粒含量高达 30%~40%及其以上，粗粉粒含量小于18%，土壤质地则多为黏土。例如，云南省的大部分是红壤土，全剖面的黏粒含量均在 70%~79%，而小于 0.01mm 的颗粒含量达90%以上，土壤质地极其黏重，土体非常紧实。

我国土壤颗粒及质地分布的规律性变化，是由于西北黄土地区受风积母质和生物、气候因素交错的影响；华北地区主要受河流沉积物分选的影响；在长江以南的地区，除主要受生物、气候影响以外，母质对土壤质地的影响也很大。

第三节 土壤矿物质与土壤有机质

一、土壤矿物质

土壤矿物质包括原生矿物质、次生矿物质及无机盐。

（一）原生矿物质

原生矿物质是直接由熔岩凝结和结晶而形成的原始矿产物，是岩石组成中原有的矿物。颗粒较粗，直径在 0.001mm 以上，石英硬度大，难以分解，是土壤中钾、磷、镁、铁、钙等作物营养元素的潜在来源，对农机具有破损作用。例如，白云母、黑云母、钙钠斜长石、氟石灰、二氧化硅等原生矿物质在岩石风化过程和成土过程中发生了形状、大小等物理性状的变化，其结晶构造和化学组成则没有改变，所以由原生矿物质组成的土壤颗粒都比较粗。直径在 0.001mm 以上的土壤颗粒，绝大部分是由原生矿物质组成的。

土壤矿物质颗粒的粗细除与矿物质的种类有关外，还与矿物质的颜色深浅有关，一般深色矿物质的抗风化能力较弱，在黏质土中含量较多。浅色矿物质的抗风化能力较强，在砂质土壤中含量较多。石英、白云母、钾长石是最稳定的矿物质，而辉石、角闪石、橄榄石则是最不稳定的矿物质。因此，在土壤颗粒中常含有少量的石英、白云母和钾长石等矿物质。

（二）次生矿物质

岩石在风化和成土的过程中，由原生矿物质进一步风化再重新形成新的矿物质，其化学组成及结晶构造上有所差别，颗粒细微，直径在 0.001mm 以下，绝大多数呈高度分散的胶体状态存在，是组成黏粒的主要成分，比表面积大，是土壤中最活跃的成分之一。土壤的许多物理、化学性质与次生矿物质的性质有关。我国土壤黏粒中常见的矿物质如表 2-2 所示。

表2-2　我国土壤黏粒中常见的矿物质（引自杨生华，1986）

矿物质类型	2∶1型 层状铝硅酸盐			征∶1∶1型 层状铝硅酸盐	1∶1型 层状铝硅酸盐	硅、铁、铝氧化物		
						晶质		非晶质
种类名称	水白云母 水黑云母 伊利石	蛭石	蒙脱石 绿脱石 拜来石	铝蛭石 绿泥石	高岭石 埃洛石	三水铝矿 赤铁矿 针铁矿 纤铁矿	氢氧化铁	蛋白石 水铝英石
统称	水云母		蒙脱		高岭	铁铝氧化物		

注：伊利石和拜来石都是混合物

次生矿物质的性质受矿物质无机盐种类的影响。根据化学组成的不同，可将土壤中分布最广泛的次生矿物质分为两大类：一类是次生铝硅酸盐，另一类是硅、铁、铝等的含水氧化物和三氧化物。

1. 次生铝硅酸盐　次生铝硅酸盐是土壤中数量最多和最重要的蒙脱组矿物质，这类次生矿物质是极其细微的结晶物质。从其结晶构造来看，它们都由硅氧四面体和铝氧八面体两种基本结构单位所构成（图 2-3）。硅氧四面体可相互连接而形成链状或网状的硅氧片，铝氧八面体也可以彼此连接而形成铝氧八面体片（简称水铝片）。次生铝硅酸盐的晶格就是由硅氧片和水铝片通过共用氧原子构成的。根据次生铝硅酸盐的风化程度、结晶构造和化学组成的不同，可将这一类次生矿物质分为蒙脱、高岭和水云母三组。

（1）**蒙脱组**　代表矿物质是蒙脱石。

A　　　　　　　　　　B
●硅原子　○铝原子　○氧原子或氢氧原子团

图2-3　硅氧四面体（A）与铝氧八面体（B）构造示意图（引自杨生华，1986）

其主要存在于温带半干旱地区的土壤中。例如，其在内蒙古高原东部、大小兴安岭、长白山地区和东北平原的部分土壤黏粒中含量高，华北地区的褐土、西北地区的灰钙土含有一定量的蒙脱石。蒙脱组次生矿物质的晶格缩合组成示意式为

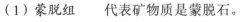

$$[O_3Si_2\boxed{O_2}\,OHAl_2OH\,\boxed{O_2}Si_2O_3]$$
硅氧片　　　水铝片　　　硅氧片

（2）**高岭组**　代表矿物质为高岭石。其是由原生矿物质经深度风化以后形成的一种次生矿物质。高岭石中 K^+、Na^+、Ca^{2+}、Mg^{2+} 等阳离子都已经淋失。这种 1∶1 型晶体具有比表面积小、带负电荷少、吸收阳离子能力强、吸水膨胀力低、颗粒比较粗、保水保肥小、黏结力差等特点。高岭组次生矿物质的晶格缩合组成示意式为

$$[O_3Si_2\boxed{O_2}OHAl_2(OH)_3]$$

$$\underbrace{\qquad\qquad}_{硅氧片}\quad\underbrace{\qquad\qquad}_{水铝片}$$

（3）水云母组　　风化程度较低，吸水膨胀力、保肥力、黏结性、可塑性等物理、化学性质介于蒙脱组和高岭组次生矿物质之间。其在干旱寒冷地区的石灰性土壤和碱土中含量较高。水云母组次生矿物质的晶格缩合组成示意式为

$$[(OH)_4K_y(Al_4 \cdot Fe_4 \cdot Mg_4 \cdot Mg_6)(Si_{8-y} \cdot Al_y)O_{20}]$$

2. 含水氧化物和三氧化物　　含水氧化物如二氧化硅、二氧化锰、铁铝氧化物和三氧化物在红壤与黄壤中含量较高。

我国不同的土壤，其黏粒的直径小于 0.001mm，组成黏粒的次生矿物质的种类各异，尽管质地相同，但其物理、化学性质也各异，保水、保肥性能与耕作特点不同。

二、土壤有机质的来源及组成

土壤有机质是土壤固相的重要组成部分，它好像"肌肉"一样，和矿物质土粒"骨骼"紧密地结合在一起。尽管土壤有机质只占土壤总重量的很小一部分，但在土壤形成过程中，特别是在土壤肥力发展过程中起着极其重要的作用。一方面，它含有植物生长所需要的各种营养元素，是土壤微生物生命活动的能源，对土壤物理、化学和生物学性质都有着深刻的影响。另一方面，土壤有机质对重金属、农药等各种有机、无机污染物的行为都有显著的影响，而且土壤有机质对全球碳平衡起着重要作用，被认为是影响全球温室效应的主要因素。

广义地讲，土壤有机质包括土壤中各种动植物残体及微生物分解和合成的有机化合物。狭义地讲，土壤有机质主要是指有机物质残体经微生物作用形成的一类特殊的、复杂的、性质比较稳定的高分子有机化合物，即土壤腐殖质。由于各地的自然条件和农业经营水平不同，土壤有机质含量差异很大，通常在其他条件相似的情况下，有机质含量的多少可反映土壤肥力水平的高低。

土壤有机质是土壤重要的固态组成部分，主要来源于各种植物的根茬、茎秆、落叶，动物的排泄物，微生物的残体及施入土壤中的有机肥料，此外还包括微生物制品、工业城市废弃物等。形成土壤肥力的主要成分包括土壤非腐殖质、土壤腐殖质和土壤微生物。

（一）土壤非腐殖质

土壤非腐殖质包括未分解的纤维素、半纤维素、木质素、树胶、脂肪、蛋白质、油蜡、色素、单糖、丹宁、氨基酸、低分子有机酸化合物等，主要成分是碳水化合物和含氮化合物。组成化合物的主要化学元素有碳、氢、氧，大量元素钙、镁、钾、钠、铁、磷、硫、硅、铝等灰分元素及其他微量元素。土壤非腐殖质以非土壤有机质形式存在，含量占土壤有机质含量的 15%～27%。

（二）土壤腐殖质

土壤腐殖质是有机物经微生物分解后再重新形成的特殊的有机物质。其为黑褐色、结构复杂的高分子化合物，是一种稳定的胶体，土壤中有机质含量为50%～90%。因此，它是土壤有机质的主要成分，其含量高低是衡量土壤肥力水平的重要指标之一。

（三）土壤微生物

土壤微生物与土壤肥力的演变、营养元素的转化有密切的关系，是土壤有机质的重要组成部分。其包括细菌、真菌、放射菌，此外还有氨化细菌、硝化细菌、反硝化细菌、磷细菌、钾细菌等分解有机物获取能量的腐生细菌等。

三、土壤有机质的转化过程

各种动植物有机残体进入土壤后，进行着多种多样的复杂的转化过程，这些过程可归结为两个对立的过程，即有机质的矿化过程和腐殖化过程。土壤有机物沿着矿化与腐殖化进行转化，转化的主导因素是土壤有机物。

（一）土壤有机质的矿化过程

土壤有机质的矿化过程即在微生物作用下，把复杂的有机物质分解成为简单的无机化合物的过程。土壤有机质的矿化过程实质上是一个养分积累的过程。

（二）土壤有机质的腐殖化过程

土壤有机质的腐殖化过程即在微生物作用下，把有机物质分解产生的简单有机化合物及中间产物转化成更为稳定的、复杂的、特殊的高分子有机化合物的过程。进入土壤的有机物质，在微生物为主导的生物化学作用下形成腐殖质。土壤有机质在好气性微生物活动下生成胡敏酸、水与二氧化碳，土壤有机质在嫌气性微生物作用下生成乌头酸、水与二氧化碳。土壤的腐殖化过程实质上是一个养分积累的过程。

在水、温、酸碱度适宜的条件下，好气性微生物的活动旺盛，有机质能够被彻底矿化。碳水化合物及氮、磷、硫等有机化合物分解成二氧化碳和水。在通气不良及水分过多或温度较低的条件下，有机质在嫌气性微生物作用下发生非彻底性矿化，产物除水、二氧化碳外，还有甲烷、氢气、硫化氢等毒性物质。

（三）影响因素

（1）温度　　温度会影响植物的生长和有机质的微生物降解。在一定的温度范围内，微生物的活性与温度呈正相关，即随温度的升高，微生物的活动旺盛，温度过高或过低，都不利于微生物的活动。一般来说，在0℃以下，土壤有机质的分解速率很小；在0～35℃，提高温度能促进有机物质的分解，加速土壤微生物的生物周转，温度每升高10℃，土壤有机质的最大分解速率提高2～3倍。一般土壤微生物活动的最适宜温度为25～35℃，超出这个范围，微生物的活动就会受到明显的抑制。

（2）土壤水分和通气状况　　有机质的分解强度与土壤含水量有关。土壤中微生物的活动需要适宜的土壤含水量，但过多的水分导致进入土壤的氧气减少，从而改变土壤有机物质的分解过程和产物。当土壤在风干状态时，微生物因缺水而活动能力降低，分解很缓慢，当土壤湿润时，微生物活动旺盛，分解作用加强。若水分太多，使土壤通气性变坏，又会降低分解速度。当土壤处于嫌气状态时，大多数分解有机质的好氧微生物停止活动，从而导致未分解有机质的积累。

干湿交替可以使土壤呼吸强度在很短的时间内有大幅度的提高，并使其在几天内保持稳定的土壤呼吸强度，从而增加土壤有机质的矿化作用。另外，干湿交替会引起土壤胶体的收缩和膨胀作用，使土壤团聚体崩溃。其结果一是使原先不能被分解的有机物质因团聚体的分散而能被微生物分解；二是干燥引起部分土壤微生物死亡。

（3）有机物的组成　　碳氮比是指有机物中碳素总量和氮素总量之比，微生物在分解有机质时，需要同化一定数量的碳和氮构成的组分，同时还要分解一定数量的有机碳化合物作为能量来源。

再者，土壤中加入新鲜有机物质会促进土壤原有有机质的降解，这种矿化作用称为新鲜有机物质对土壤有机质分解的激发作用。激发效应可正可负，正激发效应有两大作用：一是加速土壤微生物碳的周转，二是新鲜的有机物质引起土壤微生物活性增强，从而加速土壤原有有机质的分解。但在通常情况下，微生物生物量的增加超过了分解的腐殖质量，因此净效应是土壤有机质增加。

（4）土壤质地　　土壤质地会影响土壤的水、气状况及微生物的活性，从而将影响有机物质的分解。在砂性土中，土壤保水力弱，通气良好，一般以好气性微生物占优势；在黏性土中，土壤保水力强，通气性差，有利于嫌气性微生物的活动，因而在黏粒含量多的土壤中植物残体的分解较为缓慢。

（5）土壤 pH　　适于土壤微生物活动的 pH 大都在中性附近，土壤过酸或过碱都会显著抑制微生物的活动。pH 不同的土壤，有不同的微生物来分解土壤有机质，影响着有机质转化的方向和强度。因此，在农业生产中，改良过酸或过碱的土壤，对促进有机质的矿化有着显著的效果。

四、土壤有机质对肥力形成的影响

（一）土壤有机质是作物养料的重要来源

土壤有机质含有作物生长、发育所需要的各种营养成分，包括大量的碳、氢、氧、氮、磷、硫、钾、钙、镁、铁及少量的微量元素。随着有机质的矿化，这些元素不断地被释放出来供作物和微生物利用，微生物生命活动所必需的能量同时被释放出来。土壤氮素有 95%以上是以有机态存在的。这些有机态氮在一定的耕作条件下，经过土壤微生物分泌的酶的作用，可以转化为定量的无机态氮，供作物生长发育所需。除氮素以外，土壤有机质中还含有相当数量的有机态磷。

在有机质分解和转化过程中，还可产生各种低分子有机酸和腐殖酸，对土壤矿物质部分都有一定的溶解作用，会促进风化，有利于养分的有效转化。此外，土壤有机质还能和一些多价金属离子络合形成络合物进入土壤溶液中，增加了养分的有效性。上述的各种元素都是作物的重要营养元素，因此土壤有机质是作物所需的各种养料的来源，是土壤肥力的一个重要指标。

（二）有机质能提高土壤的保水、保肥能力

土壤有机质疏松多孔，特别是腐殖质，属于有机胶体，具有巨大的表面能。其又是亲水胶体，能吸持大量的水分。其所含的羧基、酚基、甲氧基等功能团解离时，会产生大量的负电荷，能够吸收并保持大量的阳离子养分和水分，其吸收力比黏粒大十几至上百倍。有研究资料显示，腐殖质的吸水率为 5000～6000g/kg，而黏粒的吸水率只有 500～600g/kg，腐殖质的吸水率是黏粒的 10 倍，能大大地提高土壤的保水能力。

土壤有机胶体有巨大的表面能，并带有正、负电荷，且以带负电荷为主，所以它吸附的主要是阳离子。其中作为养料离子的主要有 K^+、NH_4^+、Ca^{2+}、Mg^{2+}等。这些离子一旦被吸附后，就可避免随水流失，起到保肥作用，而且随时能被根系附近的 H^+ 或其他阳离子交换出来，供作物吸收，仍不失其有效性。

腐殖质保存阳离子养料的能力，要比矿物质胶体大几十倍。因此，保肥力很弱的砂土增施有机肥料后，不仅增加了土壤中养分的含量，改善了土壤的物理性质，还可以提高其保肥保水的能力。

腐殖酸是一种含有许多功能团的弱酸，有极高的阳离子交换量，因此它能增加土壤对酸碱变化的缓冲能力，有机质含量高的土壤缓冲能力强。

（三）有机质能改善土壤的理化性质

土壤有机质在土壤中主要是以胶膜的形式包被在矿物质土粒的表面。腐殖酸分子中含有酚、羧基等各种功能团，因而它们对植物的生理过程会产生多方面的影响。腐殖质胶体的黏结力比砂粒强。因此，将有机肥料施入砂土后可增加砂土的黏性，有利于团粒结构的形成。另外，由于土壤有机质松软，絮状多孔，而黏结力又不像黏土那么强，因此黏粒被它包被后，就变得松软，易使硬块散碎成团粒。这说明有机质能使砂土变紧，使黏土变松，改善了土壤的通气性、透水性和保水性。

腐殖质胶体本身是一种暗褐色的物质，会使土壤颜色深暗，有利于吸收太阳辐射能。腐殖酸能改变植物体内的糖代谢，促进还原糖的累积，提高细胞的渗透压，从而提高了植物的抗旱能力。腐殖酸能提高酶系统的活性，加速种子发芽和养分的吸收，从而增加生长速度。腐殖酸能增加植物的呼吸作用，增强细胞膜的透性，从而增加对养分的吸收能力，并加速细胞分裂速度而增强根的发育。有机质在分解时还能释放热量，有机质含量高的土壤有利于增加土温，这在北方有利于种子发芽和幼苗的生长。

学习重点与难点

掌握土壤质地与土壤肥力及机械耕作的关系。

复习思考题

1. 论述并说明土壤有机质对土壤肥力形成的影响。

2. 土壤是由哪些基本物质组成的?

3. 土壤形成过程分哪两个阶段?什么是岩石风化?什么是成土过程?

4. 什么是土壤有机质的矿化过程?什么是土壤有机质的腐殖化过程?

5. 简述土壤质地分类及其与机械耕作的关系。

第三章　土壤的孔性和结构性

土壤的孔性和结构性是土壤重要的物理性质，对土壤的理化性质、土壤肥力及植物根系的生长发育有着重要的影响。土粒相互排列，凝结团聚成形状大小不同的土团或土块，从而形成了不同的土壤结构。其中土粒大小的差异及其排列方式的不同对土壤水、肥、气、热状况及土壤中微生物的活动有着很大的影响与制约作用。土壤结构不同，其内部固、液、气三相的构成也不同。结构良好的土壤，其内部的水、肥、气、热可以得到充分的协调，并且可以提升土壤肥力，有利于植物根系的生长发育。土壤的孔性和结构性易受到自然因素和人为因素的影响，因此人们可以通过一系列的措施调整土壤结构，增强土壤肥力，创造适宜植物生长发育的土壤条件。

第一节　土壤的孔性

土壤的孔性是指土壤孔隙的性质。土壤孔隙是指土粒与土粒或土团之间相互支撑形成的大小不同、形状各异的孔隙。土壤的孔性通常包括孔隙总量和孔隙类型（大小和比例）两个方面。土壤孔隙是土壤中能量交换和贮存的场所，也是植物根系生长发育、土壤生物和微生物生存活动的地方。土壤孔隙有大有小，有粗有细，大孔通气透水，小孔蓄水保水。土壤孔隙数量越多，土壤中的空气和水分也就越多。但是只有孔隙数量适宜、大小孔隙比例均匀，才能满足植物生长对空气和水分的需要，植物根系才能更好地向下延伸。

土壤孔隙的数量一般用孔隙度表示。孔隙度或孔隙率是指单位体积自然状态的土壤中各种孔隙的容积占整个土壤容积的百分数，它表示各种大小孔隙的总和，是一个数量上的概念。基于孔隙大小不同和形状差异，孔隙度并不能反映土壤孔隙的质量。

由于土壤孔隙的复杂多样，在实际工作中一般不直接测量土壤的孔隙度，而是利用土壤密度和土壤容重计算得出，从而了解各级孔隙的分配比例及其在土层中的分布情况。

一、土壤密度

单位体积固体土粒的质量（不包含土粒间孔隙的体积）称作土壤密度或土壤比重，单位为 g/cm^3。土壤相对密度是指单位容积固体土粒的质量与同容积水的质量之比，为无量纲。土壤相对密度过去又称土壤真比重。土壤密度除用于计算土壤孔隙度和土壤三相组成之外，还可用于土壤机械分析中计算各级土粒的沉降速度，估计土壤的矿物组成等。土壤有机质含量及矿物质组成对土壤密度的影响较大。土壤密度计算方式如下。

$$\rho_s = \frac{M_s}{V_s} \tag{3-1}$$

式中，M_s 为土壤固相颗粒的质量（g）；V_s 为土壤固相颗粒的容积（cm^3）；ρ_s 为土壤固相颗粒的密度（g/cm^3）。

土壤密度是土壤中各种成分含量和密度的综合反映，其值的大小主要取决于土壤的矿物质组成及有机质含量。例如，氧化铁等重矿物质的含量多，则土壤密度大，反之则小（表 3-1）。然而，多数土壤的有机质含量低，所以土壤密度的大小多数取决于土壤的矿物质组成。多数土壤的密度为 2.6~2.7g/cm³，对于铁、锰等重矿物质含量较多的土壤，其密度较大，可大于等于 2.75g/cm³；对于富含腐殖质的土壤（如黑土），其密度较小，这是由于腐殖质的密度较小。在同一土壤中，土粒大小不同，腐殖质含量和矿物质组成也会不同，由同一母质发育的不同土壤，由于内部土粒大小比例分配不同，其密度也不相同。例如，我国东北的几种黑土表层的密度为 2.50~2.56g/cm³，而心底土层的密度增至 2.59~2.64g/cm³。

表 3-1 土壤中常见组分的密度（引自黄昌勇，2000）

组分	密度/（g/cm³）	组分	密度/（g/cm³）
石英	2.60~2.68	赤铁矿	4.90~5.30
正长石	2.54~2.57	磁铁矿	5.03~5.18
斜长石	2.62~2.76	三水铝石	2.30~2.40
白云母	2.77~2.88	高岭石	2.61~2.68
黑云母	2.70~3.10	蒙皂石	2.53~2.74
角闪石	2.85~3.57	伊利石	2.60~2.90
辉石	3.15~3.90	腐殖质	1.40~1.80
纤铁矿	3.60~4.10		

二、土壤容重

土壤容重是指土壤在未破坏自然结构的状况下，单位容积土体（包括土粒和孔隙）的质量或重量，单位为 g/cm³ 或 t/cm³。土壤容重的数值总是小于土壤密度，两者的质量都是在 105~110℃条件下烘干的土重。容重的数值大小受密度和孔隙的影响，其中土壤孔隙的影响更大，降水及人为生产活动也会对土壤密度产生影响。土壤容重的计算如下。

$$\rho_b = \frac{M_s}{V_t} = \frac{M_s}{V_s + V_a + V_w} \tag{3-2}$$

式中，ρ_b 为土壤容重（g/cm^3）；V_t 为土壤的总容积（cm^3）；V_w 和 V_a 分别为土壤水和土壤空气的容积（cm^3）。

土壤容重受土壤密度、结构、松紧度、有机质含量等因素的影响，变化较大。砂土的孔隙容积较小，容重较大，一般为 1.2~1.8g/cm³；黏土的孔隙容积较大，容重较小，一般为 1.0~1.5g/cm³；壤土的容重介于砂土与黏土之间，如果壤土和黏土的结构良好，孔隙容积显著地增大，容重则相应减小。土壤疏松时，孔隙度大而容重小，土壤越密实，则容重越大。因此，耕层土壤由于人为翻耕，土壤松散性较好，容重较低，在

$1.0\sim1.3g/cm^3$ 变化，而经外力压实的土壤，容重较大，一般大于 $1.3g/cm^3$。此外，土壤中矿物质的组成也会影响容重的大小。从总体来看，土壤容重的大小主要受土壤土粒排列方式、质地、结构、紧实度等土壤内部因素的影响，也常受到降水、耕作、施肥、灌溉等农业技术措施的影响。因此，土壤容重的大小可作为粗略判断土壤质地、结构、孔隙度和松紧状况的标志（表3-2）。

表3-2　土壤容重变化情况（0~15cm）（引自林成谷，1983）

耕深/cm	原状土壤容重/（g/cm³）	深耕施肥后容重/（g/cm³）	灌水后容重/（g/cm³）	播种前容重/（g/cm³）
30	1.38	1.10	1.22	1.32
45	1.38	1.07	1.28	1.27
60	1.38	1.12	1.21	1.24

土壤容重在实际工作中用处较多，可根据土壤容重与密度计算土壤孔隙度；根据土壤容重大小推知土壤松紧度与孔隙状况，作为判断土壤肥力指标之一；计算出一定面积与厚度的土壤质量，从而算出其中水分、养分等含量，作为制订灌水、施肥等农业技术措施的依据。

（一）反映土壤的松紧度

土壤松紧度是指土壤疏松和紧实、松软和板硬的状况。土壤松紧度也是孔隙性质的具体表现形态之一。土壤容重过大，表明土壤紧实，结构不良，不利于透水、通气、扎根，并会造成土壤的氧化-还原电位（E_h）下降，会出现各种有毒物质和不利于养分的释放。土壤容重小，表明土壤疏松多孔，结构性良好。如果土壤容重太小，大孔隙数量多，气体通畅又会促使有机质加速分解，也会使植物根系扎不牢而易倒伏。

各种作物对土壤松紧度有一定的要求，过松或过紧均不适宜。适宜于作物生长发育的土壤松紧度因气候条件、土壤类型、质地和作物种类而异。一般来说，旱田耕层土壤容重在 $1.1\sim1.3g/cm^3$ 能适应多种作物生长发育的要求，对于砂质土壤来说，适宜的容重会大一些，而对于富含腐殖质的黑土来说则可能适当小些。

（二）计算土壤质量

每亩[①]或每公顷的耕层土壤有多少质量，是经常用到的一个参数，可根据一定面积和耕层深度计算土壤体积，然后根据土壤平均容重进行计算；同样，要计算在一定面积土地上挖土或填土量的多少，也可根据土壤容重来求得。

（三）计算土壤各组分的含量

根据土壤质量，可以计算单位面积土壤的水分、有机质、养分和盐分含量等，作为灌溉排水、养分和盐分平衡计算与施肥的依据。

---

① 　1 亩≈666.7m²

三、土壤的孔隙性状

土壤是一个极其复杂的多孔体系，由固体土粒和粒间孔隙组成。在土壤中土粒与土粒、土团与土团、土团与土粒（单粒）之间相互支撑，构成弯弯曲曲、粗细不同和形状各异的各种孔洞，通常把这些孔洞称为土壤孔隙。在土壤固、液、气三相中，固相和液相两者的容积合称为实容积。而液相和气相两者的容积之和称为土壤孔隙容积，以孔隙度或孔隙比表示。这几个互相关联的概念构成了一套反映土壤三相组成及土壤其他特征的评价参数。

土壤孔隙是土壤中物质和能量贮存与交换的场所，也是土壤众多动物和微生物活动的地方，还是植物根系伸展并从土壤中获取水分和养料的场所。土壤中孔隙的数量越多，水分和空气的容量就越大。但是土壤中的孔隙有粗有细，其作用各不相同，粗孔可以通气透水，细孔可以蓄水保水。所以，为了满足作物对水分和空气的需求，有利于根系的伸展和活动，要求土壤（尤其是耕作层）不仅要有适当的孔隙数量，大小不同的孔隙的搭配比例也要适宜。

土壤孔隙状况通常包括总孔隙度（孔隙总量）和孔隙类型（孔隙大小及比例，又叫孔径分布）两个方面。前者决定土壤气、液两相的总量，后者决定气、液两相所占的比例。

（一）三相组成指标

土壤固、液、气三相的容积占土体容积的百分率，分别称为固相率、液相率（即容积含水量或容积含水率，可与质量含水量换算）和气相率。三者之比即土壤三相组成（或称三相比）。它们的计算如下。

$$固相率(\%)=\frac{固相容积}{土体容积}\times100 \tag{3-3}$$

$$液相率(\%)=\frac{水容积}{土体容积}\times100 \tag{3-4}$$

$$气相率(\%)=\frac{空气容积}{土体容积}\times100 \tag{3-5}$$

（二）土壤的孔隙度与孔隙比

一般用孔隙度来表示土壤孔隙的数量，即单位土壤总容积中的孔隙容积。由于土壤结构的复杂多样，土壤孔隙度一般不直接测定，而是通过土壤密度、容重来计算，计算公式见式（3-6）。

$$土壤孔隙度=1-\frac{容重}{土壤密度} \tag{3-6}$$

在计算土壤孔隙度时，土壤密度通常采用平均值 2.65g/cm³。

一般土壤孔隙度为 30%～60%。对农业生产来说，土壤孔隙度以 50%或稍大于 50%为最佳。

土壤孔隙的数量也可以用土壤孔隙比来表示。土壤孔隙比是指土壤中孔隙容积与土粒容积的比值，其值为 1 或稍大于 1 为最佳。土壤孔隙比的计算方式如下。

$$土壤孔隙比 = \frac{孔隙度}{1 - 孔隙度} \tag{3-7}$$

在土壤孔隙比为 1 时，土壤孔隙容积与土粒容积相等。土壤疏松，即土壤孔隙容积大，土粒容积小，此时孔隙比大于 1；反之，孔隙比小于 1，土壤紧实。由此可见，土壤孔隙比可以反映土壤的坚实度，确定土壤承载能力，衡量机械作业对土壤的压实程度。

（三）土壤孔隙的类型

土壤孔隙度或孔隙比只能说明土壤孔隙"量"的问题，并不能说明土壤孔隙"质"的差别，所以用孔隙度可以对土壤肥力状况做粗略的估计，如需正确地评价土壤质地，必须进一步了解孔隙的大小及它们的比例关系。对于孔隙度和孔隙比相同的两种土壤，如果大小孔隙的数量分配不同，那么水、肥、气、热状况就会不同，保水、导水、通气等性质就可能有明显的差异。由于土壤孔隙的形状及其连通情况非常复杂，孔径的大小变化多样，难以直接测定。土壤学中用当量孔径或有效孔径来表示孔隙直径，即与一定土壤水吸力相当的孔径，它与孔隙的形状及其均匀性无关。土壤水吸力与当量孔径的关系如下。

$$d = \frac{3}{T} \tag{3-8}$$

式中，d 为当量孔径（mm）；T 为土壤所承受的吸力（土壤水吸力）（kPa）。

由式（3-8）可以看出，当量孔径与土壤水吸力成反比，孔隙愈小，土壤水吸力愈大。每一当量孔径与土壤水吸力相对应。根据土壤孔径的大小，一般把土壤孔隙分为以下 3 类。

（1）非活性孔隙（无效孔隙）　作为土壤中最细微的孔径，其当量孔径相当于土壤水吸力为 1.5×10^5 Pa 时的孔径，孔隙直径小于 0.001mm。这种孔隙中总是被难以移动的吸附水所填满，无毛管作用，内部水分无法被植物利用，再者内部空气无法流通，不但植物的细根和根毛不能伸入，而且微生物难以侵入，使得孔隙内部的腐殖质分解得非常缓慢，因而可以长期保存，但对植物的生长发育几乎无效，所以称为无效孔隙。很明显，在质地愈黏重、土粒分散程度愈高、排列愈紧密的土壤中，无效孔隙的数量愈多。无效孔隙多的土壤，可塑性、黏结性和黏着性都很强，耕作性能也差。

（2）毛管孔隙　毛管孔隙又叫小孔隙，当量孔径相当于土壤水吸力为 $0.05 \times 10^5 \sim 1.5 \times 10^5$ Pa 时的孔径，孔隙直径为 0.001～1mm，其中最有效的为直径 0.01～1mm 的孔隙。它能借毛管的作用使水分在孔隙中活动强烈，并能持久保持，有毛细现象，故称为毛管孔隙。植物的细根、原生动物和真菌等很难进入其中，但植物的根毛和一些细菌却可以在毛管孔隙中活动，其中保存的水分易被植物充分吸收利用。一般认为，毛管孔隙中保持的水分是植物易利用的有效水分，因此测定毛管孔隙的数量是判断孔隙质量的一个指标。单位容积土体内毛管孔隙所占百分数称为毛管孔隙度。

（3）非毛管孔隙　非毛管孔隙又叫大孔隙，其当量孔径相当于土壤水吸力 < 1.5×10^4 Pa 时的孔径，孔隙直径大于 0.02mm。这种孔隙中的水分在重力作用下可以

排出，难以保存，不具有毛管作用；再者，其是作为通气透水的走廊，内部经常充满空气，又称作空气孔隙或通气孔隙。通气孔隙按其直径大小，又可分为粗孔（直径大于 0.2mm）和中孔（0.02～0.2mm）两类。前者大孔隙排水速度快，多种作物的细根可伸入其中；后者小孔隙排水速度慢，植物的细根不能进入，常见的是一些植物的根毛和某些真菌的菌丝体。通气孔隙的数量直接影响土壤的渗水、排水能力和土壤的通气性能，代表土壤空气的总容量。因此，常用通气孔隙度作为衡量孔隙质量和土壤通气性好坏的指标。

各种孔隙度按照土壤中各级孔隙占的容积计算如下。

$$非活性孔隙度（\%）=\frac{非活性孔隙容积}{土壤总容积}\times100 \tag{3-9}$$

$$毛管孔隙度（\%）=\frac{毛管孔隙容积}{土壤总容积}\times100 \tag{3-10}$$

$$非毛管孔隙度（\%）=\frac{非毛管孔隙容积}{土壤总容积}\times100 \tag{3-11}$$

$$总孔隙度（\%）=非活性孔隙度+毛管孔隙度+非毛管孔隙度 \tag{3-12}$$

作物在其生长发育的过程中，要求土壤同时提供足够的水分和空气，因此要求土壤耕作层具有适量的毛管孔隙和非毛管孔隙，只有这两种孔隙的比例适当，才能解决土壤中水分和空气的矛盾，以及保肥和供肥的矛盾。一般肥力高的土壤不仅总孔隙度大，超过 50%，而且大孔隙与小孔隙（包括毛管孔隙和无效孔隙）二者的比例适当。

四、影响土壤孔性的因素

由于自然和人为因素的作用时常变化，田间状态下影响土壤孔隙状况的基本因素有土壤质地、土粒排列方式、土壤结构、耕作措施及土壤有机质含量等。

（一）土壤质地

质地轻的土壤，因粗土粒多，单位容积的土壤土粒所占的容积较大，而孔隙所占容积较小，故砂质土壤孔隙度不高，一般为 30%～40%，以通气孔隙度为主，呈疏松"多孔"的状态。无结构黏质土或紧实的黏重土壤正好相反，细土粒多，土粒所占容积不大，孔隙容积却很大，黏土的总孔隙度高达 50%～60%，无效孔隙度和毛管孔隙度之和高。缺乏有机质时，质地愈黏，无效孔隙度愈高，所以给人以"密闭"的感觉。壤土居中，总孔隙度为 40%～50%，大小孔隙搭配适宜，因此壤土特别是砂壤土和轻壤土的孔隙分配比对于土壤的水、气来说是最合适的。华北平原地区土壤质地与孔隙状况的关系见表 3-3。

表 3-3 华北平原地区土壤质地与孔隙状况的关系（引自熊顺贵，2001）

质地	相对密度/ (g/cm³)	容重/ (g/cm³)	孔隙度/%	无效孔隙度 /%	毛管孔隙度 /%	无效孔隙度+ 毛管孔隙度 /%	通气孔隙度 /%
紧砂土	2.69～2.73	1.45～1.60	38～46	—	—	36～40	2～8
砂壤土	2.69～2.72	1.37～1.54	46～50	4～7	33～42	40～46	2～8

续表

质地	相对密度/（g/cm³）	容重/（g/cm³）	孔隙度/%	无效孔隙度/%	毛管孔隙度/%	无效孔隙度＋毛管孔隙度/%	通气孔隙度/%
轻壤土	2.70～2.74	1.40～1.52	43～49	5～10	30～41	40～46	3～6
中壤土	2.70～2.74	1.40～1.55	43～49	6～12	28～40	40～46	3～7
重壤土	2.70～2.74	1.38～1.54	43～49	7～15	25～39	40～46	2～5
轻黏土	2.73～2.78	1.35～1.44	48～52	15	30～37	45～52	1～4
中黏土	2.73～2.78	1.30～1.45	18～52	14～19	26～36	45～52	2～6
重黏土	2.73～2.78	1.32～1.40	48～52	—	—	45～52	0～4

（二）土粒排列方式

假定全部土粒都是大小相等的球体，当球体呈疏松排列即正方体型排列方式时，其孔隙度为 47.64%，当球体呈紧密排列即三斜方体型排列方式时，孔隙度为 25.95%，也就是通常所说的"理想土壤"。然而，土壤中土粒排列和孔隙状况远较理想土壤复杂得多。粗细不同的土粒，其排列方式不同，并且常是相互镶嵌的，在粗土粒的孔隙中又镶嵌着细土粒。再者，由于土团、根孔、虫孔及裂隙的存在，土壤孔隙系统更加复杂化。因此，要真实地、全面地反映出各种大小、形状孔隙的分布及连通情况，是很难做到的。土壤质地相同，疏松排列时孔隙度高，紧密排列时则孔隙度低。一般耕作土壤的耕作层，其土粒大多是疏松排列，总孔隙度多在 50% 以上。

（三）土壤结构

质地相同的土壤，若有团粒结构存在，其孔隙和松紧状况都会改变，容重变小，孔隙度相应增大，大小孔隙的比例也可得到改善。砂质土壤大多是没有结构的，有结构的土壤一般是指壤质或黏质土壤的表层含有较多腐殖质，土粒团聚成类似团粒的结构。这是因为有团粒结构的土壤疏松多孔，容重小，孔隙度增大，大小孔隙分布有改善。其他结构如耕层以下的犁底层，土粒排列紧实，呈片状结构；质地黏重的底土、心土层一般多为块状和柱状结构。这些结构的孔隙度大大降低，尤其是大大减少了通气孔而增加了无效孔隙度。有的不良结构会导致土壤的孔隙度过大，且大小孔隙比例失调，透风跑墒，对农业生产也会造成不利的影响。

（四）耕作措施

精耕细作是我国优良的传统农业生产技术，其作用是使土壤疏松，如耕翻、耙、锄，调节了孔隙状况，因而也改善了土壤结构、土温、墒情、通气、养分转化及植物根系下扎等条件，对调节土壤各方面肥力因素有良好的作用。过去农民注重秋耕，正是因为秋耕的整套措施使土壤疏松并形成大小适宜的土团，从而改善了土壤结构状况，降低了土壤容重，增加了孔隙度和非毛管孔隙度。耕作前后，耕层与底土层、心土层的孔隙状况均有明显的变化（表 3-4）。但是，不正确的耕作也会引起土壤孔隙状况的恶化。

再者，灌溉、降雨等往往使土壤被压实。因此，人们可以根据生产实际的需要人为地对土壤孔性进行调控。

表 3-4　不同深度土壤的变化（引自熊顺贵，2001）

取样深度/cm	容重/（g/cm³）		孔隙度/%		空气孔隙度/%	
	深耕前	播种前	深耕前	播种前	深耕前	播种前
0～15	1.28	1.31	52.30	51.20	14.32	12.20
30～45	1.42	1.34	47.70	50.70	6.50	11.30
60～80	1.40	1.28	48.80	53.20	4.50	14.10
80～100	1.44	1.28	46.90	52.10	5.80	10.40
100～120	1.53	—	44.00	—	3.90	—

（五）土壤有机质含量

不完全腐殖质化的有机质本身疏松多孔，耕翻时与土粒掺混均匀，可使紧实的土质松散，大大改善了其通气条件，而腐殖质又能促进土壤形成良好的结构，增加土壤的孔隙度，所以富含有机质的土壤孔隙度较高，泥炭土的孔隙度可达 80%以上。土壤有机质含量愈高，特别是对黏质土壤，孔隙状况得到的改善效果愈明显，有利于各肥力因素的协调和作物的生长发育。因此，增施有机肥料是改善土壤孔性的有效措施。

五、土壤孔性的调节

土壤孔隙的质量不仅由各级孔隙的数量分配决定，还由各级孔隙在土体中的垂直分布状况决定。这是因为土壤的通气性、透水性、保水性及植物根系的伸展，不仅受各级孔隙数量搭配的影响，也与孔隙在各垂直层次中的分布有密切关系。长期采用同样的耕作深度来进行土壤耕作，特别是在较湿的条件下从事机械化作业时，耕作层的团粒结构易遭破坏，土壤易被压实，从而形成通气孔隙极少、无效孔隙多的紧密的犁底层。这样，原来熟化度高的、各级孔隙分配比例适宜的耕作层下部，就会变成透水性和通气性不良的土层。一般来说，适宜于作物生长发育的土壤孔隙垂直分布状况为"上虚、下实"。"上虚"有利于通气、透水和种子的发芽、破土；"下实"则有利于保水、保肥和扎稳根系。孔隙指标一般是：耕作层总孔隙度为 50%～56%，通气孔隙度在 8%～10%及以上，15%～20%则更好。其中，0～15cm 的上部耕作层，总孔隙度为 55%左右，通气孔隙度为 15%～20%；15～30cm 的下部耕作层，总孔隙度为 50%左右，通气孔隙度为 10%左右。这样的孔隙对于心土层，除要求毛管孔隙较多之外，还要求有一定数量的通气孔隙，这样有利于下层土壤的通气、透水和扩大作物根系的营养范围。

六、土壤孔性与作物生长

一般来说，适于作物生长的土壤孔性指标如下：耕层的孔隙度为 50%～56%，通气孔隙度在 8%～10%及以上，毛管孔隙度与通气孔隙度之比为 2∶1～4∶1 比较好。由于在多数情况下，水分都没有将毛管全部充满，因此在毛管中也往往贮有空气。所以，毛管孔隙度往往要比通气孔隙度大。

各种作物要求有一定的通气孔隙。例如，作物（甜菜）产量随通气孔隙度的增长而增加，通气孔隙度低于 8%时，产量减少；低于 3%时，土壤处于嫌气状态，作物（甜菜）几乎全部死亡。对多数作物来说，通气孔隙度在 10%是界域，低于该数值就会造成作物减产。

土壤中各级孔隙的分布受易变因素紧实度的影响很大，并且紧实度决定着土壤的穿透阻力。例如，小麦、玉米等根系的穿透能力较强，可耐较紧实的土壤条件，而蔬菜等大多数根系的穿透能力弱，适于低容重、高孔隙度土壤。块根茎类作物，在紧实土壤中根系不易下扎，块根、块茎不易膨大，故在紧实土壤的黏土地上，产量低而品质差。

孔隙度过大也不利于作物生长，因为土壤密度小，阻碍了根系水分和养分向根部传导。另外，土壤过松对根系的固定效果也不好。

七、三相组成和孔隙度的测定及计算

先测定土壤的固相率、液相率，再用差减法计算其气相率。

（一）固相率

由实测的土壤密度和土壤容重计算。

$$固相率 = \frac{土壤容重}{土壤密度} \tag{3-13}$$

（二）液相率（容积含水率）

由烘箱法或其他方法测定土壤含水量（以干土质量为基础计算），再通过实测的土壤容重换算。

$$土壤含水量(\%) = \frac{土壤水质量}{干土质量} \times 100 \tag{3-14}$$

$$土壤容积含水率(\%) = 土壤含水量(\%) \times 土壤容重 \tag{3-15}$$

（三）气相率

由土壤孔隙度减去容积含水率得到，而前者则由土壤容重和密度的实测值来计算。

$$孔隙度 = 1 - 固相率 = 1 - \frac{土壤容重}{土壤密度} \tag{3-16}$$

$$气相率 = 孔隙度 - 容积含水率 \tag{3-17}$$

（四）实容积率

土壤的固、液（水）两相的容积合称为实容积。用实容积仪可测定土壤实容积率和容积含水率，由此再计算固相率和气相率。

$$固相率＝实容积率－容积含水率 \qquad (3-18)$$

$$气相率＝1－实容积率 \qquad (3-19)$$

$$土壤三相比＝固相率:容积含水率:气相率 \qquad (3-20)$$

八、三相组成的适宜范围和表示方法

对多数旱地作物来说，适宜的土壤三相比为：固相率 50%左右，容积含水率 25%～30%，气相率 15%～25%。如气相率低于 5%，会妨碍土壤通气而抑制植物根系和好气性微生物活动。

土壤三相组成的表示方法有多种，有列表法、图示法和指标法等，分别反映不同条件（或不同处理）下的土壤三相比或其随时间变化及在土壤剖面中的分布，可根据情况选用。

第二节　土壤的结构性

一、土壤结构体与结构性

自然界中土壤固体颗粒完全呈单粒状态存在的很少，在内外因素的综合作用下，土粒相互团聚成大小、形状和性质不同的土团、土块或土片，土壤学上将这种团聚体称为土壤结构体。而土壤结构性是指土壤中结构体的形状、大小、数量、性质、排列情况及相应的孔隙状况等综合特性。"土壤结构"一词，实际上包含两方面的含义：一是作为调节土壤物理性质的"土壤结构性"；二是指"土壤结构体"。所谓结构性，原指的是"原生土粒的团聚化"。后来土壤结构性不仅包括土壤结构的类型和数量，还应包括它们的稳定性（水稳性、力稳性、生物学稳定性）、团聚体内外的孔隙分配，以及它们在农业生产上的作用等。各种土壤及其不同的层次，往往具有不同的结构体和结构性。土壤的结构性影响着土壤中水、肥、气、热状况，从而在很大程度上反映了土壤肥力水平。结构性与耕作性质也有密切关系，所以土壤结构性是土壤的一种重要物理性质。

土壤结构类型主要根据结构的外形、大小及其与土壤的关系划分，不同结构具有不同的特性。一般建议按结构体的长、宽、高三轴发展的情况而分为三大类，每一大类又可再细分。三大类型分别为：结构体长、宽、高三轴平行发展的属立方体结构；结构体沿垂直轴即高的方向发展的属柱状结构；结构体沿水平轴即长、宽方向发展的属片状结构。有些结构对作物生长不利，农业上称为不良的结构体；有些则有利，称为良好的结构体。常见的结构有以下几种类型（图 3-1）。

块状　　柱状　　棱柱状　　团粒

核状　　　片状　　　微团粒

图 3-1　土壤结构类型示意图（引自杨生华，1986）

（一）块状结构

块状结构体属于立方体型。长、宽、高三轴大体相等，棱角一般不明显，外形不规则，结构体内部紧实。直径在 5cm 以上的就称为大块状。农民俗称的"土坷垃"就是在田间常见的块状结构体。直径在 3～5cm 的为块状，直径在 0.5～3cm 的为碎块状。块状结构一般出现在有机质含量少、质地黏重的表土中，底土和心土层也可以见到。如果表层土壤坷垃多，由于它们相互支撑，往往形成大的空洞，会助长蒸发，加速土壤水分散失，漏风跑墒，同时还会压苗，使幼苗不能顺利出土。原北京农业大学土壤教研组在京郊的调查材料表明，直径大于 4cm 的坷垃对农业耕作及作物生长危害程度明显，大于 10cm 的坷垃危害严重，而 2～4cm 的坷垃危害不大，而且在盐碱地上还有减缓"返盐"的作用。这是因为土表坷垃多，减弱了毛管作用，抑制了含盐地下水的蒸发，从而减少了盐分在表层土壤的累积。在农业生产上常用的消灭"土坷垃"的办法有：在降雨或灌水湿度适当时进行耙犁，使坷垃破碎；冬季冻后压土，将坷垃压碎；利用冬灌后的冻融交替作用也可以破碎一部分坷垃。但改良的根本办法是增加土壤有机质含量，改良土壤质地，以及在宜耕期耕作。

（二）核状结构

这类结构体近似立方体形，边面棱角明显，轴长 0.5～1.5cm。黏质土的心土和底土及水稻土的斑纹层中，常有由石灰质或氢氧化铁胶结而成的棱角很明显的核状结构。结构体内部十分紧实，泡水时不散，在土壤团聚体分析（湿筛法）中，有时会误把它当作水稳性团粒，但它不具备团粒的多孔性。

（三）柱状结构

这类结构体的特点是纵轴长、横轴短，呈柱状。纵轴大于横轴成直立型，形状规则、无明显的棱角、顶圆、底平的叫作圆柱状结构体，侧面棱角明显的叫作棱柱状结构体。它们大多出现在黏重的底土层、心土层和柱状碱土的碱化层，是干湿交替作用形成的。这种结构体大小不一，坚硬紧实，内部无效孔隙占优势，外表常有铁铝胶膜包被，根系难以伸入，通气不良，微生物活动微弱。结构体之间具有较大的缝隙，不利于保水保肥，过湿时土粒膨胀黏闭，通气不良，也是不良的结构。常采取逐步加深耕层、结合施大量有机肥料的方法进行消除、改良。

（四）片状结构

这类结构的特点是横轴特别长、纵轴很短，沿水平面排列，呈扁平的薄板和薄片状。厚度稍薄、团聚体稍弯曲的，称为鳞片状结构。片状结构体常出现在耕作历史较长的水稻土和长期耕深不变的旱地土壤中。犁底层及含粉砂粒多的土壤表层，常呈片状结构。在雨后或灌水后形成的地表结壳，也属于片状结构。这种结构土粒排列紧密，通透性差,不利于通气透水,对土壤的通气、透水和根系向下穿扎及小苗出土等影响甚大,还会促进土壤水分蒸发,是不良的土壤结构。因此,生产上要进行雨后和灌水后中耕松土,破除地表结壳。

在旱地表层常出现土壤结皮和板结现象。结皮一般常出现在砂壤土到轻壤土质地土壤上,一般较薄(1～2mm),一旦表层失水,干裂成碎土片且边缘向上翘起。板结多出现在中壤以上的土壤,它是结皮的深化和继续,一般厚度为 3～5mm,也有厚到几厘米的,干后裂成大口,耕翻成大土块,坚实不易破碎,常压坏幼苗,撕断根系,引起漏风跑墒。消除结皮和板结的办法是适时中耕。

(五)团粒结构

在上述几种结构体中,块状、片状、柱状结构体按其性质、作用均属于不良结构体。团粒结构体才是符合农业生产要求的土壤结构体,属于良好的土壤结构体。团粒结构体包括团粒和微团粒。团粒结构是指近似球形的疏松多孔的小土团结构,是在腐殖质等多种因素作用下形成的,直径为 0.25～10mm;直径<0.25mm 的称为微团粒,近年来我国学者提出将微团粒划分为>0.01mm 和≤0.01mm 两类"特征微团聚体",并将直径<0.005mm 的复合黏粒称为黏团。微团粒结构体在调节土壤肥力的作用中有着重要意义。首先,它是形成团粒结构的基础;其次,微团粒在改善旱地土性方面的作用虽然不如团粒,但在长期淹水条件下的水稻土,难以形成较大的团粒,而微团粒在水稻土的耕层大量存在。在水田中微团粒的数量比团粒的数量更重要,越是肥沃的稻田,土壤微团粒数量越多。按照团粒抵抗水浸的能力,可将团粒结构分为水稳性和非水稳性两种。水稳性团粒结构大多数是由胡敏酸钙胶结起来的颗粒构成的。这种腐植酸盐是不可逆的凝聚胶体,由其胶结起来的团聚体在水中浸泡、冲洗也不崩解,仍保持其原来的结构。而非水稳性团粒结构是由黏粒黏结而成的,或由电解质凝聚而形成的,在水中很容易分散为组成团粒的各种颗粒成分,不能保持黏聚后形成的结构状态。团粒结构一般在耕层较多,群众称为"蚂蚁蛋""米糁子"。团粒结构的数量和质量在一定程度上反映了土壤肥力的水平。土壤微团粒的测定有助于了解土壤由原生颗粒所形成的微团粒在浸水状况下的结构性能。

块状、片状、单粒和团粒结构主要分布在表土或耕作层内,在研究土壤肥力时,常常作为中心问题来进行研究。其他结构主要是底土的结构,在研究土壤剖面形态特征和整个土体的生产性状时,应加以注意。

二、团粒结构的形成

团粒结构是多级(多次)团聚的产物。土壤团粒结构的形成,大体上分为两个阶段:第一阶段是由单粒凝聚、胶结成复粒。第二阶段则由复粒相互黏结、在成型动力作用下团聚成微团粒、团粒,或在机械作用下大块土垡破碎成各种大小、形状各异的粒状或团粒结构体。团粒结构的孔隙度大,且具有大小不同的多级孔隙。因此,土壤团粒结构的形成是在多种作用参与下进行的,但总的来说也就两个方面,即土粒的黏聚和成型动力的作用。

（一）土粒的黏聚

（1）胶体的凝聚作用　　土壤胶体的凝聚作用是指分散在土壤溶液中的胶粒相互凝聚而从介质中析出的过程。土壤胶粒一般带负电荷，互相排斥。当胶体溶液中融入多价阳离子或降低溶液的 pH，胶体表面的电位势就会降低。带负电的黏粒与阳离子相遇，因电性中和而凝聚。三价阳离子也在黏粒与黏粒的凝聚中起作用。由高价阳离子凝聚而成的黏团或微团粒一般具有一定程度的水稳性，由低价阳离子浓度增加而形成的团粒则多半是非水稳性的。凝聚作用使黏粒集合成微凝聚体，这种微凝聚体的化学稳定性不高，如果离子种类改变就可能重新分散。所以，微凝聚体还不能看作复粒。

（2）水膜的黏结作用　　湿润的土壤中，黏粒表面带的负电荷，可以吸附极性水分子，使之定向排列，形成薄的水膜，离黏粒表面愈近的水分子定向排列程度愈高，排列愈紧密。当黏粒相互靠近时，水膜为相邻土粒共有，黏粒之间就通过水膜联结在一起。

（3）胶结作用　　土壤中的土粒、复粒通过各种物质的胶结作用进一步形成较大的团聚体，土壤中的胶结物质种类很多，归纳起来可分为简单的无机胶体、黏粒和有机物质三类。

1）简单的无机胶体：如含水的氧化铁铝、硅酸凝胶和氧化锰的水化物等，它们往往呈胶膜形式包被在土粒表面。当它们由溶胶转为凝胶时，就会把土粒胶结在一起。经干燥脱水后，凝胶变成不可逆性，由此所形成结构体具有很强的水稳性。我国南方红壤中的结构体主要是由含水的铁、铝氧化物胶结而成的。这些结构体由于相当致密，其内部孔隙度小，孔径也小，对土壤的调节作用小于有机胶体胶结的结构体。

2）黏粒：黏粒是无机胶体的主要部分，它本身粒径小，具有很大的内、外表面，一般带有负电荷，它们通过吸收阳离子，在具有偶极距的水分子协助下，把土粒连接起来。水分减少后，原来被水分子联结的土体崩裂成小土团。这种联结形成的团粒往往不稳定，遇水或在外力作用下容易遭到破坏。另外，不同种类的黏粒矿物的胶结能力不同，蒙脱石的胶结能力比高岭石强。

3）有机物质：一般在有机物质参与下形成的团粒质量较好，具有水稳性和多孔性。具有胶结作用的有机物质有腐殖质、多糖类、木质素、蛋白质，以及微生物的菌丝体及其分泌物等，其中以多糖类和腐殖质较为重要。其胶结机理各不相同。腐殖质占土壤有机质的 50%～90%，同时抗微生物的分解能力强，形成的团粒结构更稳定。在腐殖质各组分中，以褐腐酸（又叫胡敏酸）胶结土粒的作用最为重要，因为它的缩合程度高、分子质量大，具有较强的胶结作用。腐殖质可以看成是最理想的胶结剂，它主要是由胡敏酸与钙结合形成不可逆转的凝聚物，呈沉淀状态，其团聚体疏松多孔，水稳性强。多糖类是微生物分解有机质的产物，占土壤有机质的 5%～10%，其链条上含有大量的—OH。在土粒之间通过氢键也能起到胶结作用，但胶结的结构稳定性差，与腐殖质相比更容易被微生物所分解，但对进一步形成团粒结构也有着重要的作用；多糖胶结土粒的机制是多糖分子上有很多—OH 与黏土矿物晶面上的氧原子形成氢键连接而成；真菌的菌丝体也能缠结土粒；细菌分泌的黏液也能胶结土粒。但这些有机质很容易被微生物分解，胶结的时间短且不稳定。因此，土壤有机质胶结形成的团粒，一般都具有水稳性和多孔性，大小孔隙分布也较为理想。

（二）土壤成型的动力

在土壤黏聚的基础上，还需要一定的作用力才能形成稳定的独立结构体。主要成型的作用力有以下几种。

（1）干湿交替的作用　　干湿交替是指土壤反复经受干缩和湿胀的过程。土壤周期性湿润和干燥，使土壤产生体积膨胀和收缩，干旱土体各部分和各种胶体脱水程度及速率不同，引起干缩程度不一致，使土壤沿黏结力薄弱的地方裂成小块；当土壤由干变湿时，各部分吸水程度和吸水速度不同，所受的挤压力也不均匀，致使土壤沿着黏结力薄弱之处裂开，破碎成小土团。土壤吸水时，水分进入小孔隙，使封闭于孔隙内的空气被压缩，空气承受一定压力后便发生爆破，使土块崩解成小土团。土块愈干，破碎得愈好。所以晒垡一定要晒透，降水和灌水愈急，土块破碎效果愈好。

（2）冻融交替的作用　　冻融交替是指土壤反复经受冷冻和热融的过程。水结冰后体积增大 9%，对周围的土体产生压力而使土块崩解。孔径愈小，其中的水结冰的温度愈低。在大气降温时，大孔隙中的水先结冰，形成冰晶，附近小孔隙中的水向冰晶移动，使冰晶体积增大，对四周产生挤压力，破碎土块形成大小不等的土团。另外，水结冰后引起胶体脱水，有助于团粒的形成。在冻融交替过程中，冻结时，大小孔隙中的水结冰先后不同，对周围土壤产生不均匀的压力而出现裂隙，一旦融化，就会沿裂隙松散。因此，农民对板结的土壤常以晒垡、冻垡来改善土壤结构，就是这个道理。

（3）生物的作用　　生物作用包括土壤动物、微生物的活动及植物根系伸展产生的挤压作用。植物有巨大的根群，在生长过程中，从四面八方穿入土体，对土壤产生分割和挤压作用，根系愈强大，分割挤压作用愈强。另外，根系的分泌物及其死亡分解物会造成土壤中不均匀的紧实度，在耕作等外力作用下，就分散成团粒；分解后的物质形成新鲜的多糖和腐殖质又能团聚土粒，形成稳定的团粒；同时，根系在生长过程中不断吸水，造成根系土壤局部干燥收缩，也可形成团粒。还有土壤中的掘土动物，对土粒的穿插、切割、挤压而促使土块破裂。例如，蚯蚓、鼠类活动也会增加土壤裂隙，蚯蚓的粪便就是一种很好的团粒。土壤中微生物、菌丝体对土粒的缠绕起到成型动力的作用。

（4）土壤耕作的作用　　适当的土壤耕作中耕、耙、镇压等措施具有切碎、挤压等作用，有利于土壤团粒结构的形成，其作用可归纳如下：①耕作结合耙糖等措施可以疏松土壤和碎土，破除土表结皮和板结，有利于形成暂时的非水稳性团粒结构。②耕作结合施肥，特别是施有机肥与土粒充分混匀，使土肥相融，有利于发挥有机胶结剂的作用，形成良好的水稳性团粒结构。当然不合理的耕作反而会破坏土壤结构。

三、团粒结构在土壤肥力中的作用

团粒结构是良好的土壤结构，其重要特征是：外形近似球状；结构体之间通气孔隙多，内部有大量的毛管孔隙，有多级孔隙；富含腐殖质；水稳性、生物稳定性和机械稳定性强。团粒结构良好的土壤，在土壤肥力中有很重要的作用，原因如下。

（一）能调节土壤水、气的矛盾

微团粒结构是由大小不同的黏粒、有机胶体和各种无机胶体黏聚而成的。在土壤胶体的作用下，各种微团粒进一步胶结团聚形成大团粒。在每个大团粒内部的微团粒之间，形成很多毛管孔隙（表 3-5），并具有很高的总孔隙度。这些毛管孔隙可以保蓄大量的毛管水，所以每个团粒就是一个"小水库"，在深厚的土层里布满着这种无数的"小水库"，就能增加土壤的蓄水量，提高土壤的抗旱能力。在大团粒之间，形成孔径较大的通气孔隙，当土壤中的大孔隙里的水分渗过后，外面的空气补充进去，团粒间的大孔隙充满空气。而团粒内部小孔隙的吸水力强，水分进入得快并得以保持，并由水势差而源源不断地供给作物根系吸收利用。这样使土壤中既有充足的空气，又有足够的水分，解决了土壤中水、气之间的矛盾，使土壤具有稳定而良好的水、气、热状况。此外，土壤具有良好的团粒结构，使进入土壤中的水分蒸发大大减弱，不但透水性良好，保水力也很强。在降雨或灌溉时，水分通过通气孔隙很快进入土壤，从而减少了地表径流，降低了土壤的侵蚀程度。当水分蒸发时，表层团粒的水分最先被蒸发，团粒收缩，体积缩小，与下面的团粒切断了联系，形成一层疏松干燥的表面覆盖层，使下层水分不能借毛管作用上升至表层而消耗，从而减少了下层水分的蒸发，使下层水分能很好地保蓄起来。

表 3-5　团粒直径与孔隙度的关系（引自杨生华，1986）

孔隙度及其他	团粒直径/mm				
	<0.5	0.5～1.0	1.0～2.0	2.0～3.0	3.0～5.0
土壤总孔隙度/%	47.5	50.0	54.7	59.6	62.6
土壤空气孔隙度/%	2.7	24.5	29.6	35.1	38.7
（土壤毛管孔隙度＋无效孔隙度）/%	44.8	25.5	25.1	24.5	23.9
土壤空气中含氧量/%	5.4	18.6	19.3	19.4	—
土壤中含氧量/%	0.1	4.5	5.7	6.7	7.5
硝酸盐生成量/%	9.0	19.1	—	34.0	45.8

（二）能协调土壤养分的供应和积累的矛盾

有团粒结构的土壤，空气孔隙多，氧气充足，好气性微生物活动旺盛，有利于有机质的矿化过程，养分转化迅速，可不断供作物吸收利用，所以在大团粒表面不断地形成胡敏酸和连续地释放出各种易溶性的矿物质养分（表 3-5），供作物吸收利用。而在团粒结构内部，因毛管孔隙经常保蓄水分，水多气少，利于嫌气性微生物的生长繁殖，使有机质不断地转化为胡敏素，分解有机质缓慢，使养分得以保存。团粒表面好气分解过程愈强烈，耗氧愈多，透入团粒内部的氧气就愈少，团粒内部的腐殖质积累过程就愈迅速。这样，在团粒结构良好的土壤里，既可使养分由外层向内层逐渐释放，不断地供作物吸收，又能使有机质进一步腐殖质化，使有机质不至于迅速消耗殆尽，从而使土壤养分的供应既及时而又持久，避免了养分流失，因此团粒就成为一个很好的"小肥料库"。

（三）改善土壤耕性，有利于作物根系伸展

团粒结构良好的土壤，团粒之间的接触面小，团粒与团粒之间的黏结力小，疏松多孔，作物根系伸展的阻力较小，团粒内部又有利于根系固着和支撑，因而利于耕作。此外，这种土壤的腐殖质含量比较多，黏结性、黏着性也小，都比黏土小，可大大减少耕作阻力，提高耕作效率和质量。所以，具有团粒结构的土壤，犁耕阻力小，适耕期长，耕性良好，土壤疏松多孔，不但利于耕作，也利于微生物的繁殖活动及作物根系的穿扎、长粗和延伸。在团粒结构较多的土壤中，总孔隙度大，具有多级孔隙，团粒之间排列疏松，通气孔隙多，而团粒内部微团粒之间及微团粒内部则为毛管孔隙。团粒越多，总孔隙度及通气孔隙就越多。当土壤中 1～3mm 水稳性团粒结构体较多时，其大小孔隙比最适合旱地种植要求，而冷湿地区则以 10mm 团粒较多时更适合植物生长。同时，团粒结构因具有一定的稳定性，其可以保持良好的孔隙状况。总之，团粒结构发达的土壤，首先是充气、持水孔隙比例适当，从而协调了土壤水、气、热和养分的矛盾，肥力状况良好，耕性及扎根条件也好。故又常将水稳性的团粒结构称为土壤肥力的"调节器"。

（四）稳定土温，调节土壤热状况

从土温来看，有团粒结构的土壤，团粒内部为小孔隙、毛管孔隙数量多，保持的水分较多，使土温变幅减小，白天土温容易升高，所以土温比无结构不通气的黏土高。因为水的比热大，不易升温或降温，相对来说起到了调节土温的作用，土温变化平稳，整个土层温度，白天又比不保水的砂土低，夜间却比砂土高，使土温比较稳定，有利于根系生长和微生物活动。

总之，有团粒结构的土壤松紧合适、通气透水、保水、保肥、保温，扎根条件良好，土壤的水、肥、气、热比较协调，能为作物生长发育创造一个最佳的土壤环境条件，从而有利于获得高产稳产。但是土壤结构状况是不断变化的，耕作可以使土壤形成团粒结构，不断耕作又破坏了土壤的团粒结构，这两个过程是同时存在或交叉进行的。合理的施肥与耕作，能促进团粒结构的恢复和形成，不合理的耕作、施肥、灌溉，以及暴雨的打击、牲畜的践踏、机具的压力等又会使团粒结构遭到破坏。不过，我国各地的大多数耕地土壤缺少大量的团粒和微团粒，特别是在南方高温多雨地区。因此，要通过合理的耕作来保持良好的孔性和耕层构造，或创造水稳性团粒，在干旱季节仍能起到保墒作用。此外，微生物活动对土壤结构也起着双重的作用，一方面，它们分解有机残体，形成腐殖质，促进结构的形成；另一方面，腐殖质又不断被微生物分解而被消耗，使团粒结构遭到破坏。因此，我们必须掌握团粒结构的形成规律，为形成土壤团粒结构创造条件，培肥地力，使农业可持续发展。

四、土壤结构体的评价

在评价土壤结构体时，需考虑两个方面：一是结构的类型、数量和总孔隙度等；二是结构体的稳定性、孔性等。特别是团粒结构的数量和孔性是衡量土壤结构及质地的重要指标。

良好的土壤结构表现在结构体内外的孔隙分配，既有较多的孔隙容量，又有适当的大小孔隙分配，有利于通气蓄水。此外，良好的结构应有一定的稳定性，保持良好的孔隙状况，避免因降雨、灌溉、耕作等破坏土壤的孔隙度。

（一）土壤结构体与孔性

孔性是土壤结构体的重要指标，包括结构体之间及结构体内部的孔隙分布状况。结构体内部的孔隙多为小孔隙（非活性孔隙＋毛管孔隙），而结构体之间则是大孔隙（通气孔隙）。出现在底土的柱状、棱柱状、板（片）状结构体都很致密，只有这些结构体间的裂隙才有可能是大孔隙，但往往土壤孔隙度过大，虽然通气性好，但通道容易漏水漏肥。这些结构体内部有时压得很紧，几乎成为非活性死孔隙，植物细根很难穿扎，有效水分少，空气也难以流通。总之，由于这些结构的孔性不良，大小孔隙比率不当，表土出现的块状、片状结构体间的裂隙宽大，不但漏风跑水，有时干裂还会扯断幼根。团粒结构则与上述情况不同，团粒内部有大量的小孔隙可蓄水；由于每个团粒近于球形，团粒间的接触面积小，而且排列得较为疏松，在团粒之间多为大孔隙，而且团粒愈大，则团粒间的大孔隙也愈大，空气的流通也愈快。

（二）土壤结构体的稳定性

土壤结构体的稳定性包括力稳性、生物学稳定性和水稳性。力稳性也称机械稳定性，是指土壤结构体抵抗机械压碎的能力。机械稳定性愈大，耕作时农机具对它的破坏作用就愈小。结构体的生物学稳定性是指结构体抵抗微生物分解破坏的能力。结构体中的有机质有胶结矿物质颗粒的作用，随着有机质被微生物分解，结构体便逐渐解体，因而不同的结构体抵抗微生物破坏的稳定性便有差异。结构体的水稳性是指结构体抵抗水的破坏能力。浸水后极易分散的称为非水稳性结构体。浸水后不易分散，具有相当程度稳定性的结构体称为水稳性结构体，它不因降雨或灌溉而遭破坏。

团粒结构是农业生产中较为理想的结构，它不但具有水稳性，而且具有生物学稳定性和机械稳定性。

五、土壤的结构管理

在农业生产过程中，土壤结构状况是不断变化的，新结构的生成和旧结构的破坏始终在交替进行。无论团粒结构怎么稳定，在自然因素和人为农业措施的作用下，都不可避免地要遭到破坏，难以长久维持不变。破坏团粒结构的因素主要有：①水的作用，如雨滴的冲击、淹灌的泡散、黏粒水合及闭蓄空气的爆破作用，会促使团粒分散。②大型农机具重压及人畜踏踩，使团粒遭到破坏。③土壤胶体的代换性离子为一价的钠离子、铵根离子时，土粒会分散。④微生物的活动具有两重性，一是它可把有机质转化为腐殖质，形成良好的团粒结构；二是它又可不断地分解腐殖质，分解有机-无机复合体中的有机物质，使团粒遭到破坏。

绝大多数作物的生长、发育、高产和稳产都需要有一个良好的土壤结构状况，以便能保水保肥，及时通气排水，调节水、气矛盾，协调肥水供应，并有利于根系在土体中穿扎等。大多数农业土壤的团粒结构，因受耕作和施肥等多种因素的影响而极易遭到破坏。因此，必须进行合理的土壤结构管理，以保持和恢复良好的结构状况，其主要途径如下。

（一）精耕细作，增施有机肥

深耕施肥对创造团粒结构有显著作用，耕作主要是通过机械的外力作用，使土体破裂松散，同时增加肥与土的接触面积，使"土肥相混"，进而达到"土肥相融"，形成土壤微团粒。许多的微团粒再进一步胶结成水稳性团粒。我国北方的夏耕晒垡、冬耕冻垡，南方的犁冬晒白等农业经验，都是通过耕犁加上干湿、冻融交替，从而促进团粒结构的形成。雨后中耕破除地表板结，春旱季节采取耙、耱、镇压、消除大坷垃等方式，同样也是创造团粒结构的有效方法。有机物料除能提供作物多种养分元素外，其分解产物多糖等及重新合成的腐殖质是土壤颗粒的良好团聚剂，能明显改善土壤结构。耕作结合施肥、中耕等措施，使表层土壤松散，虽然形成的小团粒是非水稳性的，但也会起到调节孔性的作用。即使在有机质含量大于 30g/kg 的水稻土中，增补有机物料仍有明显的改土增产作用。有机物料改善土壤结构的作用取决于物料的施用量、施用方式及土壤含水量。一般来说，有机物料用量大的效果较好，秸秆直接回田（配施少量化学氮肥以调节土壤的碳氮化）比沤制后施入田内的效果好。水田施用有机物料还要注意排水条件，在淹水的条件下施用有机物料，由于土壤含水量过高，往往得不到良好的改土效果。做到土肥相融，不断增加土壤中的有机胶结物质，对促使水稳性团粒的形成具有重要意义。但必须连年施用有机肥，才能保证不断补充消耗的有机质和供给形成团粒结构的物质条件。

（二）实行合理轮作

合理的轮作倒茬对恢复和培育团粒结构有良好的影响。不同作物有不同的生育特性，要求不同的栽培措施，合理轮作就会给土壤带来不同的作用。块根块茎作物，由于根茎在土壤中不断膨大而具有机械挤压作用。作物本身的根系活动和合理的耕作管理制度，对土壤结构性可以起很好的作用。一般来讲，一年生或多年生的禾本科或豆科作物，只要生长健壮，根系发达，都能促进土壤团粒形成，只是它们的具体作用有相当大的区别。例如，多年生牧草每年提供给土壤的蛋白质、碳水化合物及其他胶结物质比一年生作物多、作用大，一年生作物的耕作比较频繁，土壤有机物质的消耗快，不利于团粒的保持。水田土壤由于长期浸水、结构容易被破坏，大团粒不能形成，只能以微团粒存在，通过水旱轮作，有助于结构的恢复和更新。在水稻与冬作（紫云英、苜蓿、蚕豆、豌豆、油菜、小麦及大麦）的轮作中，冬季种植一年生豆科绿肥，能增加土壤中有机质含量，其中以紫云英最好，直径为 1～5mm 的团粒含量有显著增加。冬作禾谷类（小麦、大麦）或油菜对于土壤中 1～5mm 的团粒含量均有破坏作用。因此，合理的轮作倒茬制度是恢复和创造团粒结构、提高土壤肥力的一项重要措施。既用地又养地，用养结合才能维持和提高土壤肥力。

（三）水分管理及土壤酸碱性的改良

在适耕含水量时进行耕作，避免乱耕滥耙破坏土壤结构，采用留茬覆盖和少（免）耕配套技术。在推行这项措施时必须根据当地的气候、土壤、作物种类及农作制度的不同而异。合理的水分管理也很重要，尤其在水田地区，采用水旱轮作，减少土壤的淹水时间，能明显改善水稻土结构状况，促进作物增产。此外，酸性土中有过多的铁离子、铝离子、氢离子，能使土壤胶结成大块。土壤过碱时钠离子过多，会使土壤胶体分散，不易凝聚，都不利于团粒结构的形成。酸性土施用石灰，碱性土施用石膏，均有改良土壤结构性的效果。在黄土高原地区有施用黑矾（也称绿矾）的习惯，施用过黑矾的土壤会发虚变松，可能与铁离子对结构性的改善有关。

（四）土壤结构改良剂的应用

土壤结构改良剂是改善和稳定土壤结构的制剂。按其原料的来源，可分成人工合成高分子聚合物、自然有机制剂和无机制剂 3 类。自然有机制剂是天然的土壤结构改良剂，是从植物残体与泥炭等物质中提炼出来的，近年来我国广泛推广的腐殖酸肥料就是一种很好的结构改良剂，各地可以就地取材，利用当地的褐煤、风化煤、泥炭资源生产腐殖酸铵肥料。它是一种固体凝胶，也能起到结构改良剂的作用。一些国家研究并施用人工合成胶结物质，可以促进土壤结构的形成，因它的用量少，只需用土壤质量的千分之几到万分之几，即能快速形成稳定性好的土壤团聚体。它是人工合成的一类高分子化合物。目前已试用的有水解聚丙烯腈钠盐、乙酸乙烯酯、顺丁烯二酸共聚物钙盐等，对改善土壤结构、固定沙丘、保护堤坡、防止水土流失、工矿废弃地复垦及城市绿化地建设具有明显作用。但这些人工合成改良剂价格昂贵，操作麻烦，目前仍处于试验研究阶段，还难以推广应用。

（五）盐碱土电流改良

电流改良盐碱土和促进盐渍性低洼地排水有明显效果。特别是在重黏质盐土通直流电后，由于电极反应和电渗流，促使胶体吸附的钠离子被代换并淋洗掉，明显地产生了碎块状结构，原来不透水的紧实土体变得疏松透水，土壤迅速脱盐。

总之，增施有机肥料、实行精耕细作、合理轮作倒茬、种植绿肥作物是改善与创造土壤团粒结构的重要措施。而不合理的耕作、只用不养、乱耕滥耙、不补给土壤有机质、土壤长期积水都会破坏土壤的团粒结构。

学习重点与难点

重点掌握土壤的结构类型、土壤的孔性与结构性。

复习思考题

1. 土壤团粒结构在土壤肥力中的作用有哪些?

2. 试比较土壤结构体与土壤结构性的区别。

3. 简述土壤孔性与土壤耕作及作物生长发育间的关系。

4. 简述土壤孔隙与土壤三相组成的定义及运算关系。

5. 影响土壤孔性的因素有哪些?

第四章 土 壤 水

土壤水分（简称土壤水）是土壤的重要组成物质之一，也是土壤肥力最活跃的因素之一。土壤水的数量和状态，不仅影响水分的运动和植物的吸水，还深刻地影响土壤内部许多物质的转化过程，最终影响作物的产量。土壤水并非纯水，而是稀溶液，不仅溶有各种溶质，还有胶体颗粒悬浮或分散于其中。在盐碱土中，土壤水所含盐分的浓度相当高。作物在吸水的过程中，同时也摄取了各种矿物质养分。土壤水的周年变化受土壤水收支平衡的制约，主要由当地气候条件如降水量及其分布等因素所制约。土壤水还是自然界的重要"水库"和水循环的重要环节，是生态环境的重要组成部分，因此，土壤水分数量的时空特征及运动变化状况不仅直接影响作物生长，控制着土壤的形成，在自然界的水循环中也发挥着重大的作用。许多农业技术措施都是为了有效地调节、控制和管理土壤水分，使土壤水分最适宜于作物生长发育，以促进作物高产稳产。

第一节 土壤水分类

一、土壤水的类型及性质

土壤中的水分主要来源于大气降水和灌溉。土壤水分与自由水相比，化学组成基本不发生变化，但受到来自土壤中不同性质、大小和方向的作用力较复杂。水分进入土壤后，在这些力的作用下，或者保持在土壤中，或者发生深层渗漏或侧向渗漏而流出土体。这些力主要包括 3 种：一是土壤颗粒对水分子的吸附力，它又包括土壤颗粒表面的剩余表面能对水分子的吸附力和土壤胶体表面电荷对极性水分子的静电引力；二是水和空气界面上的弯月面力，即水分在土壤颗粒与颗粒间隙所构成的极细的"毛管"中所产生的毛管力；三是地心引力（重力）。由于受到作用力的性质、大小和方向不同，土壤水分的存在形态、性质及对作物的有效性都有所不同，因此，根据土壤水分的受力状况，可以把土壤水分分为吸湿水、膜状水、毛管水和重力水等几种类型（图4-1）。

（一）吸湿水

吸湿水是由土粒表面吸附力所保持的水分，其中最靠近土粒表面的由范德瓦耳斯力保持的水称为吸湿

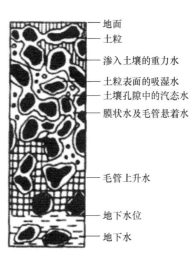

图 4-1 土壤水形态类型示意图
（引自熊顺贵，2001）

地面
土粒
渗入土壤的重力水
土粒表面的吸湿水
土壤孔隙中的汽态水
膜状水及毛管悬着水
毛管上升水
地下水位
地下水

水。土壤具有吸附空气中水汽分子的性质，称为吸湿性。吸湿水的含量称为土壤吸湿量。

由于吸湿水是土粒表面分子吸附水汽分子的结果，土壤吸湿水实际上是土壤自然风干时其中仍含有的水分，其大小主要取决于土壤的比表面积和大气的相对湿度。土粒愈细，比表面积愈大，大气相对湿度愈高，则土壤吸湿水量愈大。当大气相对湿度达到饱和时，土壤的吸湿水达到最大量，这时吸湿水占土壤干重的百分数称为土壤最大吸湿量或土壤吸湿系数，它是土壤水分常数之一。凡是影响比表面积的因素如质地、有机质含量、胶体的种类和数量、盐类组成等，均会影响土壤吸湿水的含量。一般耕地土壤的最大吸湿量因质地不同而异。质地愈黏，最大吸湿量愈大；质地愈砂，最大吸湿量愈小。所以最大吸湿量的大小是黏土＞壤土＞砂土。

吸湿水具有与纯自由水不同的特点。首先，吸湿水所受土粒表面的吸附力很强，最内层有几十万到上百万千帕，其外层也有 3.14108MPa，故具有固态水的性质，不能流动，要在 105～110℃高温下烘几小时，使之汽化后才能从土壤中蒸发出去。其次，它的密度很大（约 1.5g/cm³），无溶解能力，冰点下降（−78℃），并在干土吸湿时放热。最后，因为它所受的吸力远大于植物根的吸水力（平均为 1.52MPa），植物无法吸收利用，属于土壤水中的无效水，对生产的直接意义不大。但它可用于帮助分析土壤水的有效性，一般土壤中无效水总量为最大吸湿量的 1.5～2.0 倍。在土壤分析中，常以烘干土作为基数，因此，要测定风干土吸湿量，应换算为烘干土。

（二）膜状水

土壤所吸附的水汽分子达到最大吸湿量（吸湿系数）后，土粒表面还有剩余的吸附力，虽不能再吸收水汽，但可以继续吸收液态水分子，这部分水被吸附在吸湿水的外层，定向排列为水膜，称为膜状水。膜状水在吸湿水的外层，比吸湿水所受的吸附力小得多，吸力压强为 0.625～3.1MPa。它具有液态水的性质，可以移动，但黏滞度较高，而溶解能力较小。密度平均高达 1.25g/cm³，冰点为−4℃，其移动速率非常慢，一般是由水膜厚处向水膜薄处移动。膜状水数量达到最大时的土壤含水量称为最大分子持水量，它包括了吸湿水和膜状水（图 4-2）。膜状水的内层所受吸力大于根的吸水力，植物根无法吸收利用，为无效水；膜状水外层受力压强为 0.625MPa，低于植物细胞的渗透压，它的外层所受吸力小于根的吸水力，植物可以吸收利用，但数量极为有限，只有与植物根毛相接触的很小范围内的水分才能被利用，属于有效水。当植物因根无法吸水而发

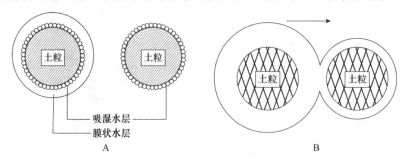

图 4-2　土壤吸湿水、膜状水（A）及膜状水移动示意图（B）（引自熊顺贵，2001）

生永久萎蔫时的土壤含水量，称为萎蔫系数或萎蔫点，萎蔫系数一般是吸湿系数的 1.5~2 倍。它因土壤质地、作物和气候等不同而不同，同一作物在不同的土壤质地上差异更大。萎蔫系数是植物可以利用的土壤有效水含量的下限。

初期萎蔫点是指当土壤水分不足、作物吸收困难、不能满足其生理需要时，作物便呈现萎蔫状态，表现为叶片下垂、凋萎，严重时枯黄、脱落。作物萎蔫时，在根际范围内土壤含水量应当在萎蔫系数以下。但是，作物从开始萎蔫到枯死有一段过程，夏天阳光强烈，气温很高，蒸腾作用大于吸水作用，作物叶子卷缩，萎蔫下垂。气温下降后，蒸腾减弱，作物又立刻恢复正常，这种现象称为暂时萎蔫。相反，当作物萎蔫后即使灌溉，仍然不能恢复正常时，才是永久萎蔫。作物表现永久萎蔫时的土壤含水量，即萎蔫系数，其数值相当于潮干土的下限，在壤质土壤上大体为田间持水量的 1/3。

（三）毛管水

土壤中粗细不同的毛管孔隙连通在一起形成复杂的毛管体系。当土壤含水量超过最大分子持水量后，土壤中的液态水在毛管力的作用下保持在土壤孔隙里，不受重力作用的支配，这种靠毛管力保持在土壤毛管孔隙中的水就称为毛管水。土壤含水量超过最大分子持水量以后，就不受土粒分子引力的作用，所以把这种水称为自由水。毛管水是靠毛管孔隙产生的毛管引力而保持和运动的液态水。这种引力产生于水的表面张力及管壁对水分的引力。土壤中土壤颗粒间构成很多孔隙，成为保持水分的"毛管"，当水分与这些孔隙接触时，在固、液、气三相界面上产生弯月面力，弯月面力（P）的大小可用拉普拉斯公式表示：$P=2T/R$，即弯月面力与水的表面张力（T）成正比，与毛管的半径（R）成反比。当土壤膜状水含量达最大后，不能被土壤颗粒依靠分子引力吸附的土壤水分就会由毛管力保持在土壤孔隙里。

毛管水所受的毛管力为 0.008~0.625MPa，低于植物根细胞的渗透压，因此植物可以全部吸收利用，是有效水分。毛管水受毛管力和重力平衡的影响，既能够被土壤保持，又能在土壤中向各个方向运动，而且运动速度快（10~30mm/h），一般向消耗点移动，能迅速供给植物吸收利用。毛管水的移动，受毛管力的制约，毛管水的运动方向总是由毛管力小的地方向毛管力大的地方运动。毛管水不但能溶解多种养分，而且能携带养分一起运输到植物根际，供植物吸收利用，所以可不断地满足作物对水分和养分的需要，是土壤中最宝贵的水分。在毛管孔范围内，孔径愈细，毛管作用愈强。一般认为孔径为 0.1~1mm 时，毛管作用渐显；孔径为 0.05~0.1mm 时，毛管作用明显；孔径为 0.005~0.05mm 时，毛管作用最强烈；孔径≤0.001mm 时，因孔径过细被水膜"堵死"，毛管作用消失。因此，对于农业生产来说，毛管水是最有效的水分。

土壤毛管水的含量主要取决于土壤质地、结构、土体构造等能影响土壤孔隙状况的因素和地下水的深度等。根据毛管水在土体中的分布，又可将它分为毛管悬着水和毛管上升水。

1. 毛管悬着水 毛管悬着水是指在地形部位较高、地下水位较深的土壤中，借助毛管力保持在上层土壤中的水分（图 4-3）。它与来自地下水上升的毛管水并不相连，同下部的土层有着明显的湿润分界，好似"悬挂"在上层土壤的毛管孔隙中，故称为毛管悬着水。在地下水位较深的土壤中，毛管悬着水是植物最主要利用的水分。土壤毛管悬着水达到最多时的含水量称为田间持水量。田间持水量是土壤排除重力水后，在一定深度的土层内所能保持的毛管悬着水的最大值。在数量上它包括吸湿水、膜状水和毛管悬着水。田间持水量是旱地灌溉水量的上限指标，当土壤含水量达到田间持水量时，超过的水分就会受重力作用而下渗，只能增加渗水深度，不再增加上层土壤含水量。田间持水量的大小主要受土壤质地、有机质含量、结构、松紧状况等的影响。不同质地和耕作条件下的田间持水量有很大不同。

当土壤含水量达到田间持水量时，随着植物的吸收利用和土面蒸发，毛管悬着水逐渐减少，当土壤含水量降低到一定程度时，较粗毛管中悬着水的连续状态出现断裂，但细毛管中仍充满水，蒸发速率明显降低，此时的土壤含水量称为毛管断裂含水量（毛管水断裂量）。毛管断裂时水分所受的土壤吸力压强为 0.04～0.08MPa，毛管中虽然有水分，但毛管悬着水运动显著缓慢下来，植物根系吸收变得困难，在植物大量需水时，蒸腾速率很快，作物虽能从土壤中吸到一定水分，但因补给减缓，水分也可能入不敷出，暂时出现萎蔫现象，应注意及时补墒。因此，毛管断裂含水量又称生长阻滞含水量，其数值一般相当于田间持水量的 75%左右。

2. 毛管上升水　　毛管上升水是指在地势较低、地下水位较浅的土壤中，地下水受毛管引力的作用上升而充满毛管孔隙中的水分（图 4-3）。它与地下水面有直接联系，受地下水位变化的影响，是地下水补给土壤中水分的一种主要方式。在地势低洼的地区，土壤表面经常保持湿润，就是毛管上升水的作用。在地下水位 1～3m，毛管上升水可以作为植物生长的主要水分。土壤中毛管上升水的最大量称为毛管持水量。它包括吸湿水、膜状水和毛管上升水的全部。

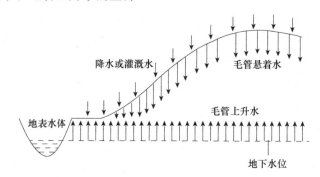

图 4-3　土壤毛管悬着水和上升水示意图（引自杨生华，1986）

毛管水上升高度特别是强烈上升高度，对农业生产有重要意义。当表土水分被蒸发或蒸腾之后，地下水可沿毛管上升，使地表水不断得到补充。例如，华北平原东部河套地带的地下水位较高，毛管上升水可上升到根系活动层，为作物源源不断地利用地下水提供了有利条件。但在地下水含盐量较高的地区，盐分随水分上升至根层或地表，往往会造成土壤的盐渍化，在生产上必须高度重视，加以防止。其主要的防止办法就是利用开沟排水，把地下水位控制在临界深度以下。所谓临界深度，是指地下水能够上升到达根系活动层并开始危害作物时的埋藏深度，即由地下水面至地表的垂直距离。

（四）重力水

当土壤水分超过田间持水量时，多余的水分不能被毛管所吸持，在重力作用下，沿大孔隙即通气孔隙向下流动，湿润下层土壤或渗漏出土体，甚至进入地下水，这部分受重力支配的水称为重力水。重力水由于不受土粒分子引力的影响，可以直接供植物根系吸收，对作物是有效水。但由于它渗漏很快，不能持续被作物利用，又长期滞留在土壤中会妨碍土壤通气，同时随着重力水的渗漏，土壤中可溶性养分随之流失，因此重力水在旱作地区是多余的水。如果在水田中，重力水是有效水，应设法保持，防止漏水过快。土壤全部孔隙都充满水时的土壤含水量称为全持水量或饱和持水量。它是水稻田计算淹灌的依据。

上述各种水分类型，彼此密切交错联结，很难严格划分。在不同的土壤中，其存在的形态也不尽相同。例如，粗砂土中毛管水只存在于砂粒与砂粒之间的触点上，称为触点水，彼此呈孤立状态，不能形成连续的毛管运动，含水量较少。在无结构的黏质土中，非活性孔多，无效水含量高。而在砂黏适中的壤质土和有良好结构的黏质土中，孔隙分布适宜，水、气比例协调，毛管水含量高，有效水也多。

二、土壤水分的有效性

土壤水分的有效性是指土壤水分能否被植物利用及其被利用的难易程度。不能被植物吸收利用的水称为无效水，能被植物吸收利用的水称为有效水。其中因其吸收难易程度不同又可分为速效水（或易效水）和迟效水（或难效水）。土壤水分从完全干燥到饱和持水量，按其含水量的多少及水分与土壤能量的关系，可分为若干阶段，每一阶段根据受土壤各种力的作用达到某种程度的含水量，对于同一种土壤来说基本不变或变化极小，此时的含水量称为水分常数，如吸湿系数、萎蔫系数、最大分子持水量、毛管断裂含水量、田间持水量、毛管持水量、全持水量等。根据这些水分常数可将土壤水划分为有效水和无效水，同时测得此时水分被土壤以多大的力量所吸引，它们对作物的生长有重要意义。通常把土壤萎蔫系数看作土壤有效水的下限，它受土壤质地、作物和气候等因素的影响。一般土壤质地愈黏重，萎蔫系数愈大。低于萎蔫系数的水分，作物无法吸收利用，所以属于无效水。土壤水的有效性实际上是用生物学的观点来划分土壤水的类型。

土壤中的有效水对作物而言均能被吸收利用，但是由于它的形态、所受的吸力和移动的难易有所不同，故其有效程度也有差异。土壤水是否有效及其有效程度的高低，在很大程度上由土壤水吸力和根吸力的对比决定。自萎蔫系数至毛管断裂含水量，其所受的吸力虽小于植物的吸水力，但由于移动缓慢，植物只能吸收这部分水分以维持其蒸腾消耗，而不能满足植物生长发育的需要，故称为难于吸收有效水。自毛管断裂含水量到田间持水量之间的水分，因受土壤吸力小，可沿毛管自由运动，能不断满足植物对水分的需求，故称为易于吸收有效水。土壤水的有效性不仅取决于土壤含水量或土壤水吸力与根吸水力的大小，同时还取决于由气象因素决定的大气蒸发力，以及植物根系的密度、深度和根伸展的速度等。通过有关措施，加深耕层，培肥土壤，促进根系发育，是提高土壤水有效性、增强抗旱能力的重要途径。

土壤有效水的含量和土壤质地、结构、有机质含量等因素有关。土壤质地的影响主要是由比表面积大小和孔隙性质引起的。砂土的有效水范围最小，壤土的有效水范围最大，黏土的田间持水量虽略大于壤土，但萎蔫系数也高，所以有效水范围反而小于壤土（表4-1和图4-4）。

表4-1 不同质地土壤的有效水范围（引自黄昌勇，2000）

质地	砂土	砂壤土	轻壤土	中壤土	重壤土	轻黏土
田间持水量/%	12	18	22	24	26	30
萎蔫系数/%	3	5	6	—	11	15
有效水范围/%	9	13	16	15	15	15

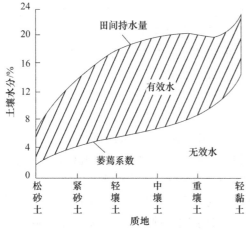

图4-4 质地对土壤有效水数量的影响
（引自杨生华，1986）

具有粒状结构的土壤，由于田间持水量增大，从而扩大了有效含水量的范围。通常土壤中增加有机质，对提高有效水范围的直接作用是小的，但土壤有机质可以通过改善土壤结构和增大渗透性的作用，使土壤可以接收较多的降水，从而间接地改善土壤有效水的供应状况。

不同土壤水分形态与土壤水分常数、水吸力和有效性的划分如图4-5所示。在田间持水量至毛管持水量之间，水分所受土壤的吸力小，水分运动速度快，植物吸收容易，所以这部分水分是速效水；当土壤含水量低于毛管水断裂量时，水分所受的吸力增加，土

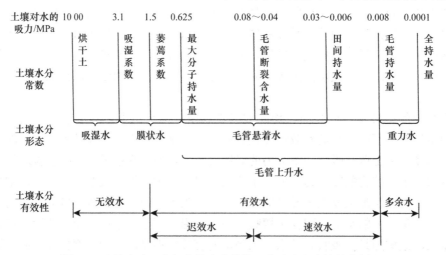

图4-5 土壤水分形态与土壤水分常数、水吸力和有效性的划分

壤毛管孔隙中的水分已不再呈连续状态，水分运动缓慢，植物吸收较为困难，因此这部分水分是迟效水。

总之，土壤有效水的范围在毛管持水量和萎蔫系数之间。在此范围内作物可全部吸收，但其有效性随其形态、所受吸力和移动难易程度而有显著的差异。

1）萎蔫系数以下的水分为无效水。

2）从萎蔫系数到毛管水断裂量的 50%左右为迟效水。

3）从田间持水量的 50%到毛管断裂含水量（在壤质土中为田间持水量的 65%）为有效水。在此范围内土壤水移动较慢，作物只能以"根就水"的方式吸收水分。

4）从毛管水断裂量到毛管持水量为速效水。在此范围内土壤水分可自由移动，是一种"水就根"的方式，可以及时地满足作物的需要。

5）重力水使土壤水分显得过多，影响空气供应而对作物有害。

三、土壤含水量的表示方法

土壤含水量是表征土壤水分状况的一个指标，又称为土壤含水率、土壤湿度等，它是研究和了解土壤水分运动变化及其在各方面作用的基础。土壤含水量有多种数学表达式，常用的有以下几种。

（一）质量含水量

质量含水量即土壤中水分的质量与干土质量的比值，因在同一地区重力加速度相同，所以又称为重量含水量，无量纲，常用符号 θ_m 表示。这是一种最常用的表示方法，可直接测定。

$$\theta_m＝（水重/干土重）×100\% \tag{4-1}$$

定义中的干土一词，一般是指在 105℃条件下烘干的土壤。而另一种意义的干土是含有吸湿水的土，通常叫"风干土"，即在当地大气中自然干燥的土壤，又称气干土，其质量含水量当然比 105℃烘干的土壤高（一般高几个百分点）。由于大气湿度是变化的，因此风干土的含水量不恒定，故一般不以之作为计算 θ_m 的基础。

（二）容积含水量

容积含水量是指单位土壤总容积中水分所占的容积分数，又称容积湿度，无量纲，常用符号 θ_v 表示。θ_v 可用小数或百分数形式表达，百分数形式可由下式表示。

$$\theta_v（cm^3/cm^3）＝水容积/土壤总容积 \tag{4-2}$$

或

$$\theta_v＝（水容积/土壤总容积）×100\% \tag{4-3}$$

由于水的密度近似等于 $1g/cm^3$，可以推知 θ_v 与 θ_m 的换算关系式为

$$\theta_v＝\theta_m·\rho \tag{4-4}$$

式中，ρ 为土壤容重。

一般来说，质量含水量多用于需计算干土重的工作中，如土壤农化分析等。在多数情况下，容积含水量被广泛使用。这是因为 θ_v 可以用于计算水通量和由灌溉或降水渗入土壤的水量，以及由蒸散或排水从土壤中损失的水量。而且 θ_v 也表示土壤层厚度和水的

深度比，即单位土壤深度内水的深度。

（三）相对含水量

相对含水量是指土壤实际含水量占该土壤田间持水量的百分数。其可以说明土壤水分对作物的有效程度和水、气的比例状况等，是农业生产上应用较为广泛的含水量的表示方法。

$$土壤相对含水量 = \frac{土壤实际含水量}{田间持水量} \times 100\% \qquad (4\text{-}5)$$

第二节　土壤水的能态

自然界任何物体都具有不同形式和数量的能量，能量通常分为动能和势能。土壤中水分的保持和运动、植物根系的吸收及在大气中的散发都是与能量有关的现象。像自然界其他物体一样，土壤水分也具有不同数量和形式的能量。土壤水的能量状态就是指土壤中的水分受到各种力的作用后，自由能的变化状态。由于土壤水的运动速率很慢，其动能（与速度的平方成正比）可以忽略不计。因此位置或内部状况所产生的势能为土壤水分能量的主要表现形式。特别是利用能量观点可以用统一的标准和尺度来研究土壤-植物-大气系统中的水分运动过程。土壤水分的运动也主要是由土壤中不同部位水分势能的差异驱动的，为了研究土壤水分的能量状态，引入了"土壤水势"（soil water potential）的概念。

一、土壤水势及其分势

土壤水在各种力如吸附力、毛管力、重力等的作用下，与同样温度、高度和大气压等条件下的自由纯水相比（即以自由水作为参比标准，假定其势值为 0），其自由能必然不同。这个自由能的差用势能来表示，称为土壤水势（$\varPsi$）。这表明土壤水势不是土壤水分所具有的绝对势能值，而是一个以标准状态纯自由水作参比的相对值。一般情况下，土壤水势的值为负值，这个负值的绝对值越大，土壤水的能量水平越低；绝对值越小，土壤水的能量水平就越高，即土壤水的势能越接近纯自由水的势能。

根据热力学观点，把土壤及其所含的水分看作一个系统，当系统保持在恒温、恒压及溶液浓度和力场不变的情况下，系统与环境之间没有能量交换，这样的系统称为平衡系统。如果水分从一个平衡系统转到另一个平衡系统，水就从势值较高的系统流入势值较低的系统中，直到两个系统的势值相等时，水分才停止流动。因此，一个平衡的土-水系统所具有的能够做功的能量，叫作该系统的土壤水势能，或简称为土壤水势。由于土壤水所承受的作用力不同，土壤水势可包括各种分势。

（一）基质势

在水分不饱和的土壤中，由吸附力和毛管力制约的土水势称为基质势（matric

potential，Ψ_{m}）。把参照状态下的纯自由水的势能定为零值，那么被基质吸力所吸持的土壤水，必然部分地或完全失去流动性，其势能与纯自由水相比就一定小于零值，所以，基质势总是负值。土壤基质吸力愈大，对水分子的吸附能力就愈强，水的势能也愈低，基质势的负绝对值也愈大。基质势与土壤含水量密切相关，土壤含水量越小，基质势越小（即基质势的绝对值越大）；土壤含水量越大，基质势越大（即基质势的绝对值越小）；当土壤水分达到饱和时，土壤的基质势为零。土壤中两点间的水势能梯度是水分流动的驱动力，负绝对值小，势能高，土壤水总是从势能高的地方流向势能低的地方。基质势在土水势中是一个很重要的分势，它对非饱和土壤水分的运动和保持有极其重要的作用。土壤的基质势可用张力计（水吸力计）、压力膜等仪器进行测定。

（二）重力势

由重力作用所引起的水势的变化称为重力势（gravitational potential，Ψ_{g}）。其势值的大小与土壤水的性质无关，只与所选的参比面的位置有关。例如，以地平面为基准参照点，其重力势为零，那么处在参照点以上的土壤水，在重力加速度作用下能够做功，其重力势大于零，为正值；反之，当水分在参比面以下时，其重力势为负值。参比标准高度一般根据研究需要而定，也可设在地表或地下水面。

（三）压力势

由于土壤水在饱和状态下，所承受的压力不同于参照水面（自由水面）而引起的水势变化，称为压力势（pressure potential，Ψ_{p}）。在非饱和土壤中，土壤水的压力势一般与参比标准自由水面相同，即等于 0。当土壤水饱和时，由于存在着滞水层，孔隙都充满水，并连续成水柱，故参照点以下的土壤水，必然受到大于参照压力的静水压力的作用，从而使土水势增加，故压力势大于零，为正值，反之则为零。在水饱和的土壤中，愈是处在深层次的土壤水，所受的压强愈大，压力势值愈高。在非饱和土中，如土壤孔隙处处与大气相通，各处的土壤水均受到与参照压力相同的大气压力的作用，因此压力势为零。有时被土壤水包围的气泡，它对周围的水可产生一定的压力，称为气压势。由此可知，压力势是由水压势和气压势等组成的，一般为正值。

（四）溶质势

由于土壤水中含有离子态或非离子态的溶质，它们对水分有吸持作用，因而降低了自由能，这种由土壤水中溶解的溶质所引起的水势变化称为溶质势（solute potential，Ψ_{s}），也称渗透势。其是土壤中溶解的溶质引起的水势变化。土壤中的溶质在土壤水中溶解成为离子，对土壤水分具有一定的吸持能力，降低了土壤水分的自由能，所以溶质势为负值。虽然在饱和及不饱和状态下都有溶质势的存在，但其中的溶质很易随水运动而呈均匀状态分布，所以溶质势一般不起什么作用，只有在土壤水运动或传输过程中存在半透膜时才起作用，但对植物吸水却有重要影响，因为根系表皮细胞可视作半透膜，如在盐碱土中，由于盐分的含量多，浓度高，溶质势低，植物根系吸水困难。

（五）总水势

土壤总水势（total potential，Ψ_t）是由上述各个分势综合而成的，即

$$\Psi_t = \Psi_m + \Psi_g + \Psi_p + \Psi_s \tag{4-6}$$

土壤总水势代表土壤水分总的能量水平。如果只考虑水分在土壤中的运动，而不涉及土壤向植物根系供水，这时由于土壤中不存在半渗透膜，其溶质势为零，所以土壤总水势为基质势、压力势和重力势三者之和，这种土壤总水势又称为土水势（hydraulic potential，Ψ_h）。在非饱和土或非盐碱土中，土壤水的能量状态主要取决于基质势。在盐碱土中或研究植物与水分的关系时，除基质势外，溶质势也有重要作用。在田间条件下，压力势一般用于饱和土壤。在一般的非饱和土壤中，可不考虑压力势和溶质势，土壤水的能量水平取决于水势，即基质势和重力势之和。从各点水势的大小即可确定水分的流向。土壤水的流动，总是从土水势值高（负绝对值小）的地方流向土水势值低（负绝对值大）的地方。

土水势用恒温、恒压条件下，单位数量的水从参照状态移到土壤中某一点所需做的功来表示。单位数量可以是指单位质量、单位容积或单位重量。单位质量水的势能可用焦耳/千克（J/kg）表示；单位容积水的势能则以千帕为单位；单位质量水的势能一般以相当于一定压力的水柱高度或汞柱高度的厘米数表示。按法定计量单位的规定，压力（应力、压强）的单位为牛顿（N）或帕（斯卡）（Pa），因此在应用过去已有的资料和仪器时，应将单位换算为帕等法定计量单位。

二、土壤水吸力

土壤水吸力是指土壤水在承受一定吸力的情况下所处的能态，简称吸力，但并不是指土壤对水的吸力，是表示土壤水分能量状态的另一个指标。土壤水吸力与土壤水势的区别是：第一，土壤水吸力只包括基质吸力和溶质吸力，相当于基质势和溶质势，而不包括其他分势，但它通常是指基质吸力。对水分饱和土壤一般不用，因为此时的基质吸力为零。第二，土壤水吸力在概念上虽不是指土壤对水的吸力，但仍可以用土壤对水的吸力来表示它。例如，测得某一时间内土壤对水的吸力为 10^5Pa，这时土壤水的能量状态如何呢？实验表明：此时对土壤施加 10^5Pa 以上的吸力，水分就会从土壤里向外流出，如果施加的压力小于 10^5Pa，水分不但流不出来，土壤还可以从外部吸进水分。这就说明，这时的土壤水分就是处在 10^5Pa 吸力下的能量状态，即土壤水吸力为 10^5Pa。基质势和溶质势一般为负值，在使用中不太方便，所以将基质势和溶质势的相反数（正数）定义为吸力（S），也可分别称为基质吸力和溶质吸力。用土壤水吸力判断土壤水分的运动方向时，水分总是由吸力小处向吸力大处运动，因此常常把土壤水吸力作为衡量土壤水势高低的一个指标。此外，利用土壤水吸力值，还可以计算出土壤的实效孔径，从而了解在某一个土壤水吸力下，土壤水在不同大小孔隙中的分布状况。从物理含义看，土壤水吸力不如土壤水势严格，但其比较形象易懂，使用较为普遍。特别是在研究土壤水的有效性、确定土壤灌溉时间和灌溉区域及旱作土壤的持水性能等方面均有重要意义。

三、土壤水分特征曲线

土壤水的基质势或土壤水吸力是随土壤含水量而变化的，在研究土壤水的保持、运动和植物供水时，除了解土壤水吸力外，必然也要了解土壤水分的含量。土壤中所保持的水量是土壤基质吸力或土水势的函数，这两者之间的函数关系可用试验方法进行测定，从而可以绘出土壤水吸力与土壤含水量的关系曲线，即土壤水分特征曲线。这个曲线是用原状土样，测定其在不同土壤基质吸力下的相应含水量后绘制而成的。它能够表明土壤在某一含水量时，土壤水所处的吸力，或土壤水处于某一吸力时的土壤含水量。这样就把土壤水的两个很重要的性状（土壤含水量和水吸力）及它们相应的关系表示出来了，便于说明许多土壤水分性状的特点，是研究土壤水分的保持和运动所用到的反映土壤水分基本特性的曲线。利用它可以说明土壤的保水性、分析水分的运动方向和水分的有效性等。

土壤水分特征曲线（图 4-6）受多种因素的影响。不同质地的土壤，其水分特征曲线各不相同，差异很大。一般而言，黏土的孔隙度大，大孔隙少，各级细孔隙多，持水总量大，随着吸力的提高，各级孔隙中的水分逐渐排出，含水量逐渐减少。由于黏质土壤孔径分布较为均匀，故随着吸力的提高，含水量缓慢减少，如水分特征曲线所示。对于砂质土壤来说，绝大部分孔隙都比较大，细孔隙少，持水量少，在较低的吸力范围下，大孔隙中的水分就排出，含水量迅速减少，所以在较低吸力范围内，土壤水分特征曲线比较平缓，而在较高吸力范围内，比较陡直。在土壤水分吸力相同时，砂土的水分含量低于黏土，而在土壤水分含量相同时，砂土的水分吸力低于黏土。

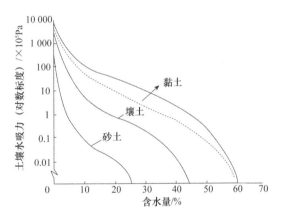

图 4-6　几种不同质地土壤的水分特征曲线
实线表示脱水曲线，虚线表示吸水曲线

水分特征曲线也受土壤结构的影响，在低吸力范围内尤为明显。压实的土壤与原状土壤相比，大孔隙数量减少，而中小孔径的孔隙增多，所以饱和含水量减少。因此在同一吸力值下，干容重愈大的土壤，相应的含水量也要大些。温度对土壤水分特征曲线也有影响，主要是由于温度影响水的表面张力和黏滞性。温度升高时，水的表面张力和黏滞性减小，土壤水分吸力降低，土壤水势增高，基质势相应增大，或者说土壤水吸力减少。在低含水率时，这种影响表现得更加明显。

应当指出，在应用土壤水分特征曲线时，必须考虑土壤水分的滞后作用。土壤由湿变干和由干变湿的过程不同，土壤水分特征曲线也不同。吸水过程的土壤水分特征曲线与脱水过程的土壤水分特征曲线并不完全重合，这种现象称为滞后现象（hysteresis），可能是土壤的胀缩性和土壤孔隙的性质（如存在封闭孔隙、孔隙的不规则性等）所致。因此，必须在了解土壤的湿润、干燥过程对滞后作用的影响之后，才能正确地说明土壤水分的性状和运动规律。

土壤水分特征曲线表示土壤的一个基本特征，有重要的实用价值。第一，可利用它进行土壤水吸力和含水量之间的换算。第二，土壤水分特征曲线可以间接地反映出土壤孔隙大小的分布。第三，水分特征曲线可用来分析不同质地土壤的持水性和土壤水分的有效性。第四，应用数学物理方法对土壤中的水运动进行定量分析时，水分特征曲线是必不可少的重要参数。从土壤的保水性看，在同样的土壤水吸力（或土壤水势）下，黏土所保持的水量比壤土多，而砂土最少。例如，当土壤水吸力为 $0.1 \times 10^5 Pa$ 时，黏土的含水量为 55%左右，而壤土和砂土的含水量分别为 35%和 11%左右。从水分的运动方向来分析，水分特征曲线可反映土壤的质地，当土壤含水量相同时，其土壤水吸力不同。例如，不同质地的土壤，其含水量均为 20%时，黏土、壤土和砂土的土壤水吸力相应为 $50 \times 10^5 Pa$、$10^5 Pa$ 和 $0.01 \times 10^5 Pa$，此时土壤水的流动是由砂土流向壤土，最后都向黏土中流动。再从水分的有效性来说，一般植物根系的吸水力约为 $15 \times 10^5 Pa$，当土壤水吸力小于根系的水吸力时，土壤所保持的水分是可以被植物吸收利用的，属于有效水；反之，则为无效水。此外，应用土壤水分特征曲线，可对土壤基质势和含水量进行相互换算，在不收缩的土壤中，还可以计算出有效孔径（或当量孔径）的分布等。

第三节　田间土壤水运动及循环

土壤中水分由于受到各种力的作用及含水量的差异，产生不同方向和不同速度的运动，主要存在液态水和气态水两种类型的运动。

一、液态水运动

土壤中液态水的运动是在土壤孔隙中进行的。由于土壤是一个多孔体，土壤孔隙虽然可以连成管状，但和一般水管中的水流差异很大，水管中水的流速在一定的水压下与水管半径的 4 次方成正比，而土壤孔隙的形状极其复杂，粗细相间并连通各个方向，且土壤本身又不均一。土壤孔隙远非一束细长管可比。所以运用水管中水流的规律不足以说明土壤水的运动情况。土壤水分在土壤中的运动，因孔隙的大小和相应的土水势的大小而成多方向的变化。这种运动的推动力主要是水势梯度，即两点之间的水势差决定的，它控制着水流运动的方向与速率，即由水势高向水势低的地方、土壤水吸力低的地方向高的地方运动。土壤液态水的运动可分为饱和流动和不饱和流动两种。所谓饱和流动，是指土壤中大小孔隙都充满液态水时土壤水的运动，这主要是重力水的运动。不饱和流动则是指土壤孔隙没有完全被水充满时土壤水的流动，这主要是毛管水和膜状水的运动。这两种水流的推动力不尽相同，但基本上都服从液体在多孔介质中流动的达西定律（Darcy law），该定律可用式（4-7）表示。

$$J_w = -K_w \frac{\delta \Psi_h}{\delta_s} \tag{4-7}$$

式中，J_w 为水的通量密度，是指单位时间内通过单位面积的水量；K_w 为导水率，即单位水势梯度下的水通量密度；Ψ_h 为土水势，它等于基质势、压力势和重力势的总和；$\delta\Psi_h$ 为两点之间的水势差（$\delta\Psi_h=\Psi_{h1}-\Psi_{h2}$）；$\delta_s$ 为两点之间的距离（$\delta_s=s_2-s_1$）；$\delta\Psi_h/\delta_s$ 为水势梯度，即单位距离内水势的变化；公式中的负号表示水流方向与水势梯度增加的方向相反。

（一）土壤水的饱和流动

土壤中所有孔隙始终充满水时的水分运动称为饱和流动。土壤水分总是由水势高处向低处运动，在水分饱和时土壤水势主要为重力势和压力势梯度（单位距离上的压力差），所以重力势和压力势梯度是水分饱和流动的主要推动力。水流的方向是从水势高的地方流向水势低的地方，水流的通量密度则取决于饱和导水率及水势梯度的大小。按其流动的方向不同而有三种情况。

（1）垂直向下的饱和流动 一般在降雨或大量灌水时，土壤上层因滞水而达完全饱和，这时主要的水流是垂直向下的饱和流动。对于饱和导水率小、排水不良的土壤，研究垂直饱和流动有重要意义。

（2）垂直向上的饱和流动 出现在一些特殊的情况下。例如，山丘地区的冷浸田中，地下泉水向上涌出的现象，或土体下部有不透水层而有坡降的地方，在低平地常有向上浸水，称为上浸现象。

（3）水平饱和流动 多出现在土体中有不透水层时，下渗的水在此形成饱和的滞水层，从而出现沿不透水层方向的水平饱和流动。例如，平原水库库底周围可以出现水平方向的饱和流动。

在实际生产中，最常见的是垂直向下的饱和流动。当大量灌水或降雨时，表层土壤很快达到饱和，甚至在地表上出现水层，这时就发生垂直向下的饱和流动。当耕作层下出现犁底层或不透水层时，饱和水则沿不透水层做水平流动，又称为土内径流。冷浸田内地下泉水向上涌出，是垂直向上的饱和流动。饱和流动的土壤水，最终流入地下水或地表水中，从而导致土壤养分的流失，或引起地下水位的升高，造成土壤的次生盐渍化或沼泽化。

土壤中的饱和水流与有机质含量和无机胶体的性质有关，有机质有助于维持大孔隙高的比例。而有些类型的黏粒特别有助于小孔隙的增加，这就会降低土壤导水率。例如，含蒙脱石多的土壤和 1∶1 型的黏粒多的土壤相比通常具有低的导水率。另外，如土体中的裂缝、根孔和虫穴较多，则饱和导水率将明显增大。

（二）土壤水的不饱和流动

土壤中部分孔隙充满水时的水分运动称为不饱和流动。不饱和流动的推动力，主要是土壤水的基质势梯度（或土壤水吸力梯度），重力势虽也有一定的作用，但与基质势相比，它的作用很小。因此，土壤水的不饱和流动，总是由基质势高处移向基质势低处。换句话说，是从土壤水吸力小处向土壤水吸力大处移动。当土壤中只含吸湿水和膜状水时，膜状水由吸附力低处（水膜厚处）向吸附力高处（水膜薄处）运动；而毛管水则由毛管力低处（毛管弯月面曲率半径大处）向毛管力高处（毛管弯月面曲率半径小处）运动。在田间，土壤水的不饱和流动是经常的，但流速慢、流量小。因为在不饱和流动中，充满水的是导水率较小的毛管孔隙，而本来导水率很高的大孔隙这时却充满空气，不但减少了导水的断面，而且加大了土壤水的流程，所以从饱和流动到不饱和流动，土壤导水率急剧下降。但在不饱和流动中，黏质土的导水性反而比砂性土好，因为在土壤水吸力相同时，黏质土的充水孔隙多，土壤水的连续性也较好。在土壤非饱和流动中，毛管水的运动对土层中水分的再分配、水分向植物根际运动、表层土壤水分的蒸发都有重要作用。

二、气态水运动

土壤中保持的液态水可以汽化为气态水，气态水也可以凝结为液态水。气态水一般存在于土壤非毛管孔隙中，是土壤空气的组成之一，气态水和液态水处于互相平衡之中。在一般情况下，土壤中的水汽经常处于饱和状态。气态水的绝对含量虽然很低，但它的运动在供水和控制水分散失方面都有很重要的意义，在土壤中运动主要表现为水汽的扩散和水汽的凝结两种方式。土壤气态水运动主要由水汽的扩散作用引起，它的运动服从于气体扩散公式：

$$q_v = -D_v \frac{\mathrm{d}p_v}{\mathrm{d}x} \qquad (4\text{-}8)$$

式中，q_v 为水汽扩散量；D_v 为水汽扩散系数，即单位水汽压梯度下，单位时间内通过单位面积的水汽量；p_v 为水汽压；$\mathrm{d}p_v/\mathrm{d}x$ 为水汽压梯度，即单位距离内两点间水汽压差。

由式（4-8）可以看出，扩散作用的推动力是水汽压梯度。水汽由水汽压高处向低处扩散，水汽压梯度越大，水汽扩散越快，水汽扩散量主要取决于水汽扩散系数和水汽压梯度。从水汽的扩散系数来说，土壤中的水汽扩散系数比空气中要小得多，因为只有通气孔隙才是水汽运动的通道。在潮湿的土壤中，通气孔隙少；在干燥的土壤中，通气孔隙虽然多，但基质吸力大，水分子易被土粒吸附而转化为吸附水，所以水汽扩散系数都很小；只有在含水量适中的土壤里，水汽扩散系数才较大。

从水汽压梯度来分析，由于气态水通常接近或处于饱和状态，故各点间的水汽压梯度较小。土壤中水汽压的高低与土壤的湿度梯度和温度梯度有关。土体中含水量差异愈大，则水汽压梯度也愈大，水汽的扩散速度也愈快。此外，土温的上升可明显引起水汽压的上升，因此土壤水汽的扩散总是由湿土向干土扩散，由温度高的地方向低的地方扩散。湿度梯度的影响要比土温小得多，所以温度梯度是导致水汽扩散的主要因素。温度越高，液态水转化成的水汽就越多，水汽压也就越大，于是气态水就向温度低、水汽压低的地方运动，当土壤中的水汽由暖处向冷处扩散遇冷时便可凝结成液态水，这就是水汽的凝结过程。水汽凝结主要有"夜潮"和"冻后聚墒"两种现象。"夜潮"现象多出现于地下水埋深度较浅的"夜潮地"。白天表土温度高，水汽向下层扩散。夜间底土温度高，水汽向上层扩散而聚集凝结，使表层土壤湿度提高，出现

"夜潮"现象。这对作物需水有一定的补给作用。在北方，整个冬季可因水汽扩散作用而在表层土壤中储蓄大量水分，出现"冻后聚墒"现象。由于冬季表土冻结，水汽压降低，而冻层以下土层的水汽压较高，于是下层水汽不断向冻层集聚冻结，使冻层不断加厚，其含水量有所增加，这就是"冻后聚墒"现象。虽然它对土壤上层增水作用有限（2%~4%），但对缓解土壤干旱期有一定意义。"冻后聚墒"的多少，主要取决于该土壤的含水量和冻结的强度。含水量高、冻结强度大，"冻后聚墒"就比较明显。水汽的凝结在干旱地区对于耐旱的漠境植物供水具有重要意义。因为许多漠境植物可在极低的水分条件下生存。

此外，土壤中的气态水也可随土壤空气而发生整体流动。如在大风季节，水汽可随土壤空气一起，整体地向大气运动，导致土壤水的大量损失。土壤水分以水汽扩散到大气而散失的现象，称为土面蒸发。土面蒸发的强度取决于大气蒸发力和土壤的导水性质。

三、田间土壤水分循环

大气降水或灌溉水进入地面后，一部分可能形成地表径流汇入地表水体；另一部分则经过入渗过程，成为土壤水。土壤水在土水势梯度和水汽压梯度的作用下进行再分布，一部分可能进一步下渗，成为地下水；一部分被作物吸收利用；再有一部分经作物叶面蒸腾作用和土面蒸发散失到大气中，成为大气水；还有一部分可能较长时间内保存在土壤中，并且也始终处在不停的运动之中，但最终也必然参与自然界的水循环。因此，田间土壤水分循环是自然界水分循环的重要组成部分。了解土壤水分循环的途径和规律，对于进行田间土壤水分管理有一定的指导意义。土壤水的田间循环包括入渗、再分布及蒸散等过程。

（一）水分的入渗

入渗过程一般是指水自土表垂直向下进入土壤的过程，沟灌时水分的侧渗过程和地下灌溉时水分向上的过程也是入渗过程。入渗过程的强弱决定着降水和灌溉水进入土壤的数量，不仅影响土壤水的总贮量和对当季作物的供水量，而且关系到供水以后或来年作物利用的深层水的贮量。

在山区、丘陵和坡地，入渗还是影响地表径流大小和土壤侵蚀程度的重要因素。土壤允许水分渗入的能力称为土壤入渗能力，常用入渗速率表示，它是指地表面存在浮水层时，单位时间吸收水分的厚度，单位是 mm/s 或 cm/d，也可以用累积入渗量，即单位时间单位面积土壤入渗的水量表示。在地面平整、上下层质地均一的土壤上，水进入土壤的情况是由两方面因素决定的，一是供水速率，二是土壤的入渗能力。当供水速率小于土壤的入渗能力时（如微喷灌、滴灌或低强度降雨等），进入地面的水分迅速被土壤吸收，土壤对水的入渗主要由供水速率决定。当供水速率大于土壤的入渗能力时（如大量灌水或高强度降雨等），土壤表面形成积水层，水的入渗则主要取决于土壤的入渗能力。土壤的入渗能力是指土壤对外界水分的吸收能力，是由土壤的干湿程度和孔隙状况（受质地、结构、松紧等影响）决定的。例如，干燥的土壤、质地粗的土壤及有良好结构的土壤，入渗能力就强；相反，土壤愈湿、质地愈细和愈紧实的土壤，入渗能力就愈弱。入渗开始后，土壤初始入渗速率会因土壤干湿程度的不同而不同，但都会随时间的延长而逐渐减小，最后达到一个比较稳定的数值，这个稳定的入渗速率称为透水率或渗透系数，常用来表示土壤渗水能力的强弱。一般将入渗开始后 1h 的入渗速率作为评定土壤入渗能力的指标。例如，大于 500mm/h 的为入渗过强的土壤；100～500mm/h 的为入渗良好的土壤；70～100mm/h 的为入渗中等的土壤；30～70mm/h 的为入渗力弱的土壤；小于 30mm/h 的为入渗不良的土壤。入渗速率取决于土壤孔隙状况。初耕以后的土壤入渗速率高，经农业机械压实的土壤入渗速率低。水分在土壤中入渗时，从表层向下形成一个土壤水分剖面，表土可能有一个不太厚的饱和层（有时可能没有），此层之下是一个接近饱和的延伸层或过渡层，下面紧接着是一层厚度不大的湿润层，湿润层与延伸层相比，含水量迅速降低。湿润层的前缘就是湿润锋。在入渗过程中，湿润锋不断向前推进，逐渐入渗到土壤的深处。

（二）水分的再分布

在降雨或地面灌溉结束、地面的水层消失后，入渗过程也随之结束，但入渗进入土壤中的水分在重力、吸力梯度和温度梯度的作用下继续运动。再分布是指停止供水且地面水层消失以后，已进入土内的水分进一步运动和分布的过程。土壤水的再分布实质上是水在土壤剖面上的非饱和流动过程，其推动力仍然是水势梯度。在水势梯度的作用下，水分由供水开始的层次（对地面灌溉而言即土壤上部的层次）向水势较低的层次运动。其过程很长，可达 1～2 年甚至更长的时间，再分布过程是近些年才明确的，它对研究植物从不同深度土层吸水有较大意义，因为某一土层中水的损失量，不完全是植物吸收的，而是上层来水与本层向下再分布的水量及植物吸水量三者共同作用的结果。土壤水的再分布是土壤水的不饱和流动，速率也随着时间的推移而减慢。在田间，入渗终了之后，上部土层接近饱和，下部土层仍是原来的状况，它必然要从上层吸取水分，于是开始了土壤水分的再分布过程。这时土壤水的流动速率取决于再分布开始时上层土壤的湿润程度和下层土壤的干燥程度及它们的导水性质。当开始时湿润深度浅而下层土壤又相当干燥，吸力梯度必然大，土壤水的再分布就快。反之，若开始时湿润深度大而下层又较湿润，吸力梯度小，再分布主要受重力的影响，进行得就慢。土壤水分再分布的结果是使土壤剖面各点间土壤水势梯度减小，这个过程的存在对于研究深层土壤的保水、植物从不同土层吸收水分等有重要意义。

当进入土壤中的水量超过田间持水量时，土壤水的再分布过程与入渗过程相互穿插进行，水分向下或侧向流入地下水，称为渗漏。渗漏不仅使土壤养分遭到淋失，而且可能导致地下水位升高，在干旱、半干旱地区能引起土壤发生次生盐渍化。采用沟灌、喷灌、滴灌等灌溉方法，有利于降低或防止土壤渗漏。

（三）水分的蒸散

土壤水以水汽状态进入大气而散失时称为蒸散，它包括蒸发和蒸腾两个过程。地面水分蒸发的速度取决于气压梯度和比差。由于水汽分子的热运动，水汽从温度高、浓度大的地方向温度低、浓度小的地方移动。水汽压梯度大，蒸发快；反之，蒸发慢。土壤水不断以水汽的形态由表土向大气扩散而逸失的现象称为土面蒸发，是由土壤中气态水扩散运动造成的；蒸腾则是水分在植物叶面上的蒸发。土面蒸发是自然界水循环重要的一环，也是造成土壤水分损失、导致干旱的一个主要因素。在干旱地区，由土面蒸发损失的水分可达到降水量的 50%左右；在一定条件下，蒸发还可以引起土壤沙化或盐渍化。因此，防止或降低土面蒸发在干旱地区具有重要意义。土壤蒸发的强度由大气蒸发能力（通常用单位时间内、单位自由水面所蒸发的水量表示）和土壤供水能力（土壤含水量、土壤导水率）共同决定。要使蒸发过程持续进行，须具备以下 3 个前提条件：①不断有热能到达土壤表面，以满足水的汽化热的需要（15℃时 1g 水的汽化热约为3.47kJ）；②土壤表面的水汽压须高于大气的水汽压，以保证水汽不断进入大气；③表层土壤须能不断地从下层得到水的补给。土面蒸发作用的强弱通常以土面蒸发率，即单位时间单位土壤表面上蒸发的水量来衡量。土面蒸发强度的大小主要取决于大气蒸发力和土壤供水能力的大小，在土壤供水能力相同时，大气蒸发能力越大，蒸发强度越大；反之，蒸发强度越小。一般砂土蒸发快，黏土蒸发慢，孔隙大、坷垃多的土壤蒸发得快，结构好、孔隙小的土壤蒸发得慢。当土壤供水充足时，由大气蒸发能力决定的最大可能蒸发强度称为潜在蒸发强度。土面蒸发率具有明显的阶段性。

（1）稳定蒸发阶段 稳定蒸发阶段是蒸发率不变的阶段。当灌溉或降水停止后，土壤从表层到一定深度范围内水分达到或接近饱和状态，尽管表土层含水量在逐渐降低，但在含水量大于某一临界值时，在大气蒸发力作用下，表层源源不断地从土体内部得到水的补给，最大限度地供给表土蒸发，地表处的水汽压仍维持或接近于饱和水汽压，在外界气象条件基本稳定的情况下，水汽压的梯度基本上无变化，蒸发强度与自由水面的蒸发强度相似，这时土面蒸发率保持不变，主要由大气蒸发力所控制。这个阶段可持续数日，时间不长。如果大气蒸发力强，蒸发散失的水量就多，土壤水含量迅速下降，这个阶段持续的时间就短。反之，大气蒸发力弱时，这个阶段持续的时间就会延长。当土壤含水量小于临界含水量时，土面蒸发进入下个阶段。临界土壤含水量与土壤的性质及大气蒸发能力有关。一般认为临界土壤含水量相当于毛管断裂含水量，或田间持水量的 50%～70%。在大气蒸发能力控制阶段，土壤水分以很大的蒸发强度通过土面蒸发持续散失，水量损失很大，因此，在降雨或灌溉后，要及时进行中耕或地面覆盖，以减少土壤水分的大量损失。

（2）蒸发率降低阶段 在第一阶段之后，土壤水明显减少，表层更是如此。随着土壤水分的不断蒸发，导水率则以指数关系降低得更快，当土壤含水量低于临界含水量时，下层土壤向表层输送的水分减少到已不能满足大气蒸发能力所能蒸发的水量，土面蒸发的水量多少已不再取决于大气蒸发能力，而是取决于土壤供水能力。此时蒸发的强度主要取决于土壤的导水性质，即土壤不饱和导水率的大小。随着土壤不饱和导水率逐渐降低，蒸发强度也不断减小。这个阶段维持的时间较长，一直到当土面的水汽压与大气的水汽压达到平衡，土面成为风干状态的干土层为止。此阶段除地面覆盖外，中耕结合镇压具有良好的保墒效果。

（3）扩散控制阶段　　扩散控制阶段也叫蒸发率最低阶段。当蒸发率越来越小时，土面的水汽压逐渐降到与大气的水汽压平衡，表土就接近于气干，出现一层干土层。土面成为干土层后，土壤向干土层的导水率降至近于零，稍湿润土层的水分不能直接传导到土壤表面，只能产生水汽，再以水汽的形态通过干土层的孔隙扩散到大气中。由于干土层中的空气导热率低，到达地表的辐射热难以向下传导，下层的水也不能迅速向土面运行，因而水的汽化量就较小。这时的蒸发机制与前面两个阶段有所不同：水已不是从地表汽化扩散到大气中去，而是在干土层以下的稍潮湿土层中，逐渐吸热汽化：以气体形式通过干土层的孔隙慢慢扩散至表层，然后散失到大气中。同时，水汽由土层孔隙通向大气的途径也比较曲折复杂，因此这个阶段内水分蒸发损失的数量很少。一般情况下，只要土表有 1～2mm 干土层就能显著降低蒸发强度。因此可以说，表层出现干土层也是土壤自我保护、避免过快失水的本能。压实表层、减少大孔隙是防止水汽向大气扩散的有效措施。

以上所述各蒸发阶段均是在条件理想化情况下。例如，蒸发第一阶段，表土蒸发强度保持稳定只是对自然情况的一种近似。由于气象因素的周期变化，昼夜蒸发强度不可能维持不变。

四、土壤-植物-大气系统

要使植物正常生长，必须不断地从土壤中吸水来补偿因蒸腾而消耗的水分。在干旱条件下，生产 1t 粮食，往往需要消耗好几百吨水，也就是要向大气输送 90%以上的水分。植物向大气输送水汽称为蒸腾，它是由叶面和大气之间的水汽压梯度造成的。土壤水分的运动并不完全是单一的物理过程，尤其是土壤水分通过植物向大气的散失，与植物根系吸水、叶片的蒸腾及大气的水汽压都有密切的联系，因此，常把水分从土壤经植物向大气的流动过程看作一个统一的动态连续系统来研究。植物从土壤中吸水到最后蒸腾到大气中去，包括一系列过程：土壤水向根表皮流动，水由根表皮向根木质部流动，水由根、茎木质部向叶流动，水在叶细胞间隙内汽化，水汽通过孔腔或气孔扩散到近叶面的宁静空气层，水汽从叶面空气层向大气层运动等。这个系统的各个环节相互连接、相互依赖，形成统一的整体，称为土壤-植物-大气系统（soil-plant-atmosphere continuum，SPAC）。

在 SPAC 中，水流总是由水势高处流向水势低处，其通量与水势差成正比，与相应的阻力成反比。其阻力在植物体中最小，在土壤中其次，在叶与大气间最大，因为水分需由液态转变为气态以后才能向大气扩散。水分在 SPAC 中运动的推动力是不同环节间的水势梯度，即土壤水势、根水势、茎水势、叶水势及大气间水势的差值。水分由水势高的地方流向水势低的地方，其流速与水势差成正比。土壤与植物之间的总水势差只不过零点几兆至几兆帕，而土壤与大气之间的总水势差可达几十兆帕甚至更多。所以，在 SPAC 中，总水势差的主要部分出现在叶部与大气之间，它是推动植物吸水的水势差（图 4-7）。

土壤水势的高低对于 SPAC 中水势的变化和植物叶片的状态及生长发育影响很大。当土壤供水充足，能满足植物蒸腾的需要时，蒸腾强度是由大气蒸发力决定的。但在土壤供水不足或土壤水势降低，不能满足植物蒸腾消耗时，叶水势降低，膨压下降，叶片气孔关闭，蒸腾减弱，这时蒸腾强度就不单纯取决于大气蒸发力，而是与土壤导水率、土壤水势有密切关系。在土壤水势较高的情况下，根水势也较高，叶水势比根水势稍低，但不超过细胞维持膨压，保持正常状态的临界值（−1.5～2.0MPa），植物能顺利地从土壤中吸水，并满足蒸腾耗水时，植物就不会萎蔫；在土壤水势较低和蒸腾率较高的情况下，根土间的水势差要大得多，叶水势与根水势间的差值也更大，叶水势远远低于临界值，水通过植物的阻力加大，植物吸不到水，或入不敷出时，植物就会发生萎蔫。

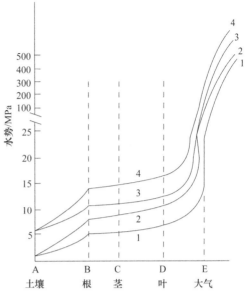

图 4-7　在 SPAC 中水势的变化
（引自贝弗尔，1983；希勒尔，1988）
曲线 1、2、3、4 表示不同作物

可见植物从土中吸水，经过本身的传导又蒸腾到大气中去，与气象因素和土壤水的有效性关系极其密切。

学习重点与难点

掌握土壤水的能态及其在土壤-植物-大气之间的移动规律。

复习思考题

1. 试述不同类型土壤水的移动规律。

2. 试述土壤水分的消耗及其与耕作的关系。

3. 简述土壤-植物-大气系统的定义及植物吸水的大致机制。

第五章 土壤空气和土壤热量状况

土壤空气和土壤热量状况都是土壤肥力的因素，它们对作物生长、土壤微生物活动、土壤养分的转化均有很大的影响，许多农业技术措施常与调节土壤空气和土壤热量状况有关。

第一节 土壤空气

土壤空气是作物生长发育不可缺少的条件，是土壤三相组成物质之一，存在于未被土壤水分占据的土壤孔隙中，是构成土壤肥力的四大重要因素之一，对作物的生长发育、土壤微生物的活动、各种养分的形态与转化、养分和水分的吸收、热量状况等土壤的物理化学性质和生物化学过程都有重要的影响。了解土壤空气的组成及其特点、大气的交换机制与土壤通气性的调节措施，对于改善土壤的通气状况，为作物生长创造适宜的通气条件与环境有重要意义。

一、土壤空气的来源及组成特点

土壤空气主要来源于大气，其次是土壤中存在的动植物与微生物生命活动产生的气体，还有部分气体来源于土壤中的化学过程，在土壤固、液、气三相体系中，土壤空气存在于未被液态水占据的通气孔隙中，因此土壤空气含量常随土壤含水量的变化而变化。土壤空气含量用空气容积占土体容积的百分数表示。在一定容积的土体内，如果孔隙度不变，土壤含水量多，空气含量必然减少，反之亦然。对于通气良好的土壤，其空气组成接近于大气，若通气不良，则土壤空气组成与大气有明显的差异。一般愈接近地表的土壤空气与大气组成愈相近，土壤深度愈大，土壤空气组成与大气差异也愈大。一般旱作物要求耕作层的空气容量在 10%～15% 及以上。空气含量过低，不利于作物生长和土壤肥力的发挥。一切影响土壤孔隙性状和土壤含水量的因素，都会影响土壤的空气含量（表 5-1）。

表 5-1 土壤空气与大气组成的比较（容积%）（引自林成谷，1983）

气体成分	近地面大气	土壤空气
氧气	20.99	18.00～20.03
二氧化碳	0.03	0.15～0.65
氮气	78.05	78.08～80.24
惰性气体	0.9389	—

土壤的空气组成和大气不同，其主要差别如下。

（一）土壤空气中的二氧化碳含量高于大气

大气中的二氧化碳平均为 0.03%，而土壤空气中的二氧化碳比其可高出几倍甚至几十倍，主要原因在于：①植物根系呼吸会产生大量的二氧化碳。例如，每亩麦地（20 万株）一昼夜放出的二氧化碳量约有 4L。②微生物分解有机质时会产生大量的二氧化碳。当施入有机肥料后，二氧化碳含量可达 2%以上。③土壤中的碳酸盐遇无机酸或有机酸时也可产生二氧化碳。一般情况下，前两种原因是主要的。二氧化碳溶于水，使土壤溶液趋于酸性，有利于矿物质养分的溶解和释放。但二氧化碳浓度超过 1%后，就会抑制种子萌发，延缓根系的发育。

（二）土壤空气中的氧气含量低于大气

大气中氧气含量为 20.99%，而土壤空气中的氧气含量为 18.00%~20.03%，这是土壤中植物、动物和微生物等生物消耗的结果。尤其在作物生长旺季，呼吸强度大，或当增施有机肥料后，其土壤微生物活动越旺盛，则氧气被消耗得越多，氧气含量越低，相应的二氧化碳含量越高。在严重情况下，会抑制作物根系呼吸和好氧微生物的活动，甚至使生物窒息死亡。

（三）土壤空气中的水汽含量一般高于大气

大气的相对湿度通常只有 50%~90%，除表层干燥土壤外，土壤空气的湿度一般均在 99%以上，处于水汽饱和状态，而大气中只有下雨天才能达到如此高的值。只要土壤含水量在吸湿系数以上，土壤水分就会不断地蒸发，而使土壤空气呈水汽饱和状态。一般近表层的水汽饱和程度小而下层较大，水汽饱和对微生物活动有利，但并非意味着能满足作物的需水要求。

（四）土壤空气中含有较多的还原性气体

当土壤通气不良时，如淹水、表土过度板结，使土质过黏，土壤中氧气含量下降时，常出现一些微生物活动所产生的还原性气体，如甲烷、氢气、硫化氢、氨气等，而大气中一般还原性气体极少。还原性气体的产生和累积，不仅会对作物产生毒害作用，还会影响土壤养分的供应和转化，应及时采取措施，改善土壤的通气条件。

（五）土壤空气的组成不稳定

大气成分相对比较稳定，而土壤空气的组成常随土壤深度、季节、土壤含水量和生物活动等情况不断发生变动。一般来说，二氧化碳与氧气含量是相互消长的，其总量基本上维持在 19%~22%，二氧化碳含量随土层加深而增加，氧气则随土层加深而减少。从春季到夏季，土壤空气中二氧化碳含量逐渐增加，而到冬季，表土中二氧化碳含量最少。其主要原因是土温升高，微生物活动和根系的呼吸作用加强而消耗更多的氧，同时释放出更多的二氧化碳。此外，土壤空气的组成还会随施肥情况、耕作栽培措施、气候变化等发生变化。在耕层土壤中，二氧化碳含量以冬季最少，夏季含量最高。降雨或灌水后，二氧化碳含量有所减少，氧气含量有所增加。

（六）土壤空气的存在形态与大气不同

大气是以自由态存在，而土壤空气在土壤中的实际存在形态，按照其物理性质可以分为自由态、吸附态和溶解态 3 种。自由态气体，是土壤空气的主体，存在于土壤孔隙中，易于移动，有效性高；吸附态气体，主要是指被土壤矿物质颗粒和有机质表面吸附的水蒸气、二氧化碳、氨气等，移动性和有效性较小；溶解态气体，是指溶解在土壤溶液中的气体。在 20℃时，氧气在 1L 水中能溶解 $0.31cm^3$，溶解氧的数量对稻田供氧意义重大。气体在水中的溶解度，除不同气体本身性质外，还受气体分压和温度的影响，通常气体的溶解度随气体分压的增高和温度的降低而增大。

土壤空气的组成不是固定不变的，影响土壤空气变化的因素很多，如土壤水分、土壤生物活动、土壤深度、土温、pH、季节变化及栽培措施等。一般来说，随着土壤深度的增加，土壤空气中二氧化碳含量增加，氧气含量减少，其含量是相互消长的，两者之和总维持在 19%～22%；另外，还有少量的土壤空气溶解于土壤水中和吸附在胶体表面，溶于土壤水中的氧气对土壤的通气有较大的影响，是植物根系和微生物呼吸作用直接的氧气源。

二、土壤空气与作物生长

在土壤空气和大气中，二氧化碳和氧气与作物生长的关系最为密切，是作物生长的重要条件。

（一）二氧化碳与作物生长

二氧化碳是作物进行光合作用、制造有机物质的重要原料，是构成作物生物产量的物质基础。作物生物产量即根、茎、叶、花、果的重量，有 5%～10%来自土壤矿物质，90%～95%是光合作用形成的，其中主要的来源是空气中的二氧化碳。光合作用就是含叶绿素的细胞利用光能将二氧化碳和水合成有机物的过程。作物叶片吸收二氧化碳的速度通常用来表示光合作用的强度，它的单位是每小时每平方分米叶面积吸收二氧化碳的毫克数。不同作物光合作用的强度不同，同一种作物不同品种间的光合作用强度也不同。

土壤中的二氧化碳，一部分以气体扩散交换的形式进入大气，供作物叶片吸收利用，参与光合作用；另一部分为根系直接吸收，并在根部很快形成苹果酸而运送到叶上参与光合作用，促进有机物质的形成。根系吸收二氧化碳与某些有机酸结合，如二氧化碳与丙酮酸结合形成草酰乙酸，草酰乙酸氨基化形成氨基酸，氨基酸可以进一步合成蛋白质。根部吸收的二氧化碳也可以运往地上部，参与地上部的新陈代谢作用。增加二氧化碳浓度不仅可以直接增加光合作用原料，增强光合作用强度，使有机质的合成和积累增多，而且有利于土壤微生物的活动，提高土壤养分，有利于作物的生长。因此，在二氧化碳含量低的地方，可以通过施用二氧化碳气体，以增加植物光合作用需要的二氧化碳量，达到增产的目的。但在渍水或土壤通气不良的条件下，二氧化碳在土壤中积累过多时，土壤酸度增加，适于致病的霉菌发育，或使根的呼吸作用窒息。一般认为，二氧化碳浓度小于 20%时，不会对作物有很大影响，但随二氧化碳浓度增加而导致的氧气缺乏，根系呼吸作用会减弱，吸收机能也减弱，同时容易产生有毒物质，毒害根部，影响作物正常生长，甚至对作物造成严重的伤害。有些文献介绍，当二氧化碳含量大于20%时，会使某些植物死亡。

（二）氧气与作物生长

氧气对作物生长同样有重要作用。氧气是一切生物维持生命活动必不可少的气体。首先，氧气对种子的萌发具有特别重要的意义。因为种子的萌发主要靠种子本身的呼吸作用氧化种子内部的有机物，释放能量来促进胚细胞的分裂和伸长，从而促进发根发芽。当种子吸水后，呼吸作用大大加强，这时要求有足够的氧气，以满足呼吸作用的需要。但不同种子发芽所需氧量是不同的。再者，作物根系和好气性微生物的生长发育，都需要土壤有充足的氧气。在通气良好的土壤里，氧气含量高，作物根系生长旺盛、根毛丰富、根长、色浅、吸收水分和养分的能力强。通气对植物吸收养分的影响依营养元素的种类而不同，对钾的吸收量增加作用最大，并依钙、镁、氮、磷次序而逐渐变小。氧气充足时，好气性微生物生长活动旺盛，有利于有机质的矿化，从而促进土壤速效养分含量的提高，满足作物对养分的需求。在通气不良的土壤中，氧气缺乏，根系吸收作用受到抑制，植物能量来源减少，根系短粗、色暗、根毛很少，吸收水分和养分的功能下降，特别是影响作物对钾、钙的吸收。例如，玉米在缺氧时，对各种养分的吸收能力，依钾、钙、镁、氮、磷的次序而减退，因而严重影响作物根系的发育。在氧气不足时，土壤中嫌气性微生物活动旺盛，好的方面是有利于有机质的腐殖质化，增加土壤腐殖质的含量，而不利的一面是产生大量的还原性气体和低价的铁、锰等还原性物质，从而使作物生长受到抑制或毒害。作物对氧气的最低需要量称为氧气的临界浓度。试验证明，土壤空气中氧气的浓度大于 10%时，大多数作物能正常生长；浓度低于 9%时，根系发育就要受到影响；如浓度降低到 5%以下，绝大多数作物的根系就停止发育。为了保持作物生长发育良好，氧气扩散率至少要保持在 3.0×10^{-7}g/（cm^2·min）以上。但是氧气过多，也会引起有机质的彻底分解，对腐殖质的贮存及结构的保持带来不良影响。

只有氧气和二氧化碳含量都达到一定比例，处于动态平衡时，才有利于作物的生长。一般认为，以土壤中二氧化碳含量不超过 5%、氧气含量不低于 16%为宜。

三、土壤通气性

土壤通气性泛指土壤空气与大气进行交换，以及土体内部允许气体扩散和通气的能力。土壤通气性的重要性，在于通过土壤与大气的气体交换，土壤空气中的氧气不断得到补充，二氧化碳得到排除，并使土体内各处的气体组成趋于均一，为土壤生物和根系生长创造良好的相对稳定的土壤环境。土壤具有适当的通气性，是保证土壤空气质量、提高土壤肥力不可缺少的条件。如果没有土壤通气性，土壤空气组成中的氧气会在很短的时间内被全部消耗掉，而二氧化碳含量却会迅速增多，因此维持土壤具有良好的通气性，是保证土壤空气质量和维持土壤肥力不可缺少的条件。

土壤是一个开放的耗散体系，时刻与外界进行着物质和能量的交换。土壤空气在土体内部不断运动，并与大气进行交换。交换的机制有两种，即气体的对流和扩散。许多研究表明，土壤空气更新最重要的途径是气体的扩散。

（一）气体对流

气体对流又称质流，指的是气体的整体流动，即土壤空气和大气之间的整体交流，它是由土壤空气和大气之间所存在的总压力梯度引起的。总压力梯度是由于温度和大气气压的变化、风的抽吸作用，以及降雨与灌溉水入渗、植物根系吸水等作用的影响而产生的。当土温高于大气温度时，土壤空气受热膨胀，排出到近地表大气中，而大气则下沉并透过土壤孔隙渗入土体中，形成冷热气体的对流。如果大气压上升，大气的密度增大，一部分大气进入土壤孔隙，大气压下降，土壤空气膨胀，使得一部分土壤空气排出。当土壤接受降雨或灌溉水时，土壤含水量增加，更多的孔隙被水充塞，而把部分土壤空气"挤出"土壤孔隙；相反，当土面蒸发和作物蒸腾导致土壤水分减少时，大气中的空气又会进入土体孔隙中。在水分缓慢渗入土体中时，土壤排出的空气数量较多，但是在暴雨或者大水漫灌时，会有部分气体来不及排出而被封闭在土壤孔隙中，阻碍土壤水分的运动，同时被封闭的空气也不能够进行对流。风的抽吸作用和气体流动也会推动表层土壤空气的整体流动，土壤耕翻或者疏松土壤，以及农机具或人为的压实作用，都会影响土壤空气的交换。所有这些因素都会导致土壤空气的压力发生短暂的变化，引起土壤空气与大气之间的压力差，使土壤空气与大气之间发生气体对流。气体对流不是土壤空气中个别成分的流动，而是土壤空气中的全部成分与大气中的全部成分的整体交换。

（二）气体扩散

气体扩散是指气体分子从分压高处（或浓度大处）向分压低处（或浓度小处）的运动。气体扩散是土壤通气的主要机制，其推动力是气体分子的分压梯度（或浓度梯度）。土壤空气由多种气体组成，各种气体的浓度与大气同类气体成分的浓度有差异。例如，土壤空气中的二氧化碳浓度比大气中二氧化碳的浓度高，而氧气的浓度比大气中氧气的浓度低。因此，土壤中二氧化碳不断向大气中扩散，氧气则不断由大气向土壤空气中扩散。土壤从大气中吸收氧气排出二氧化碳的气体扩散过程，通常称为土壤呼吸。通过土壤呼吸，土壤空气不断得到更新。

土壤中气体的扩散过程一部分发生在气相，另一部分发生在液相。在土壤中，土壤水分和土壤空气共同占据土壤孔隙，通过通气孔隙的扩散为气相扩散，通过土壤溶液的扩散为液相扩散。土壤溶液中有的气体不断被吸收，有的气体则进入土壤空气中。通过通气孔隙的扩散，可以保持土壤空气和大气之间的气体交换；通过不同厚度水膜的扩散，则能够供给活体组织需要的氧气。植物根系和微生物生活在土粒表面的水膜中，或较小的充水孔隙中，它们吸收的氧并不是直接来自土壤气相，而是来自水膜中扩散到根毛或微生物表面的氧气。

土壤的扩散系数（D）可以作为土壤通气性的指标，但是其测定较为困难，所以在实际工作中通常用以下指标。

（1）土壤呼吸强度　土壤呼吸强度是指单位时间内，单位面积土壤上扩散出来的二氧化碳数量，单位为 mg/（m^2·h）。土壤呼吸强度是反映土壤中生物活动的常用指标，其值越大，通气性越好，土壤生物活动越旺盛。影响土壤呼吸强度的因素包括土温、土壤含水量、大气中二氧化碳浓度和大气氮沉降、土地利用方式和地表覆盖改变、施肥、磁场、土壤生物、风速、土壤 pH 等。土壤碳循环是陆地生态系统碳循环的重要组成部分，土壤呼吸作用的强弱及其变化直接影响着大气中二氧化碳浓度的变化，控制土壤呼吸能有效缓和大气二氧化碳含量的升高和温室效应的增强。土壤呼吸作用的变异在大多数情况下是由土温和土壤含水量等多因子的协同作用引起的，因此需要研究各因素综合作用对土壤呼吸的影响机理和作用大小，并将其运用到二氧化碳排放量的实际控制上。

（2）土壤呼吸商　土壤呼吸商（RQ）是指在一定时间内，一定面积土壤上，二氧化碳产生的容积与氧气消耗的容积之比，又称作土壤呼吸系数。在正常情况下，土壤呼吸系数接近于 1。只有当土壤通气孔隙面积占总断面面积的百分数很低时，土壤呼吸系数才可能大于 1。RQ<1，土壤通气性好，反之则差。

（3）土壤氧扩散率　土壤氧扩散率（ODR）是指氧气在每分钟内扩散通过每平方厘米土层的克数或微克数。它的大小标志着土壤空气中氧气补给、更新的快慢。一般 ODR 随着土层深度的增加而递减。当土壤的 ODR 在 $30 \times 10^{-8} \sim 40 \times 10^{-8}$g/（$cm^2$·min）及以上时，植物生长正常；当土壤的 ODR 下降至 20×10^{-8}g/（cm^2·min）时，大部分植物根系就会停止生长。各种作物对 ODR 的要求不同，通常是甜菜≥豆科>禾本科。

（4）土壤通气量　土壤通气量（Q）是指在单位时间内、单位压力下，进入单位容积土体中的二氧化碳和氧气的总量，单位为 mL/（cm^3·s）。通气量表明土壤空气整体流动的状况，通气量大，通气状况良好。

（5）土壤氧化还原电位（soil oxidation-reduction potential，Eh）　土壤溶液中存在着大量的可以产生氧化和还原反应的物质。土壤通气良好时，溶液中氧的浓度较高，其中的铁、锰、氮、碳、硫等离子呈氧化态存在，反之呈还原态。当土壤溶液中的氧气多，变价化合物处于高价氧化态时，Eh 就大；反之氧气少，变价化合物处于低价还原态时，Eh 就小。反过来看，土壤 Eh 高，表明土壤空气中的氧气含量高，土壤通气良好；相反，Eh 低，表明土壤通气不良。土壤中的物质经常进行着氧化还原反应，在不同的通气条件下，氧化还原反应的强度不同，物质的相对浓度也不同。土壤溶液的 Eh 是衡量氧化还原反应平衡和土壤通气性好坏的良好指标。据测定，一般旱田土壤的 Eh 在 200～700mV 时，通气良好，养分供应正常，植物根系生长发育正常；Eh<200mV 时，通气不良，土壤进行强烈的还原作用。在淹水条件下，Eh 会迅速降低，直至负值。水稻适宜生长的 Eh 为 200～300mV，长期低于 200mV 时，水稻也容易发生黑根，甚至死亡。大多数作物正常生长发育所需要的 Eh 为 300～700mV。

（6）土壤通气孔隙度　由于土壤空气的扩散速度与土壤通气孔隙度呈线性相关，因此土壤通气孔隙度愈大，土壤通气性愈好，反之则通气性愈差。对一般作物来说，通气孔隙度＜10%为通气不良，10%～15%为通气中等，15%～20%为通气最好。

在结构良好的土壤中，气体扩散是在团聚体间的大孔隙中迅速进行的。降雨或灌水过后，大孔隙中的水能迅速排出，形成连续的充气孔隙网。而团聚体内的小孔隙则在较长时间保持或接近水饱和状态，限制其团聚体内部的通气性状。通过观察发现：植物根系大多数伸展在团粒间的大孔隙中而几乎不穿过团聚体本身，只有微生物可进入团聚体内，并消耗其中的氧气而影响整个土壤的通气。大而密实团块，即使其周围的大孔隙出现良好的通性状态，在团块中心则可能是缺氧的。所以，在通气良好的旱地，也会有厌气性的微环境。

四、土壤空气与植物生长及土壤肥力的关系

土壤空气状况是土壤肥力的重要因素之一。其不仅影响作物根系的发育和吸收能力，还影响土壤中的化学和生物化学过程、养分的形态及供肥能力，表现在以下几方面。

（一）影响种子萌发

种子的萌发需要吸收一定的水分和氧气，缺氧气会影响种子内物质的转化和代谢活动。种子正常发育需要氧气的含量在10%以上，如果小于5%，种子萌发将受到抑制。同时有机质嫌气分解所产生的醛类和有机酸等物质，能抑制多种植物种子的发芽。

（二）影响根系的生长发育和吸收功能

植物根系想要正常生长发育，必须有一定的供氧量。土壤空气中氧气含量（浓度）必须高于某一值（临界值），低于这个浓度就会影响作物的正常生长。大多数植物在通气良好的土壤中，根系长，颜色浅，根毛多；缺氧气土壤中的根系则短而粗，颜色暗，根毛大量减少。植物根系的生长发育状况，自然要影响根系对养分和水分的吸收功能。根系呼吸作用产生的能量，是植物吸收土壤水分和养分的能源。土壤通气良好时，氧气的供应充足，根系进行有氧呼吸，释放的能量就多，有利于根系对养分的吸收；反之，通气不良，则氧气缺乏，根系厌氧呼吸释放的能量就少，养分吸收量则相应降低，尤其对 K 和 N 的吸收影响较大。据报道，土壤空气中的氧气浓度低于 9%时，根系发育就要受到抑制；如降到 5%以下，绝大部分植物的根系就停止发育。并且当通气不良时，根系呼吸作用减弱，吸收养分和水分的功能降低，特别是对 K 的吸收功能影响最大，依次为 Ca、Mg、N、P 等。所以，通气良好的土壤可提高肥效，特别是钾肥的肥效。根系吸收水分虽然不同于吸收养分需要较大量的能量，但土壤通气状况对根系吸水也有很大的影响。通气不良，二氧化碳和其他还原性物质过多，往往会降低根系吸水能力，也将使植物的蒸腾作用下降。

（三）影响生物活性和养分状况

土壤空气的数量和氧气的含量对微生物活动有显著的影响。土壤通气良好，氧气供应充足，好气性微生物活动旺盛，土壤有机质分解迅速而彻底，氨化过程加快，也有利于硝化过程的进行，故土壤中有效态氮丰富；缺氧气时，有机质分解慢且不彻底，有

利于反硝化作用的进行，造成氮素的损失或导致亚硝态氮的累积而毒害根系。在嫌气条件下，只有固氮能力很弱的嫌气性固氮菌能够活动，而固氮能力很强的根瘤菌和好气性自生固氮菌的活动则受到抑制。土壤空气中二氧化碳的增多，使土壤溶液中碳酸和重碳酸离子浓度增加，这虽有利于土壤矿物质中的 Ca、Mg、P、K 等养分的释放溶解，但过多的二氧化碳往往会使氧气的供应不足，从而影响根系对这些养分的吸收。

（四）影响植物生长的土壤环境状况

影响植物生长的土壤环境状况主要包括土壤的氧化还原状况和土壤中有毒物质的含量状况。土壤通气性对其氧化还原状况的影响较大。土壤通气良好时，土壤处于氧化状态。若通气不良，土壤还原性加强，有机质分解不彻底，可能产生过多的还原性气体，如硫化氢、甲烷等。当土壤溶液中硫化氢含量达到 0.07mg/kg 时，水稻表现枯黄，稻根发黑。另外，土壤的氧化还原状况直接影响土壤有机质分解的程度和速度，影响土壤中变价元素的存在状态，如亚铁离子、锰离子等还原性物质增加，也会对作物产生毒害；同时，氧气的缺乏还会使土壤酸度增大，适于致病霉菌发育，并使植物生长不良，抗病力下降而易感染病害。

第二节　土壤热量状况

土壤中一切生命活动和生物化学过程都需要在一定的温度下进行，土温是土壤热量状况的具体指标，是由土壤热量的收支和土壤本身热性质决定的。土壤热量状况不仅影响植物的生长发育、土壤微生物的活性，而且影响土壤有机质的分解、矿物的风化、养分形态的转化、土壤水分和空气状况及其运动变化，以及土壤的形成过程和土壤性状。所以，土壤热量是土壤肥力的重要因素之一，了解土壤热量的收支状况、热性质和土温变化规律，对调节土壤温度、提高土壤肥力、促进作物的生长发育具有非常重要的意义。

一、土壤热量的来源和热性质

（一）土壤热量的来源

土壤热量主要来源于太阳的辐射能。此外，地球内部向外散热，土壤中生物过程释放的生物热、化学过程产生的化学热等，在某些特定条件下都是不可忽视的土壤热量来源。

（1）太阳辐射能　　土壤热量最基本的来源是太阳辐射能，它是土壤热量的主要来源。太阳辐射能并不能完全投射到地面，当通过地球大气层时，其热量一部分被大气吸收和散射及被云层散射。就是投射到地面的太阳辐射能也不能完全被地面所吸收，一部分会由地面反射到大气中去。太阳辐射能用太阳辐射强度表示，即用垂直于太阳光下的 $1cm^2$ 的黑体表面在 1min 内所吸收热量的焦耳数来表示，平均为 8.148J/（$cm^2 \cdot min$），此值也称为太阳常数，其中 99% 的太阳能包含在 0.3～4.0μm 的波长内，这一范围的波长通常称为短波辐射。农业就是在充分供应水肥的条件下植物对太阳能的利用。当太阳辐射能通过大气层时，由于大气层的吸收、散射、云层和地面的反射，以及距太阳远近和照射角等因素的影响，实际到达地面的辐射量仅为上述数值的 43%左右。太阳辐射的强度依气候带、季节和昼夜而不同。我国长江以南地处热带与亚热带气候下，太阳辐射强度大于温带的华北地区，更大于寒温带的东北地区。表 5-2 列出了不同地面状况的反射率与吸收率。

表 5-2　不同地面状况的反射率与吸收率（引自朱祖祥，1983）

地面状况	反射率	吸收率	地面状况	反射率	吸收率
干燥黑土	0.14	0.86	干草覆盖地面	0.32	0.68
湿润黑土	0.08	0.92	新雪	0.81	0.19
干灰砂土	0.18	0.82	陈雪	0.095	0.305
湿灰砂土	0.09	0.91	玉米地（纽约）	0.24	0.76
绿色覆盖地面	0.26	0.74	马铃薯地（苏联）	0.15~0.25	0.85~0.75

（2）生物热　　微生物分解有机质的过程是放热的过程。这些热量一部分被微生物自身利用，而大部分可用来提高土温。进入土壤的植物组织，每千克植物含有16.745~20.932kJ 的热量。

据估算，含有机质 4%的土壤，每英亩[①]耕层有机质的潜能为 $6.28 \times 10^9 \sim 6.99 \times 10^9$kJ，相当于 215~240t 无烟煤的热量。不施肥的低产土壤，每英亩每年损失4 186 800kJ 热量，施用厩肥的较高产土壤大约损失 6.28×10^7kJ 热量。在保护地蔬菜的栽培或早春育秧时，施用有机肥，并添加热性物质，如半腐熟的马粪等，就是利用有机质分解释放出的热量以提高土温，促进植物生长或幼苗早发快长。

（3）地球内热　　地球内部也向地表传热，但地壳导热能力很差，每年每平方厘米获得的热量总共也不过 5kcal[②]，不足太阳辐射能的十万分之一。地球内部温度约为4000℃，其热量不断向地表传导。但因地壳导热能力很差，全年每平方厘米地面从地球内部获得的热量总共不超过 226J，比太阳常数小 10 余万倍。从地层的 20m 深处向下，每深入 20~40m，温度才增加 1℃，对土温的影响很小。地热是一种重要的地下资源，除在一些异常地区，如火山口附近、有温泉之地可对土温产生局部影响外，一般对土温的作用不大。

（二）土壤表面辐射平衡的影响因素

太阳的辐射主要是短波辐射，太阳辐射透过大气层时，有相当大一部分被大气中的水汽、云雾、二氧化碳、氧气、臭氧和尘埃等吸收、散射和反射，直接到达土壤表面的只有一小部分。直接到达地表的太阳能称为太阳直接辐射。被大气散射和云层反射的

---

①　1 英亩＝0.404 856hm²

②　1cal＝4.1868J

太阳辐射能，通过多次的散射和反射，又将其中的一部分辐射到地球上，这部分辐射能是太阳的间接辐射，一般称为天空辐射能，也称大气辐射。影响土壤表面辐射平衡的因素主要有太阳的总辐射强度、地面的反射率和地面的有效辐射。

1．太阳的总辐射强度 太阳的总辐射强度主要取决于气候（天气）情况，晴天的辐射强度要明显比阴天大。在天气相同的条件下，地面所接受的太阳辐射能量的多少，主要取决于太阳光在地面的投射角，即日照角。日照角越大，则单位面积上接受的热量越多，辐射强度越高，垂直于地面太阳光的辐射强度比任何角度地面的辐射强度都要大，所以一天之内，中午的辐射强度最高。影响日照角的因素有地表的坡向和坡度及地面的起伏情况等。

在一定纬度和高度下，由于地表的坡度和坡向不同，来自太阳的入射角也不同，因而使不同坡度上的辐射强度不同。在低纬度的热带地区，由于太阳光垂直照射地表，坡度和坡向对辐射的影响不大。在北半球南坡上，太阳的入射角比平地大，土温一般比平地高。在中纬度地区，南坡坡地每增加一度，约相当于纬度南移 100km 所产生的影响。同样，在中纬度地区，南坡比北坡接受的辐射能多，土温也比北坡高。坡度越陡，坡向的温差越大。坡向的这种差异具有巨大的生态意义和农业意义。

2．地面的反射率 地面对太阳辐射的反射率与太阳的入射角、日照高度、地面的状况有关。太阳的入射角越大，反射率越小，反之越大。土壤的颜色、粗糙程度、含水状况、植被及其他覆盖物等都会影响反射率。

3．地面的有效辐射 地面有效辐射的影响因子有以下几种。

（1）云雾、水汽和风 它们能强烈吸收和反射地面发出的长波辐射，使大气逆辐射增大，因而使地面有效辐射减少。

（2）海拔 空气密度、水汽、尘埃随海拔的增加而减少，大气逆辐射相应减少，有效辐射增大。

（3）地表特征 起伏、粗糙的地表比平滑表面辐射面大，有效辐射也大。

（4）地面覆盖 导热性差的物体如秸秆、草皮、残枝落叶等覆盖地面时，可减少地面的有效辐射。

（三）土壤的热性质

土温变化幅度的大小、变化速率的高低，以及影响土层的深度范围等，一方面受热源的制约，即外界环境条件的影响；另一方面则主要取决于土壤本身的热性质。土壤主要的热性质有土壤的热容量、导热性和导温性等。

（1）土壤的热容量 土壤受热而升温或失热而冷却的难易程度常用热容量表示。热容量是指单位重量（质量）或单位容积的土壤，当温度增加或减少 1℃时所需要吸收或放出的热量。土壤的热容量有以下两种表示方法。

单位重量（质量）的土壤每增减 1℃所需要吸收或放出的热量，称为重量（质量）热容量，也叫土壤比热，用 C 表示，单位是 J/（g·℃）。单位容积的土壤每增减 1℃所需要吸收或放出的热量，称为容积热容量，用 C_v 表示，单位是 J/（cm^3·℃）。重量热容量可以实际测定。而容积热容量不好实际测定，只能通过重量热容量来换算得到。C_v 与

C 的关系是

$$C_v = C \cdot \rho_s \tag{5-1}$$

式中，ρ_s 为土壤相对密度。

热容量是影响土温的重要的热特性。如果土壤的热容量小，即升高温度所需要的热量少，土温就容易升降；反之热容量愈大，土温升高或降低愈慢。

土壤是由固、液、气三相物质组成的，所以土壤热容量的大小取决于其固、液、气三相物质的组成比例。土壤中固、液、气三相组成的热容量有很大差异，不同固相物质的热容量也不相同。其中土壤固相的变化不大，所以由它而引起的土壤热容量变化也较小。土壤空气的热容量很小，其 C_v 值仅为 0.0013J/（$cm^3 \cdot ℃$），而土壤水分的容积热容量最大，为 4.184J/（$cm^3 \cdot ℃$），比空气的容积热容量大 3000 多倍，土壤不同组分的热容量见表 5-3。由此可见，土壤热容量的大小主要取决于土壤空气与水分的相对含量。在土壤组成中，固体部分的矿物质和腐殖质可以认为是相对较稳定的组分，短期内难以发生重大变化，因而它对土壤热容量的影响也是相对稳定的。只有孔隙内的水与空气经常互为消长而变化，特别是水分在短时间内会发生较大变化，因此土壤含水量对土壤热容量的大小起着决定性的作用。至于土壤空气，由于热容量很小，虽然也是易变因素，但影响甚微。所以土壤湿度愈大，土壤热容量就愈大，增温慢，降温也慢；反之土壤愈干燥，则土壤热容量也愈小，增温快，降温也快。在同一地区，砂土的含水量比黏土低，热容量比黏土小，因此砂土在早春白天升温较快，称为"热性土"。而黏土则相反，称为"冷性土"。

表 5-3　土壤不同组分的热容量（引自黄昌勇，2000）

土壤组成物质	重量热容量/[J/（g·℃）]	容积热容量/[J/（cm^3·℃）]
粗石英砂	0.745	2.163
高岭石	0.975	2.410
石灰	0.895	2.435
Fe_2O_3	0.682	—
Al_2O_3	0.908	—
腐殖质	1.996	2.515
土壤空气	1.004	1.255×10^{-3}
土壤水分	4.184	4.184

由此可见，土壤含水量对土壤的影响最大，调节土壤含水量对土温的调控作用很大。温度过高可灌水降温；湿土温度低，可经排水来提高地温。而在夏季则可通过灌水保持地温稳定。

（2）土壤的导热性　　土壤吸收一定热量后，一部分用于增温，另一部分则传送给邻近的土层。这种从温度较高的土层向温度较低的土层传导热量的性能称为土壤的导热性，通常用导热率来表示。导热率是指单位厚度（1cm）的土层内、温度相差 1℃时，每秒通过面积为 $1cm^2$ 断面的热量，一般用 λ 表示，单位是 J/（cm·s·℃）。土壤导热性的大小与土壤吸收及散失热量的速度和数量、土壤中热量的分布，以及调节土温的关系都很大。导热性强的土壤，剖面热量分布比较均匀，贮存热量也多，但热量散失也快。从物理学可知，物质导热率的大小主要取决于物质本身性质和物态（固、液、气）、土壤导热率的大小，同样也取决于土壤固、液、气三相组成及其比例，土壤不同组分的导热率见表 5-4。土壤三相物质的导热率相差很大，一般空气的导热率最小，为 0.000 21～0.000 25J/（cm·s·℃）；水的导热率为 0.0054～0.0059J/（cm·s·℃）；土壤矿物质的导热率最大，为 0.017～0.025J/（cm·s·℃），约比空气大 100 倍。虽然矿物质的导热率最大，但它是相对稳定而不易变化的。水和空气虽然导热率小于矿物质，但土壤中的水、气总是处于变动状态。因此，土壤导热率的大小主要受土壤含水量及松紧程度的影响。土壤导热率随含水量的增加而增加，因为不仅在数量上水分增加易于传热，而且水分增加后使土粒间彼此相连，增加了传热途径（空气孔隙可看作不传热途径）。水的导热率比空气大 25 倍，所以湿土比干土导热快。当土壤含水量较低时，导热率与土壤容重成正比。因为容重小时，土壤疏松、孔隙度高，空气含量多，所以土壤的导热率小，反之则高。土壤含水量对土壤导热率增大的影响比容重增加的影响要显著得多。

表 5-4　土壤不同组分的导热率 ［J/（cm·s·℃）］（引自黄昌勇，2000）

土壤组分	导热率	土壤组分	导热率
石英	2.092×10^{-2}	腐殖质	2.092×10^{-2}
湿砂砾	2.092×10^{-2}	土壤水分	2.092×10^{-3}
干砂砾	2.092×10^{-3}	土壤空气	2.092×10^{-4}
泥浆	2.092×10^{-4}		

影响土壤导热性的因素还有土壤的松紧度和土壤的孔隙状况，因为它们也影响土壤中水分和空气的存在状况。土壤愈坚实，孔隙度愈小，则土壤的导热率愈大。例如，假设砂质土在疏松状态时的导热率为 100，则在紧密状态时为 153，坚实状态时可达 245。

正因为增加土壤湿度能提高土壤的导热性，所以在自然条件下，白天干燥的表土层温度比湿润表土层的温度高。湿润的表土层因导热性强，白天吸收的热量易于传导到下层，使表层温度不易升高，夜晚下层温度又向上层传递以补充上层热量的散失，使表层温度下降也不致过低，因而湿润土壤昼夜温差较小。冬季麦田干旱时灌水防冻，早春灌水防霜冻都是根据这个道理。

（3）土壤的导温性　　它是指土壤吸收或散失一定热量后，土温变化的性能，常用导温率来表示。导温率是指单位面积上，单位距离的土壤，温度相差 1℃时，每秒内传导的热量所发生的土温变化值。土壤导温率（k）与土壤导热率（λ）成正比，与土壤容积热容量（C_v）成反比，即

$$k = \frac{\lambda}{C_v} \tag{5-2}$$

土壤导温率反映了土壤传递热量导致的土温变化能力的大小，它直接影响着土温的垂直分布。干燥的土壤导温率小，表层温度容易升降，温度变化明显。潮湿的土壤导温率大，表层温度变化小，比较平稳，因此在气温较低的早春季节，潮湿的土壤增温迟

缓，需要采取排水、松土等措施，以降低土壤含水量，有利于土温的提高。

二、土温状况

土温是土壤热量状况的衡量指标，是土壤热量平衡和土壤热性质共同作用的结果。土温状况是指在一定时间内上下土层之间的温度变化状况。它是土壤热量平衡和土壤热性质共同作用的结果。由于太阳辐射是土壤热量的主要来源，因此随着到达地表的太阳辐射能变化，土温必然随着气温的日变化和年变化而发生相应的变化。土壤热量收支状况因不同的生物气候带、不同的季节、不同的地点而不同。不同的土壤，其地面状况、土壤组成和热性质不同，土壤的温度状况也不一样；农田土壤热量状况还受作物的种类、生育时期和栽培措施等因素的影响。因此，土温状况的分析必须在了解生物气候带和区域规律的基础上，结合具体的土壤性质和农业利用状况等进行。土壤热量主要来自太阳辐射能，辐射强度随昼夜和季节而变化，土温也就相应地发生变化。土温的变化规律如下。

（1）土温的日变化　土表日间增热和夜间冷却所引起的土温昼夜变化，称为土温的日变化。因为土壤热量主要来自太阳辐射，从表层土温来看，早晨自日出开始，土温逐渐升高，14 时左右达到最高，以后又逐渐下降，最低温度在 5～6 时。每日最高土温和最低土温之差称为土温日变幅。土壤表层温度变幅最大，而底层变化小以至趋于稳定。白天表层土温高于底层，夜间底层土温高于表层。土温日变幅的大小，主要取决于辐射平衡的日变化和土壤的热学性质，并受地面和大气之间热量交换的影响。因此，云量、风、降水等天气状况对土温日变幅的影响很大。此外，植被、土壤质地、有机质含量、土壤颜色和土壤含水量对土温日变幅的影响也较大。这些性状影响着土壤的热性质，从而影响着土温日变幅及变温深度。土温日变幅的大小会影响作物根系的生长、呼吸和有机质的转化、积累及对养料的吸收作用等。在农业生产实践中，常常通过表土覆盖、灌溉、耕作等措施来改变土壤的表面状态和三相比，以调节土温日变幅，使土壤更有利于作物生长发育。土温的日上升或下降变化见图 5-1。

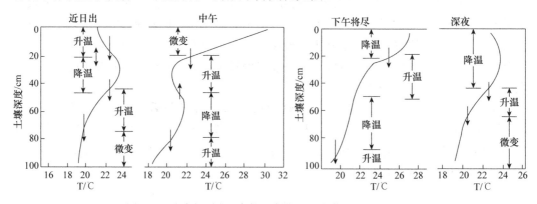

图 5-1　夏季土温随深度的日变化（引自黄昌勇，2000）

（2）土温的年变化　土温随一年四季发生的周期变化称为土温的年变化，常用各土层温度的月（或旬）平均值绘成等温线来表示，也可用月平均温度的分布曲线来表示，如图 5-2 所示。土温和四季气温变化类似，通常全年表土最低温度出现在 1～2 月，最高温度出现在 6~7 月，随土层深度的增加而减小。周年中土表温度变化最大，土层愈深变化愈小，并且出现最高和最低温度的时间也愈晚，温度升降的幅度也愈小。土温的年变化对安排作物播种、生长和收获时期极为重要。由于太阳辐射强度和日照时间长短不同，土温的变化随纬度的升高而增大。在年变化上，土壤表层的最高温度，在吉林省出现在 7 月，此后逐渐降低，至 1 月达到最低限。一年中从春季土温开始回升，7 月以后又开始回降。从土壤垂直剖面上的土温变化看，在夏季，土壤表层温度最高，往下则逐层降低，最后达到稳定；在冬季，则表层温度最低，往下又逐层升高，最后也趋于稳定。土温的日变化，最低温度出现于每天的早晨，最高温度在午后 13~14 时；从垂直剖面看，则土壤表层温度变动得最剧烈，土壤往深处，则逐渐缓和而趋于稳定。此外，地面状况（如植被覆盖、耕作、积雪等）、土壤质地等也影响土温的年变幅。土温的年变化在农业生产中有很重要的意义。例如，作物的播种、发芽、出苗、生长及收获期的合理安排，科学的田间管理等，均需考虑土温年变化的情况。

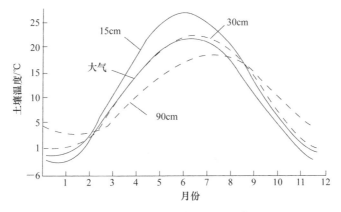

图 5-2　大气和土壤月平均温度变化（引自黄昌勇，2000）

三、地形地貌和土壤性质对土温的影响

（一）海拔对土温的影响

在高纬度地区，太阳斜射，单位面积上所受到的太阳辐射能少，土温低。在低纬度地区，太阳常年直射，到达地面的辐射能多，土温则较高。在地形高的地方，如在高山，主要是通过辐射平衡来体现，海拔增高，大气层的密度逐渐稀薄，透明度不断增加，散热快，土壤从太阳辐射吸收的热量增多，所以高山上的土温比气温高。由于高山气温低，当地面裸露时，地面辐射增强，因此在山区随着高度的增加，土温还是比平地的土温低。

（二）坡向与坡度对土温的影响

这种影响极为显著，主要是由于：①坡地接受的太阳辐射因坡向和坡度而不同；②不同的坡向和坡度上，土壤蒸发强度不一样，土壤水和植物覆盖度有差异，土温高低及变幅也就迥然不同。大体上北半球的南坡为阳坡，太阳光的入射角大，接受的太阳辐射和热量较多，蒸发也较强，土壤较干燥，致使南坡土壤的温度比平地要高。北坡是阴坡，情况与南坡刚好相反，所以土温较平地低。在农业上选择适当的坡地进行农作物、果树和林木的种植与育苗极为重要。南坡的土温和水分状况可以促进早发、早熟。

（三）土壤的组成和性质对土温的影响

这主要是由于土壤的结构、质地、松紧度、孔性、含水量等影响了土壤的热容量和导热率，以及土壤水蒸发所消耗的热量。土壤颜色深的，吸收的辐射热量多，红色、黄色的次之，浅色的土壤吸收的辐射热量小而反射率较高。在极端情况下，土壤颜色的差异可以使不同土壤在同一时间的土表温度相差 2～4℃，园艺栽培中或农作物的苗床中，有的在表面覆盖一层炉渣、草木灰或土杂肥等深色物质以提高土温。

四、土温对作物生长的影响

土温对作物生长发育的影响是多方面的。种子萌发、作物生长、开花结实、养分的释放和吸收等，都要求有一定的温度范围。土温超过了作物生长所能忍耐的最高或最低限度时，作物生长就会受到阻碍。

种子发芽出苗要求适宜的土温条件。不同作物的种子开始萌发时的平均土温是：小麦、大麦和燕麦为 1～2℃，棉花、水稻和高粱为 12～14℃。种子萌发的速度随平均土温的提高而加快。例如，麦类在土温 1～2℃时，萌发期是 15～20 天，在 5～6℃时萌发需要 6～7 天，在 9～10℃时萌发只需要 4～5 天。在温度较低时，发芽较为整齐，幼苗也比较健壮。高粱、水稻和棉花播种后，如遇阴冷降温过程，容易引起烂种、烂秧现象。因此，要注意作物播种期的选择和播种后天气的变化。

土温与作物根系生长的关系很密切。一般根系在 2～4℃时开始微弱生长，10℃以上根生长比较活跃，土温超过 30℃甚至 35℃时根系生长便受到阻碍。冬麦和春麦根系生长最适土温为 12～16℃。棉花根系生长最适土温在 24℃以上。玉米根系生长最适土温为 24℃左右。豆科作物根系生长在 22～26℃最好。甘薯根系生长在 18～19℃时比生长在 10℃和 26℃时为好。成年苹果树根系在平均土温 2℃时即可略有生长，在 7℃时生长活跃，至 21℃时生长最快，冬季根系可以在深层生长。禾谷类作物如小麦、玉米和水稻等在低温时播种先生根，在温度较高时播种先出芽。

夏季土温过高，常使根系组织加速成熟，甚至发生"烧根"现象或幼茎"烧伤"现象。冬季土温过低易产生冻害，并影响作物根系对水肥的吸收。

适宜的土温能够促进作物的营养生长和生殖生长。例如，早春蔬菜播种在热性的砂质土上，加风障保湿，极有利于蔬菜生长，能提早上市。春麦苗期地上部分生长最好的土温为 20～24℃，后期以 12～16℃为好，8℃以下或 32℃以上则很少抽穗。冬麦生长最适宜的土温较春麦低 4℃左右，24℃以上虽能抽穗，但不能成熟。各种作物营养生长最旺盛时期所要求的土温：小麦为 16～20℃，冬小麦为 12～16℃，玉米为 24～28℃，棉花为 25～35℃。棉花、水稻均因土温低而延迟生殖生长的现象。

大多数土壤微生物在 15～40℃时最活跃。土温过高或过低，其活动均受到抑制，并且影响土壤中有机质的矿化和腐殖化过程。硝化细菌和氨化细菌在土温 28～30℃时最活跃。土温过低会导致土壤氮素缺乏而影响作物生长。旱作物遇到低温时，对钾的吸收量显著减少，施用钾肥对旱作物克服冻害有良好作用。水稻遇低温时，对磷的吸收量下降，因此应注意在冷性土中施用磷肥。

此外，土壤的化学物理变化过程受土温的影响也很大。在一定范围内，土温高，理化反应加快，有效养分释放快，土壤水分和土壤空气的运动加速；反之土温低，养分释放慢，水分运动减缓甚至冻结。因此，土温的变化不仅直接影响作物生长，还深刻地影响土壤中物质的转化和肥力的变化。

五、土温的调节措施

根据农业生产的需要，通常采取以下农业技术措施调节土温。

（1）根据土性合理选择种植作物　冷性土宜种大豆、甜菜、马铃薯、葱、蒜等作物。热性土宜种棉花、玉米、谷子、高粱、小麦等作物。冷性土春播宜晚，秋播宜早。热性土春播宜早，秋播宜迟。

（2）中耕与镇压　中耕可以疏松表土，减小热容量和导热率，涝洼地墒足，但土温低，冬春季节晒垡或播种前串地以散墒提高地温，农谚讲"锄头底下有火"就是这个道理。或排水，或进行早秋耕、早春耕以提高地温。早春耧麦使土壤疏松，增加大孔隙含量，能提高土温 2℃左右；苗期中耕，可减少导热率和热容量，使土表升温，有利于发苗发根；越冬作物冬前培土，可以起到防风、防冻、保温作用。镇压可压实表土，提高热量向上、向下的传导能力，起到稳定土温的作用。

（3）灌溉排水　夏季气温和土温较高时，灌大水可以增加土壤热容量，也可加速地面蒸发，降低土温，防止高温灼伤作物。冬季冻前灌水，可以保持土温，减轻冻害。低洼地排出积水，减少地面蒸发，降低热容量和导热性，可以提高土温。早春育秧时灌水，可以保温防寒；旱地冬前浇冻水，可起到保苗、杀虫、防旱的效果；在水稻整个生育阶段，都是用水层厚度来调节土温的。

（4）施用有机肥料　施用有机肥料如深色的马粪、羊粪、烟灰、草木灰等热性肥料有助于增强土壤的吸热率，提高土温。多施有机肥，可以使土壤颜色加深，增强土壤的吸热能力。有机质的分解可以释放出热量，所以冬春季节，在菜地、苗床施用马粪、羊粪等有机肥，可以提高土温。

（5）广泛采用多种措施来调控土温　垄作可以增加太阳辐射的吸收量，增加土温。冬春使用风障，可以减少土壤与空气的热交换量，对防止土温下降有一定作用。例如，塑料地膜、温室栽培、阳畦、遮荫、风障、镇压等有利于提早播种，提高土温，充分利用日光能，增加蔬菜产量，提高经济效益。

（6）喷洒土面保墒增温剂（土面增温剂）　目前土面增温剂有有机合成酸渣剂、天然酸喷制剂、棉籽油脚制剂、沥青制剂等品种。其有调节土壤水分、提高土温和重新分配热量的作用。在苗圃育苗中使用，能起到出苗早、苗壮、苗齐的作用。

（7）覆盖　利用秸秆、杂草、地膜或增温剂等覆盖地面，可以减少土面蒸发和散热，达到增温的效果。

学习重点与难点

掌握土壤空气、能量的流动规律。

复习思考题

1. 简述土壤空气与作物生长的关系。

2. 试述土壤空气组成及其与农艺学之间的关系。

3. 简述土壤导热率、土壤导温率、土壤热容量及其表示方法。

4. 土温对植物生长有哪些影响？应该采取哪些土壤调节措施？

第六章 土壤的物理机械性质

土壤耕性是在耕作时土壤对农机具的阻力不同而引起的。耕地时，犁所受到的阻力称为犁的牵引阻力。土壤受外力作用后产生反作用力并发生变形。土壤对外力的反作用力和变形的特性既与土壤黏结性、黏着性等受物理力作用的性质有关，也受到机械力作用于土壤后所表现出来的摩擦性质、抗剪强度和压缩特性的影响。这些影响土壤力学反应的土壤性质，称为土壤的物理机械性质，或称为土壤的力学性质。土壤耕作中的诸多问题，诸如耕作难易、耕作质量、"土壤压板"等都与土壤力学性质（又称机械物理性质）密切相关。为了提高耕作质量而又节约动力，必须研究土壤的物理机械性质。土壤的物理机械性质也是研究机具-土壤力学的基础。土壤力学性质包括土壤的结持特性（黏结性、黏着性、塑性等）、摩擦性质、抗剪强度、压板和阻力（穿透阻力和牵引阻力）等。

第一节 土壤的结持特性

在土-水体系中，当土壤浓度大至质体不再流动时，黏结力和黏附力开始起作用。这时的土壤即具有一定的"结持度"。质地比较黏重和中等的土壤，当含水量由少到多时，依次表现为坚硬、疏松、黏着、可塑和流动等状态，称为土壤的结持状态。这是土壤黏结力和黏着力作用的结果（砂性土壤没有坚硬和可塑状态）。土壤的结持特性是指在不同含水量条件下，土壤抵抗破碎、变形及黏着在其他物体的性质。它们包括：①对重力、压力、推力和拉力的反作用力；②土壤黏附于其他的物体或物质的状态；③人手能觉察到的黏附。这一定义表明，土壤的结持度包括土壤的抗压缩、剪切、疏松性、可塑性、黏着性等性质。所有这些特性均随土体内部黏结力和黏附力的不同而有不同的表现（表6-1）。

表 6-1 土壤的结持状态（引自杨生华，1986）

水分	干土	湿润土	湿土	饱和状态土
土壤水吸力/（×10⁵Pa）	31~10 000	0.6~31	<0.6	0
结持状态	坚硬	疏松	黏着、可塑	流动
作用力	黏结力	很弱的黏结力	黏结力、黏着力	—
耕作性质	阻力大，形成土块，破坏结构	阻力小，形成团聚体，最适耕种	阻力从大到小，黏闭、下陷、打滑	—

一、土壤结持类型

大多数土壤会有 4 种主要结持类型（不包括黏滞态）。

（1）黏着结持　　由黏着或黏附于物体的特性表现出。

（2）塑性结持　　由韧性及可捏成形的特性表现出。

（3）柔软结持　　以疏松性为其特征。

（4）刚性结持　　具有硬度的显著特征。

含水量低时，土壤坚硬，很黏结，因为干的颗粒间有胶结力。土壤在这种情况下耕作，将产生土块。但在含水量增加时，水分子吸附于颗粒表面，土体黏结性减弱，具有疏松特性，这一松散结持度范围代表最适宜耕作的含水量范围。当土壤含水量进一步增加，颗粒外围水膜的黏结作用使土壤黏在一起，变成可塑状态。土壤处于这种含水量时，容易黏闭。某些土壤在塑性范围内，表现出黏着性；另一些土壤则要等到接近黏滞结持时，才表现出黏着性。

（一）湿润土壤的结持度

（1）疏松性　　疏松性使土壤容易产生团聚作用。土壤呈疏松性时的含水量正是适宜耕作的含水量。土壤松软时，通常耕性良好。各个团粒是柔软的，黏结力最小。颗粒之间有足够的水分来减少在刚性结持时占优势的胶结力，但水分尚未达到在颗粒接触处形成明显的水膜，以致还不会产生在塑性范围中才有的黏结。由于各个颗粒及所出现的交换性阳离子之间水分子的定向排列，土壤团粒（至少是部分团粒）可能聚在一起。这一连接体系由"颗粒-定向排列的水分子-交换性阳离子-定向排列的水分子-颗粒"组成（Russell，1934）。正如以后将讨论到的，疏松性含水量阶段的胶体颗粒，无疑是随机排列的，这种排列在较低含水量时，将促进土壤疏松。

（2）可塑性　　随含水量进一步增加，土壤（砂土之类的非塑性土除外）会变得比较可塑。这时土壤有韧性，并表现出显著的黏结性，它们像油灰一样可捏成形。可塑性是指"能使黏土在遇到变形力时不开裂只变形的特性"（Mellor，1922），或认为是物质遇到超过塑变值之力时不断裂只变形的特性。

还有其他类似的塑性定义。但所有这些定义都表明：可塑性是黏土吸收水分形成一个在施力超过某一塑变值时，可变成任何所要求的形状，以及当促使变形的压力移去后仍能维持这一形状的性质。不仅如此，在失水后，形状仍维持不变。砂土湿时可握成形，但干时所捏之形又会散开，因此无塑性。

可塑性是应力与变形的联合作用。某一已知体系的变形程度，取决于颗粒在不失去其黏结作用时所能移动的距离。为产生特定变形所需的压力，是使颗粒聚在一起的黏结力大小的指标。这类黏结力随颗粒间水膜厚度而异。由于所能产生的变形的量随颗粒大小和形状而异，显然所出现的颗粒表面的量，决定了构成黏结的水膜的量。因此可以说，塑性是表示土壤内部水膜力的大小，以及这些力在决定土体可持久变形而不断裂的程度方面所起作用的一种性质。

（二）疏松土壤的结持度

（1）收缩　Atterberg（1911）对土壤结持的最初分类包括半固态。土壤不再收缩的含水量称为收缩限，它代表半固态结持的含水量下限，约相当于软-疏松性结持。产生收缩的力来自土-水体系表面的气-水界面上所形成的张力。土壤表面蒸发从土壤内部抽去水分，从而使土粒彼此靠得更紧。收缩的发生与被抽出的水分体积成正比。最后，达到颗粒间相互作用的程度。压缩作用及颗粒的进一步定向排列，引起进一步收缩。这种定向排列是空气代替失水增量时，穿入土体较小孔隙的气-水界面上所增长的表面张力造成的。

土壤的收缩特性在制陶业，以及与房屋、堤坝和公路修筑有关的工程实施中是很重要的。胀缩交替在黏质土壤的团聚中起重要作用。

（2）破裂系数　在田间一般压实情况下的干透的土，可表现出明显的硬度或黏结性。黏结的程度很自然地随土壤结构而异，因孔隙度决定单位体积中颗粒的数量，而后者又与表面接触量有关。干土黏结力的测定，通常以土坯的破碎强度（或称破裂系数）为准。测定破裂系数有好几种方法，土壤工程师所采用的方法是把土弄湿，捏成长方形土坯，干后支起两头，土坯像一条横梁，在梁中心施压，使之断裂。这一方法被土壤物理学家按照土壳形成的样式做了修改。将风干土放在长方形模子中，浸水 1h，再在 50℃情况下烘干，最后的土梁通过对其中心施压而断裂。

因此，干土的黏结作用取决于单位土体中接触面数量及固体颗粒间吸引力的大小；加少量的水，在各个颗粒表面形成一薄层水分子，可使黏结作用变弱，使土体变得疏松。

二、土壤的黏结性

土壤抵抗机械破碎的性质称为土壤的黏结性。黏结性的大小以压碎或拉断单位断面土柱所需的力表示（N/cm^2）。黏结性原来是指同种物质或同种分子相互黏结的性质，由于自然条件下没有绝对干燥的土壤，因此土壤黏结性是土粒-水-土粒之间一些不同的力作用的结果。土壤黏结力包括两种不同的力，一种是分子内聚力（范德瓦耳斯力和静电引力等），另一种是水膜的弯月面力。分子内聚力的作用距离很短，只有在土粒紧密接触时才起作用。在含水量较低时，土粒接触点形成水膜，弯月面力的作用将土粒黏结在一起。在土壤中，土粒通过各种引力而黏结起来，就是黏结性。不过，由于土壤中往往含有水分，土粒与土粒的黏结常常是通过水膜为媒介的。同时，粗土粒可以通过细土粒（黏粒和胶粒）为媒介而黏结在一起，甚至通过各种化学胶结剂为媒介而黏结在一起。

土壤的黏结力包括不同来源和土粒本身的内在力，有范德瓦耳斯力、库仑力及水膜的表面张力等物理引力，有氢键的作用，还往往有化学键能的参与。

土壤含有水分，在土粒外面总是吸附着一层水分子。土粒与土粒的黏结作用，实际上是通过它们的水膜和水化离子起作用，它是土粒-水膜-土粒之间的黏结作用。

（一）黏结力的本性

在不同的土壤含水量条件下，不同特性的物理引力显示的强弱程度是不同的，这与它们的作用距离有关。

（1）范德瓦耳斯力　范德瓦耳斯力是指分子与分子之间的相互作用力，是 3 种作用力的总称。①取向力：是指极性分子的永久偶极矩之间的静电相互作用力，只为极性分子所有，其大小和方向与偶极矩的取向有关。②诱导力：也称德拜力，是指感应偶极矩的相互作用力，在极性分子与极性分子之间有这种力，在极性分子与非极性分子之间也产生这种力，但在非极性分子与非极性分子之间因为没有感应偶极矩的产生，所以就没有诱导力。③色散力或伦敦力：是由瞬时偶极矩的相互作用所产生的，它存在于一切分子与原子之间。

就其量值来说，这 3 种力的大小比例在不同的分子中不同，一般以色散力占的比例为大。范德瓦耳斯力是三者相加之和的结果，主要取决于色散力的大小。色散力的大小与极化率的平方成正比。

范德瓦耳斯力是一种引力，它的作用范围很小，距离不到 1nm。因此，只有当土粒十分靠近时，范德瓦耳斯力才能发挥作用。

（2）氢键　实验证明，在有些化合物中，氢原子可以同时与两个负电性强而半径较小的原子（O、F、N 等）相结合，从而形成氢键。例如，O-H···O、F-H···F、N-H···O 等。氢键能在分子与分子之间，或分子内的某些基团之间形成。

（3）库仑力　由于土粒表面带有电荷，带相反电荷的土粒之间有静电引力。通常表面多带负电荷，在其周围吸附着阳离子，形成双电层，它的电动电位（ζ-电位）造成胶粒之间形成静电斥力，使之不能靠近。通过各种途径降低 ζ-电位，可使土粒凝聚。负电胶粒可以通过阳离子"桥"而连接起来。

（4）水膜的表面张力　干燥的土壤可以借范德瓦耳斯力吸附水汽，在土粒外面形成水膜。范德瓦耳斯力的作用范围很小，土粒表面分子对水分子的引力一般只达几个水分子的厚度。以后，则是通过水分子与水分子之间的范德瓦耳斯力、氢键和库仑力（如有离子存在时），使水膜逐渐加厚。这样，在土粒与土粒的接触点上，水膜融合而形成凹形的曲面，借表面张力的作用，可使邻近的两个土粒相互靠拢。

（二）影响土壤黏结性的因素

影响土壤黏结性的因素，主要是土壤含水量和活性表面大小。

（1）土壤含水量　土壤含水量对黏结性强弱的影响很大，含水量适度时土壤黏结性最强。土壤水分对土壤黏结性的影响分两种情况：一种是非黏闭的土壤，即疏松的土壤，包括结构性好的土壤、砂性土壤及田间条件下比较疏松的土壤，其土壤黏结力主要由水膜弯月面力决定；另一种是黏闭的土壤，即土粒紧密排列的土壤，包括压实的土壤、大土块等。一个完全干燥和分散的土粒，彼此间在常压下不表现黏结力。加入少量水后就开始显现黏结性，出现这种情况是因为水膜的黏结作用。当水分增加，接触点形成水膜时，黏结力迅速增加至最大值，然后下降。此后，随着含水量的增加，水膜不断加厚，土粒之间的距离不断增大，黏结力便愈来愈弱了。图 6-1 的曲线 C 表明，一种黏土由分散的干燥状态逐渐加水时，黏结力在一开始时迅速增加，而在含水量 15%左右时达到最强。

对黏闭的土壤来说，分子内聚力和水膜弯月面力同时发挥作用。在含水量较多时，水膜较厚，土粒之间的距离较大，这时的黏结力主要由弯月面力决定；随着含水量的减少，黏结力增大。曲线 A 和 B 产生折点的原因是土壤收缩，土粒之间距离缩小，受分子内聚力的作用，土壤黏结力随含水量的减少而迅速增加。曲线 A、B 和 C 看似矛盾，这是由于制备土样的方法不同，代表黏闭和非黏闭两种情况。两种土样在达到含水量 15%后，水分再增加，黏结力变化就一致，因为都受水膜弯月面力的影响。

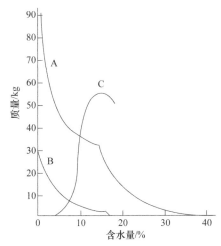

图 6-1　土壤黏结性与土壤含水量的关系
（引自杨生华，1986）
A. 黏闭的黏土；B. 黏闭的砂壤土；
C. 非黏闭的黏土

（2）土壤质地　　土壤的黏结性发生于土粒的表面，属于表面现象。因此，土壤黏结性的强弱首先取决于其比表面积的大小。土壤质地越细，比表面积越大，土粒之间分子引力越大，水膜越多，因而黏结性越高。所以，土壤质地、黏粒矿物种类和交换性阳离子组成及土壤团聚体等，都影响其黏结性。

此外，阳离子种类和有机质含量对土壤的黏结性也有影响。交换性钠在代换性阳离子中占的比例大，而使土粒高度分散等，则黏结性增强；钙离子使胶粒凝聚，减少土粒接触面积，降低黏结力。腐殖质能增加砂土的黏结力。腐殖质的黏结力比黏粒小，当腐殖质成胶膜包被黏粒时，便改变了接触面的性质而使黏粒的黏结力减弱。同时，由于腐殖质是多孔体，又能减少黏土的黏结力。但是，腐殖质的黏结力比砂粒大（表 6-2），故可增强砂土的黏结性。

表 6-2　各种土壤的黏结力及对铁片的黏着力

土壤	干土的相对黏结力（以灰色纯黏土作为100）	湿土对铁片的黏着力（磅/英尺^2）
硅质纯砂土	0.0	3.8
腐殖质	8.7	8.8
菜园土	7.6	6.4
砂黏土	57.3	7.9
壤黏土	68.8	10.6
灰色纯黏土	100.0	17.2

注：1 磅=0.454kg，1 英尺=0.305m

（3）土壤胶体上交换性阳离子的种类　　土壤胶体上交换性阳离子的种类也影响土壤的黏结性，因为交换性阳离子会影响土壤胶体的分散度。例如，钾、钠等一价离子易使土壤胶体分散，增加土粒的接触面，使土壤的黏结性增大。钙、镁等离子则易使土壤胶体凝聚，减少接触面，降低土壤的黏结性。含交换性钠多的碱土，会使土壤黏结性增强，耕作阻力变大。

（4）土壤有机质　　土壤有机质也影响着土壤的黏结性，如黏土的黏结力比腐殖质的黏结力大 11 倍，当腐殖质成胶膜包被黏粒时，便改变了土粒接触面的性质，而使土粒的黏结力减弱。同时，土壤有机质可使土粒胶结成团粒结构，从而降低了土粒的分散度，减少了接触面，因而降低土壤的黏结性（表 6-2）。所以土壤中有机质含量多，会使土壤对耕作的阻力变小。

我们知道，水分子与水分子之间的范德瓦耳斯力很弱，所以自由水是流体。因此，当土壤水分增多，使土粒间的水膜增厚到一定程度时，土壤黏结力极弱以至消失。然后，让土壤逐渐变干，随着土粒间水膜不断变薄，黏结力逐渐加强。当干燥到某一程度时，空气进入土壤中，土壤开始表现得干缩，土粒相互靠近，由于范德瓦耳斯力等作用而互相黏结。所以，黏重的湿润土壤在一定含水量范围内随着干燥过程，黏结力急剧增加，但砂质土壤的黏粒含量低，比表面积小，黏结力很弱，因而，含水量的变化对黏结性的影响不明显。图 6-1 中 A、B 两条曲线分别代表一个黏土和一个砂壤土的黏结力随含水量降低而加强的情况，曲线上的折点为空气进入原为水所占据的孔隙的含水量，土壤开始表现得干缩。

（三）土壤黏结性与土壤耕作的关系

土壤的黏结性是土粒与土粒之间由于分子引力而相互黏结的性质。这种性质使土壤具有抵抗外力破碎的能力，也是土壤耕作时产生耕作阻力的主要原因之一。土壤黏结性在干燥时主要是由土粒本身的分子引力所引起的，而在稍湿润时，则土粒间的分子引力要通过粒间水膜的媒介，即水膜的引力作用，所以实际上是土粒-水-土粒之间相互吸引而表现的黏结力。黏性土壤表面积大，土粒相互吸引的分子力大，黏结性强，抵抗机械破碎的能力也强，因此黏结力是土壤抗剪强度的主要组成部分，对土壤阻力、农机具的附着力等起重要作用，此时农具不易入土，土块不易散碎，耕作费力。当水分愈少，水膜愈薄时，分子距离愈近，黏结性表现得愈强。当水分增加时，分子引力减弱，黏结性也变小。砂性土壤本身没有什么黏结力，但有少量水分存在时，借水膜的联系增加了接触面积，可产生微弱的黏结性。另外，黏结力大，土壤不易碎散，耕作时将形成许多大的土块，为了使土块碎散，需要采取耙压等作业，结果形成大量小于 0.25mm 的团聚体，以破坏土壤结构。

三、土壤的黏着性

土壤的黏着性是指土粒黏着在外物（如农具）上的性质，即土壤在一定含水情况下，黏着在外物表面的性能。由于土壤中往往有水分存在，土壤黏着性的实质是土粒-水-外物分子之间相互作用的结果。其大小以黏着强度（N/cm^2）表示。

（一）影响土壤黏着性的因素

影响土壤黏着性的因素与影响土壤黏结性的因素基本一致，只是黏结性表现为土粒与土粒之间的黏结，而黏着性则除土粒之间的黏结外，还表现为土粒与外物之间的黏着。如土壤的质地，砂土的黏着性很小，而黏重土壤的黏着性大，腐殖质含量高的土壤，其黏着力也小，钠质土比钙质土的黏着力要大，土壤的含水量是影响土壤黏着性的主要因素。影响土壤黏着强度的因素主要是含水量和土壤质地两个方面。

（1）土壤含水量　土壤黏着强度取决于土壤水分和外物形成的水膜面积及土壤水吸力。就土壤含水量来说，开始出现黏着性的含水量要比开始出现黏结性的含水量大，也就是说，土壤水分低时，土粒和金属等外物之间不能形成水膜，而且由于土壤的黏结性强，土壤不能黏附在外物上，土壤主要表现出黏结现象。当含水量增加而水膜加厚到一定程度时，水分子除能为土粒吸引外，也能为各种物质（如农具、木器或人体）所吸引，此时土粒和外物之间形成水膜，产生了黏着性。使土壤出现黏着性的含水量称为黏着点。当水分增加到水膜面积最大时，黏着强度达最大值。水分进一步增加，水膜过厚，黏着性又减弱，黏着强度降低，当土壤成流动状态时，黏着性消失。而土壤因含水量增加不再粘在外物上，失去黏着性时的土壤含水量称为脱黏点。所以，土壤黏着性也是在一定含水量范围内表现的性质。

（2）土壤质地　土粒越细，黏着性越强。小于 0.001mm 的黏粒，当含水量为40%时，黏着强度为 $4N/cm^2$；而大于 0.001mm 的土粒，黏着强度小于 $1N/cm^2$。

（3）农机具材料的性质　农机具所用材料的亲水性，会影响土壤的黏着强度。亲水性表示物体能否被水湿润，反映物体对水分子引力的大小。如果物体对水分子的引力大于水分子之间的引力，则湿润良好，即亲水性强，容易黏着；反之，若物体对水分子的吸引力小于水分子之间的引力，则不能湿润，即亲水性差，不易黏着。实验表明，土壤对木料的黏着性大于对铁的黏着性；土壤对聚四氟乙烯的黏着性很小，如用塑料覆盖犁壁，可以减少土壤黏着性，并可减少摩擦阻力。

此外，土壤有机质含量、结构性等也会影响土壤的黏着性。

（二）土壤黏着性对耕作的影响

土壤黏着性是由土粒与其他物体之间的引力所产生的。当土壤水分在黏着点以上时，土粒外面包被有一定厚度的水膜，土粒对水分吸持较松弛，水膜能和外物连接在一起而产生黏着性。所以严格地说，土壤黏着性是由水分子和土粒之间的分子引力，以及水分和外物接触表面所产生的分子引力所引起的，亦即土粒-水-外物相互间的分子引力所引起的。一般土壤含水量为40%～70%饱和含水量时，黏着性才开始表现出来，当达到80%饱和含水量时黏着性最大，以后含水量增加黏着性又减小，直到开始呈现流体状态时，才逐渐消失。土壤黏着性随土质变细、黏粒含量增加而愈显著。土壤过湿时耕作，土壤黏着农具，增加了犁的牵引阻力，因而增加了耕犁的负荷，耕作困难。所以农具的脱土作用是很重要的。土壤黏着农具后，翻动的土壤通过黏着在农具上的土壤而流动。土壤黏着在农具上的原因是土壤的黏结强度小于土壤的黏着强度。控制土壤黏着农具的因素如下。

1）土壤黏结性要大，干燥的土壤黏结性最大，脱土最好。

2）土壤的内摩擦系数要大，塑性限度及流限以外的土壤内摩擦系数大，有利于脱土。

3）土壤与金属的外摩擦系数要小，要用摩擦系数低的材料，或提高金属表面光洁度。

4）土壤对金属的黏着性要小，土壤含水量少，土粒和金属之间不足以形成水膜；土壤含水量超出一定范围，水膜厚度增加，土壤水吸力减小，黏着性降低。

5）农具与前进方向所成的角度应保持最小。

四、土壤的塑性

土壤在外力作用下，能塑造成任意形状而不破裂（没有裂缝），并在去掉外力以后仍能保持新形状的性质，称为土壤塑性或可塑性。黏土或黏粒不但湿时可塑，干后也不散碎而仍保持变形后的形状，所以它的塑性强。我国传统的泥塑艺术工艺，利用的就是黏土的这一特性。砂土湿时可塑之成形，但干燥后塑型碎散，因此砂土无塑性。

土壤塑性只有在一定含水量范围内才能表现出来。一般认为，过干的土壤不能任意塑形，泥浆状态土壤虽能变形，但不能保持变形后的状态。只有当土壤水分增加至土粒表面形成一薄层水膜时，由于水膜张力的作用，相邻土粒黏结在一起；当外力大于这些水膜张力时，土粒就互相滑动，而使土体变形。在去掉作用力后，颗粒仍被水膜黏结力保持在土体变形后的位置上，这样一来，土壤就表现出塑性。水分多到一定数量时，土壤变成流动状态。

土壤表现塑性的含水量范围是土粒间的水膜已厚到允许土粒滑动变形，但又没有达到失去其黏结性的范围，否则在施压力解除或干燥后就不能维持变形后的形状。再者，完全没有黏结性的土壤也没有塑性，而黏结性很弱的土壤不会有明显的塑性。因此，土壤塑性除必须在一定含水量范围内才表现外，还必须具有一定的黏结性。凡是影响土壤黏结性的因素（也就是影响土壤表面积大小的因素和土粒形状等）都影响塑性。

土壤开始出现塑性时的最小含水量称为塑性下限，又称塑限，即土壤呈现塑性的最小含水量，也是土壤半固态结持性和可塑结持性的临界含水量。它是疏松和塑性结持状态的界限含水量。土壤能保持塑性的最大含水量，称为塑性上限，又称液限或流限，即土壤因含水增多而失去塑性，并开始成流体流动时的土壤含水量，是塑性的黏滞性流动的界限含水量。塑性上限和塑性下限之差，称为塑性指数。塑性指数的大小反映土壤塑性的强弱；塑性值愈大表示土壤塑性愈强。塑性上限、塑性下限和塑性指数均以含水量（%）表示，它们的数值随着黏粒含量的增加而增大。各种质地土壤的塑性值如表6-3所示。在道路建筑中，土壤按塑性值分类如下：强塑性土（黏土）＞17，塑性土（壤土）7～17，弱塑性土（砂壤）＜7，无塑性土（砂土）＝0。

表6-3　各种质地土壤的塑性值（%）

质地	塑性下限	塑性上限	塑性指数
黏土	23～30	41～50	18～20
黏壤土	16～22	28～40	12～18
壤土	10～15	17～27	7～12
砂壤土	<10	<17	<7
砂土	0	0	0

（一）土壤的塑性流动

土壤的塑性流动不同于黏滞性（液态）流动，塑性状态的土壤必须加一定数量的外力以克服黏结性，才能开始流动。根据 Bingham 公式计算流动容积。

$$V=K\mu（F-f）\tag{6-1}$$

式中，V 为流动容积；μ 为流动系数；F 为施加的压力；f 为屈服值（黏结力）；K 为常数。

图 6-2 表明，黏滞性流动 OE，与施加的力成正比。塑性流动 OABC 在开始流动以前，必须克服屈服值 OD，然后流动容积与所施外力成正比。

（二）影响土壤塑性的因素

（1）含水量　　过干的土壤不能任意塑形，泥浆状态的土壤虽能变形，但不能保持变形后的状态。因此，土壤只有在一定含水量范围内才具有塑性。

（2）黏质土壤的塑性与片状黏粒有关　　土壤中极大多数次生黏粒矿物呈片状，有水化膜。有关实验表明，把云母磨细时也会出现塑性。因为水化的片状土粒的阻力小，尤其是它

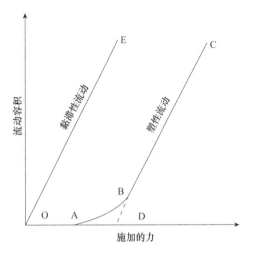

图 6-2　黏滞性流动与塑性流动比较
（引自杨生华，1986）

们往往有水膜包着，稍受外力（如用手揉捏）即从杂乱无章状态变为互相平行排列，而

原来的杂乱排列　　　揉捏后的平行排列

图 6-3　片状黏粒塑性的显现

且它们本身在其他土粒之间起着润滑的作用（图 6-3）。只有片状黏粒才会有塑性，所以土壤塑性的强弱与黏粒含量及种类有关。土壤质地和矿物种类及含量也有关，黏粒含量小于 15%的土壤，一般没有塑性，黏粒含量增加，塑性上限和下限都增加，但塑性下限增加得较少，所以塑性指数增加。黏粒矿物的类型对塑性的影响是：2∶1 型的蒙脱类矿物的塑性强，而氧化铝（铁）胶粒几乎无塑性。

（3）土壤质地　　土壤质地愈细，黏粒含量愈多，塑性愈强。砂质土中由于含黏粒很少，因而不具可塑性或可塑性极不明显。在黏粒矿物中，蒙脱石型分散度高，吸水性大，故塑性值大，但土壤的膨胀性高，土壤变干后易开裂，故不适宜用作陶瓷制品的原料；而高岭石型分散度低，吸水性较小，故塑性值较小，且膨胀性很弱，变干后不易开裂，是制作陶瓷用品的良好材料。塑性上限、塑性下限和塑性值随着黏粒含量的增加而增大。

（4）有机质含量和阳离子　　有机质本身塑性弱，而吸水量大，只有在有机质吸收充足水分后，才能使多余的水分在土粒周围形成水膜。因此，增加土壤有机质可使土壤的塑性上限和下限都增加，但几乎不改变其塑性值，这是因为有机质本身缺乏塑性而吸水性较强，所以含有机质多的土壤，必须让有机质吸足水分，然后才能形成产生塑性的水

膜，使其下限提高，来控制塑性的产生。塑性下限提高意味着该土壤适耕的含水量范围增加了，宜耕期长，这对土壤耕作是有利的，因为提高塑性下限，就扩大了适于耕作的土壤含水量范围。交换性阳离子对黏粒矿物塑性强弱的影响很大。钠离子使蒙脱石的塑性上限、塑性下限和塑性值大大增加，而对高岭石的影响较小（表 6-4）。胶体上交换性钠离子的水化度强，分散作用强，塑性也强，这也是盐碱土塑性强的原因。

表 6-4　钙或钠饱和的黏粒矿物的塑限（%）

种类	钙饱和		钠饱和	
	塑性下限	塑性上限	塑性下限	塑性上限
蒙脱石	63	177	97	700
高岭石	36	73	26	52

土壤水分在塑性范围内不宜进行耕作，因为耕后会形成表面光滑的大土块，由于塑性的影响而保持既得的形状，不易散碎，干后板结形成硬块，不易耙耕破碎，达不到松土的目的，所以黏性土壤更不宜在过湿时耕作。

（三）土壤塑性对土壤耕作的影响

在土壤塑性范围内耕作，土粒滑动使土壤黏闭（土粒紧密排列，孔隙减少，孔隙变细），具体现象是犁耕后形成大的垡头，干后很坚硬，很难碎散，结果形成许多大的土块，对播种和作物生长很不利。

塑性范围内的土壤不宜耕作，因为机具压力会产生塑流，易使机具下陷。同时土壤的黏结力、内摩擦力都很小，容易出现打滑现象。所以应该避免在塑性范围内耕作，否则不仅耕作阻力大，还会使土壤塑成大块或土条，达不到碎土的目的。黏性土壤更不宜在过湿时耕作。因此，在干耕时必须在塑性下限以下的含水量进行，湿耕时必须在塑性上限以上的含水量才能进行。

上述用于描述土壤结持状态的各项常数，称为土壤结持性常数，包括塑性上限、塑性下限、塑性值、黏着点和脱黏点等；它们是由 Atterberg（1912）最早提出来的，所以又称为阿特贝限（Atterberg limits）。这些常数是描述与耕作有关的土壤力学性质的重要参数。

五、土壤的胀缩性

土壤的胀缩性只在塑性土壤中被发现，这种土壤干燥时收缩，湿润时膨胀。土壤膨胀是指黏质土壤在吸水时总容积增大的现象。土壤吸水膨胀时所产生的压力称为土壤膨胀压。土壤收缩是指黏质土壤随含水量减少而总容积减小的现象。土壤收缩可分为结构收缩、常态收缩和剩余收缩。结构收缩是指黏质土壤在含水量减少的过程中，最先出现的土壤总容积减少低于失水容积减少的阶段；常态收缩是指黏质土壤在含水量减少的过程中，土壤总容积减少与失水容积减少相等的阶段；剩余收缩是指黏质土壤在含水量减少的过程中，土壤总容积减少大于失水容积减少的阶段。

土壤的胀缩性不仅与耕作质量有关，也影响土壤水、气状况与根系伸展。砂性土壤无胀缩性。胀缩性强的土壤在吸水膨胀时使土壤密实而难以透水通气，在干燥收缩时会拉断植物的细胞和根毛，并造成透风散热的裂隙，在这种土壤上不能建造牢靠的地基。

六、土壤的宜耕性与土壤耕作

土壤的宜耕性是指土壤适于耕作的性能。此时耕作可以将土壤很好地碎成团块，形成较好的结构状态，并且耕作阻力小，宜耕期长。土壤的宜耕性受土壤的黏结性、黏着性和可塑状态的影响，而土壤的这些性质又随水分含量而变化。这个变化可以分为6个阶段。

1）土壤水分含量很少，呈干燥状态时，土粒分子间存在强烈的黏结力，耕作时阻力极大，产生坚硬的土坷垃，耕作质量差。

2）土壤水分增加呈潮润状态时，水分子吸附在土粒表面上，黏结力降低，但土粒之间还不足以形成有滑润作用的水膜，无可塑性，也无黏着性，土壤呈酥而软脆的状态，此时耕作，阻力最小，质量也最好。

3）水分继续增多至土粒表面产生连续的水膜，起明显的润滑作用时有可塑性，但水分子还未与外物连接而无黏着性，此时耕作易形成大土垡。

4）土壤水分进一步增加至有水膜连接外物时，土壤产生黏着性，而黏结性逐渐降低，此时耕作阻力仍较大，耕后有湿泥条。

5）土壤水分继续增加至土壤呈浓浆状流体时，土壤黏结力很小，水分已超过可塑上限，土壤失去塑性，但黏着性很强，耕作困难，结构多被破坏。

6）土壤水分最后增加到呈稀泥状态（薄浆状），土粒之间已失去黏结力而呈悬浮状液体，黏着力也显著降低，此时湿度最大、耕作阻力最小，适宜稻田耕耙。若水分过多时进行耕作，农具对土壤压力极小，不易把土壤整匀整细。

土壤宜耕期的长短主要取决于土质的粗细。黏结性和黏着性强，塑性范围大，其可塑下限含水量低。黏结性降低时的含水量高，因此黏土宜耕含水范围小，宜耕期短。砂土的黏结性、黏着性及可塑性均小，可塑下限也高，因而宜耕期长，干湿都能耕作，不易形成坷垃，耕性良好。

我国各地农民对于掌握土壤宜耕状态与宜耕期有着丰富的经验，看地表土色，验墒情决定耕作。以黄墒至褐墒的水分，湿度正好；或用手检查，土壤呈松散酥软状态，落地散碎，为宜耕状态；或进行试耕，以土壤不粘农具，能为犁锄抛散，形成团粒为佳。

第二节　土壤的摩擦性质

用农机具耕作土壤时，土壤与金属部件或轮胎之间，以及土粒与土粒之间都会产生摩擦力，前者称为土壤的外摩擦力，后者称为土壤的内摩擦力。土壤的摩擦性质不仅影响耕作时阻力的大小，并且与多种土壤-机具力学性质有关。

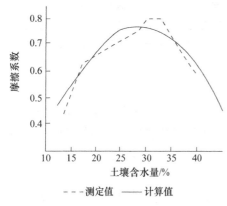

图 6-4 钢对土壤的滑动摩擦系数与
土壤含水量的关系

一、土壤的外摩擦性质

土壤的外摩擦力除受单位面积上所受正压力大小及金属等的表面特性影响外，还主要受土壤水分和质地的影响。M. L. Nicole 观察到金属和土壤的摩擦有三个阶段：第一阶段是干燥的土壤和金属之间的摩擦，摩擦系数较小；第二阶段是水分增加，土壤出现黏着性时的摩擦，摩擦系数增大，水分增加至接近液限时，摩擦系数达最大值；第三阶段是水分超过液限时，水膜起润滑作用，摩擦系数成为常数，甚至减小。

图 6-4 是苏联土壤研究所土壤物理和工艺研究室关于土壤与金属滑动摩擦的研究结果，它与上述 M. L. Nicole 的观察结果基本一致。

土壤质地对外摩擦系数的影响是，土粒越细，土粒与金属的接触面积越大；反之则小。砂土的外摩擦系数为 0.06～0.31；壤土为 0.30～0.40；黏土为 0.45～0.55。

二、土壤的内摩擦性质

土壤内摩擦力的大小取决于土壤所受的正压力和内摩擦系数。土壤的内摩擦系数随着土壤质地的变粗而增大，这与土壤的外摩擦系数刚好相反。因为较大的土粒，其表面不平与互相嵌合的程度较大，故内摩擦系数较大。黏土的内摩擦系数为 0.40～0.75；砂性土为 0.12～0.40。

土壤的内摩擦系数与含水量的关系是：水分多时，水膜起润滑作用，内摩擦系数减小。黏重土壤的内摩擦系数随含水量增加而减小，直至接近于零；质地较轻的土壤，摩擦系数虽然也随水分的增多而减少，但当水分超过塑性上限后，摩擦系数仍能维持一定的值。这是因为黏重的土壤渗水慢，在水分饱和的条件下，水分对压力产生支承作用，而质地较轻的土壤，渗水快，所以能维持一定的摩擦系数值。

第三节 土壤的抗剪强度

土壤是由固体颗粒组成的，土粒间的连接强度远远小于土粒本身的强度，故在外力作用下土粒之间发生相互滑动，引起土壤中的一部分相对另一部分产生滑动，即土壤颗粒彼此滑动时产生的阻力。土壤抵抗这种滑动的性能，称为土壤的抗剪强度。土壤抵抗剪切的力包括土粒之间或团聚体之间的摩擦力和土壤的黏结力，根据库仑定律来计算抗剪强度。

$$S = C + P\tan\varphi \tag{6-2}$$

式中，S 为抗剪强度；C 为黏结强度；P 为正压应力；φ 为内摩擦角。

由于干燥的砂土无黏结力，所以 $S = P\tan\varphi$。

从式（6-2）可知，抗剪强度的组分是黏结力和摩擦力。这两个组分是通过物理因素和物理化学因素的结合而表示出来的。物理因素主要影响式（6-2）中的摩擦组分（$\tan\varphi$），这包括两种过程，即一土粒滑过另一土粒时的阻力与颗粒的连锁（称膨胀）。连锁颗粒的移动，要求颗粒在能水平移过相邻颗粒前，必须在所施力下成垂直移动。这意味着膨胀中存在体积增加。其所需的水平力比仅只是颗粒需水平移动时大。抗剪强度的物理组分与有效正压应力成正比，并具有对团粒比对黏粒更大的重要性。

物理化学因素是通过式（6-2）中的黏结因素表示出来的。黏结力是黏粒相互作用中吸引力和推斥力的函数。如在讨论土壤黏结时所述，有多种粒子之间化学键合力。除将颗粒拉在一起的力以外，还有由颗粒周围扩散双层所造成的斥力，这取决于如在黏性和膨胀部分所讨论的吸附性阳离子的水化等。

水在决定黏结组分的大小上起重要作用，因为水会影响颗粒间距离及与气-水弯液面有关的吸引力。

对土壤施以压缩力将引起颗粒定向排列而增加黏结，从而减少了颗粒间空隙和影响到引力与斥力。

黏结组分可通过小粒变大粒表现出来，这将增加摩擦角，而不是提高黏结截距。

农机具对土壤施加剪力时，土壤就发生变形，同时，随着作用力的增加，在一定的土壤变形阶段（这一阶段取决于土壤的特性）达最高值。如作用力再增加，土壤破裂，抗剪阻力迅速降低（图6-5）。

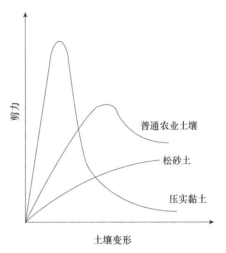

图 6-5 土壤剪力变形曲线
（引自杨生华，1986）

一、影响土壤抗剪强度的因素

（一）土壤质地

黏粒含量增加，土壤黏结性增大，而内摩擦系数减小。在一般农机具的压力下，一定量黏粒引起的黏结性的变化，比摩擦系数的变化对抗剪强度的影响要大。所以土壤越黏重，抗剪强度越大（表6-5和图6-6）。

表 6-5 不同质地土壤抗剪强度的参数值

指标	砂土	壤土	黏土
内摩擦角/（°）	35	30	15
黏结强度/（N/cm^2）	1.4	10.3	34

（二）土壤水分

水分对土壤抗剪强度的影响和水分对土壤黏结性的情况相似，分为两种不同的情况。

（1）土块抗剪强度 土块、团粒结构和团聚体被剪切时，土壤抗剪强度主要由分子内聚力形成的黏结力起作用，所以含水量低，抗剪强度大。随着含水量增加，抗剪强度迅速降低（图6-7曲线A）。

（2）整体抗剪强度 整体抗剪强度是指耕层土壤被剪切时的抗剪强度。耕作层土壤比较疏松，主要是由于水膜张力形成的黏结力起作用。因此，当土壤含水量在塑限以下时，土壤的抗剪强度随水分的增加而增加，直到接近塑性下限时达最大值，然后下降，含水量达塑性上限时，已降到很小的数值（图6-7曲线B）。

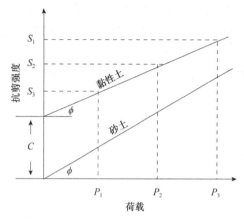

图6-6 黏性土与砂土的剪切曲线

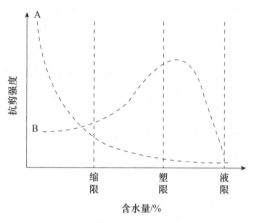

图6-7 土壤抗剪强度与土壤含水量的关系
（引自希勒尔，1988）

P. 荷载；*S*. 抗剪强度；*C*. 黏结强度；*φ*. 内摩擦角

（三）土壤容重

土壤容重越大，土壤越紧密，土粒的咬合程度越大。土壤被剪切时，首先需克服土粒的咬合作用，才能产生相对的滑动，因此土壤容重越大，抗剪强度越大。

二、土壤抗剪强度与土壤耕作的关系

土壤剪切在土壤耕作中起着重要作用，因此进行土壤耕作时，应考虑土壤水分、质地、结构等因素与土壤抗剪强度的关系，以提高耕作质量和避免破坏土壤结构。土壤水分低时，结构良好的土壤整体抗剪强度低，而土块和团聚体的抗剪强度高，在这样的条件下耕作，土块不易碎，但也不易破坏土壤的结构。对结构不良的土壤，土块抗剪强度和整体抗剪强度相仿，在这样的条件下耕作，原有的土块不易散，并且形成许多新的土块。当土壤水分增加时，在整体抗剪强度增加的同时，土块抗剪强度降低得很快。由于土块抗剪强度小于整体抗剪强度，耕作时土块容易碎，但团粒结构也容易破坏。

犁耕引起土垡破碎主要是剪切力的作用。但是，如果在塑性范围内进行耕作，土垡在犁壁的压缩和剪切力作用下会发生有害的黏闭（puddle）现象，即孔隙容积减少，孔径缩小，无效孔隙增多。这种黏闭的土垡外观上常常有明亮的光泽。当拖拉机等在潮湿土地上耕作时，除轮子压缩土壤外，也有剪力波的作用造成土壤黏闭。

三、土壤抗剪强度与土壤附着力的关系

农机具在地面行走时，土壤产生的反作用力称为土壤的附着力，或称为水平推力。在拖拉机的履带或轮胎的接地面积内，承受着和车辆相同的垂直压力，履带的履齿或轮

胎的花纹之间充塞着泥土。当车辆运动时，接地面积内就产生土壤剪切，所以土壤的附着力是由土壤的抗剪强度产生的。

M. G. Backer 根据库仑抗剪强度的公式，建立了计算土壤附着力（H）的公式：

$$H = AC + W\tan\varphi \tag{6-3}$$

式中，A 为接地面积；C 为常数；W 为机具重量；φ 为摩擦角。

从式（6-3）可以看出，土壤附着力的大小，除取决于土壤特性，即 C 和 φ 的大小以外，对一般土壤来说，为了产生必要的推力，A 和 W 这两个因素都是必要的。但对于含水量饱和的黏土（如我国部分冬水田）来说，$\varphi = 0$，所以农机具的重量并不产生推力，并且 C 也很小，即增加接地面积的作用也不大。对干燥的砂性土来说，$C = 0$ 或很小，会产生必要的推力，主要是增加拖拉机的重量。

四、土壤抗剪强度与土壤塑性的关系

所施压力、剪切值、应力强度与含水量有一定的关系。施于土壤的压力增加，应具有缩小颗粒间距离的效果，从而增加了可造成与应力成正比的较高抗剪强度的吸引力。塑性土壤的剪切值随垂直于剪切面的所施力而有比例地增加。疏松土壤的剪切值，随含水量呈线性上升至最大值（接近塑限），然后下降至流限时的最低值。根据塑性的水膜原理，这是可以料到的，因为最大水膜张力和黏结力产生于接近塑限含水量时。流限时的水膜张力很小，易产生流动。土壤呈塑性就很少有内摩擦，因而剪力是超过塑限的水膜黏结力的函数。由于含水量接近流限，剪力可看作黏滞流的特性。最大剪切值与塑性指数成正比，如果剪力是水膜引起的黏结力的函数，对此是可以料到的。黏粒的活度（$2\mu m$ 大小黏粒的塑性指数）越高，黏结对抗剪强度所起的作用越大。

塑限通过所施正应力与土壤含水量一起，可表征土壤抗剪强度。方程如下。

$$F_s = \frac{(PL - w)(0.66PI + P + 1.8)}{PI} \tag{6-4}$$

式中，F_s 为抗剪强度；P 为正应力；w 为含水量；PL 为塑限；PI 为塑性指数。

当黏土在最大抗剪强度时被剪切，其吸力可达 666cm 水柱高，这一作用发生于塑限阶段（Greacen，1960）。当首次施以剪切力时，土壤孔隙比迅速下降，在较高应变情况下，可低至接近某一常数值，这说明剪切可产生压实作用。与此同时，水分张力和抗剪强度均急剧上升，并且在较高应变情况下，也接近某一常数值。

第四节　土壤的压缩和压实

一、压缩和压实的基本理论

（一）土壤压缩的概念

土壤压缩（soil compression）可定义为在外力作用下，土壤容积的减少。它与土壤收缩不同，土壤收缩是指土壤在没有外力荷载的脱水过程中土壤总体积的减少。建筑物

或公路、大坝地基的夯实过程就是土壤的压缩过程。土壤压缩指数（soil compression index）是指土壤孔隙比与压力对数的相关曲线上的斜率。土壤固结（soil consolidation）是指水饱和土壤在荷载下随着水的流出而土壤容积压缩的过程。土壤在压缩过程中孔隙容积的变化最为明显，所以也可以土壤孔度或孔隙比的变化来反映土壤的压缩程度。由于土壤体积既包括固相又包括固相间的孔隙，故压缩表明了负荷或压力增加时孔隙比的减少。土壤压缩程度可用容重、孔隙度的变化表示，也可以用孔隙比表示。孔隙度为60%的土壤，其孔隙比为1.5。

孔隙比与压力的关系是

$$e = A\log P - C \tag{6-5}$$

式中，e 为孔隙比；A 为压缩指数（$de/d\log P$）；P 为施加的荷载或压力；C 为常数，相当于单位压力的孔隙比。

土壤可以在低压力或高压力下压缩。压缩时可能有剪应力或没有剪应力。颗粒定向排列与胶核大小变化是压缩的主因，胶粒体积的变化是由于扩散层厚度的改变。在低压压缩时，以前者为主，在高压固结的情况下，则二者都重要。在高压压缩条件下，当负荷移去时，土壤即重新膨胀。这一作用主要是由扩散双层和胶核的膨胀所造成的。农机具对土壤的压缩属于低压力，同时有剪力。

（二）土壤压实的概念

土壤压实（soil compaction）是指土壤在外力作用下密度增加和孔隙度降低的过程。这意味着施力以前土壤具有一定的密度或一定状态的紧实度。换句话说，土壤紧实度是土壤的一种动态特性，通过它表现出紧实状况的增加。压实土壤至一定密度所需的力，随含水量呈指数性递减。一定含水量的土壤密度，随所施力呈指数性增加。二者作用均与颗粒定向排列有关。一定压实力条件下的土壤密度随含水量增至最高值，然后随进一步加水而递减。此最高值通称紧实度的最适含水量。当压实力加大时，最大密度水平变得较高。此外，压实力增加，最适含水量减少。换句话说，最高密度值的位置，随压实力变得较大而向干的一边推移。

（三）作用力和土壤含水量对土壤压缩的影响

作用力和土壤含水量对土壤压缩的影响可归纳成以下几个方面。

1）土壤压缩至一定密度需要的力，随土壤湿度的增加而呈指数性减少；在一定含水量条件下，压实密度随施加的力的增加而呈指数性增加。

2）在一定作用力下，随着含水量的增加，压实密度也增加，密度达最大值后，水量再增加，密度下降。如图 6-8 所示，在 5-11-18 曲线中，w_1（含水量 7.5%）水分不足以在土粒周围形成水膜，土粒随机排列，孔隙度较大，压实密度小。$w_1 \sim w_2$（含水量7.5%～12.5%）土粒周围形成水膜，在外力作用下，土粒紧密排列，压实密度达最大值。$w_2 \sim w_3$ 水分继续增加，水膜增厚，单位容积土壤中土粒容积减少，即压实密度减少。

3）土壤压实至最大密度的含水量，称为最适压实含水量。压力增加，最适压实含水量降低，这是因为在较大的压力下，土壤孔隙度降低，土粒表面形成水膜需要的水分减少。

4）在压应力和剪应力同时起作用的情况下，压应力是土壤压实的主要原因，在含水量高时，剪应力的压实作用增加。

（四）土壤的拱形作用对土壤压实的影响

在土壤上或进入土中的物体所产生的压力，可造成一个相当可观的拱形范围。这种压力以拱形分布在比物体大的面积上，这一现象称为土壤的拱形作用（arch action）。Nichols（1929）把拱形作用定义为土壤定向显示压缩力的倾向，这是土粒与土粒之间的摩擦、咬合及水膜黏结力作用

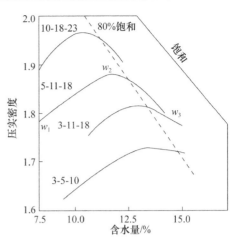

图 6-8　土壤压实密度与水分的关系
（引自杨生华，1986）
图中 3-5-10 表示 3 层土壤，每层 5～10kg。
其余类推

的结果。虽然拱形作用是大多数耕作措施中所出现的一项重要的土壤反应，但它在土壤压实方面的作用表现得很重要。Nichols 观察到柱塞入土，会在它前面形成锥形土块，沿着土锥边缘产生土壤运动。拱形作用是由推进面前部的土壤运动造成的。一旦土体形成锥体，柱塞的穿透作用即与所施压力成正比。拱形宽度不受田间容重的影响，而主要取决于摩擦和颗粒的相互连接，其次取决于黏结作用。

土壤的拱形作用易致柱塞压入土壤时，柱塞表面以下数厘米的土壤，比紧接柱塞表面的土壤压得更紧密。图 6-9 表明，最大压实产生于活塞面下约 4cm 处。紧接活塞下的土壤孔隙与约 9.1cm 深处者相同。这一相同的孔隙度（比原来的孔隙度减少 9% 以上），约

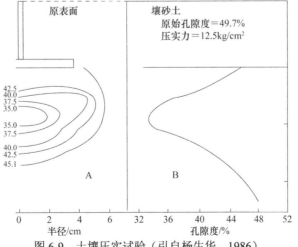

图 6-9　土壤压实试验（引自杨生华，1986）
A. 等孔隙度线；B. 不同深度处的孔隙度

扩至活塞边外 2cm。拱形作用在轮胎和履带对土壤紧实度的影响中是至关重要的。

二、耕作栽培中的土壤压实问题

在农机具等作用下，土壤压缩、容重加大、孔隙减少至影响作物生长时的现象，称为土壤压实，或称压板。随着农业机械化的发展，土壤压实问题日趋严重，已引起人们的重视。

（一）压实对土壤和作物生长的影响

土壤压实情况很普遍，在现代化农业生产中更是如此。农场通过使用大型的机器来减少劳动力的趋势，增加了不适时的耕作，以及土壤上车辆运行频繁的可能与危害。尤其不可忽视的是，在通常用拖拉机耕地时，轮子在犁沟底部的碾压，使这里的土壤比表层压得更紧实，受压的深度也更大，这是由于此处土壤的湿度较高，有机质含量较低。而且深层压实的改良更加困难，所以比表层压实保留的时间更长。

压实不仅限于初次犁耕（称基本耕作）。在谷类密植作物传统的备耕期间，土壤表层近 90%可能被拖拉机轮子碾压；随后在用联合收割机收获期间，至少 25%的土壤被进一步压实。将秸秆打捆和运出时，也会使 60%左右的土壤表面被踩压。所有这些机器运行，特别是在备耕过程中造成的土壤压实，至少使 30cm 深的土壤容重增加，而且在作物整个生育期仍可维持这种压实状况。

农机具对土壤都有不同程度的压实。土壤压实后孔隙减少，孔隙直径变细。有资料显示，容重由 $1.0g/cm^3$ 增加至 $1.6g/cm^3$ 时，直径大于 60nm 的孔隙从 18.3%减少到 1.1%。因此，压实的土壤空气缺乏，通气不良，蓄水量小，好气性微生物活动受抑制，可给态养料少。压实的土壤渗水性差，遇大雨会产生径流，引起土壤冲刷。压实的土壤结构被破坏，土粒紧密结合，雨后易板结。土壤的黏结力、抗剪强度等都增加，耕作阻力增大。

土壤压实对作物生长也有明显的影响，压实的土壤出苗缓慢而不整齐，植株矮小且高低不一，根系浅，块根作物如甜菜等出现畸形根，根腐病较多，因而导致显著减产。再者，根系是不可能减小其直径而扎入比根冠窄小的孔隙中；那么，根系要通过压实的土壤而生长，就必须具有比土壤机械强度更大的力来扩大孔隙，移动土壤颗粒。除土壤的机械压力外，由于大孔隙数量减少，压实也阻碍了土壤中水、气运动。于是，通气和排水状况的恶化，使根系受到同时发生的数种胁迫。

（二）土壤压实的原因

土壤板结可由自然和人为的施加力发生，自然力有结构破坏、土壤收缩等。

（1）车轮和履带的压力　　过度的机具耕作都会压实土壤。对土表施加的压力取决于车轮或履带的特性和土壤的表面特性。土壤内压力的分布是土表压力状态的函数，它同土壤物理特性的关系是次要的。应用于充气轮胎的原则一般是，施加于轮子和轮子滚压面之间的平均压力大致等于气胀压。因为当轮上的垂直载荷增加时，轮子充分变平，以保持压力不变，这样，平均压力和接触面积的乘积等于垂直载荷。相反，如果要减小气胀压，轮子须变平以增加足够的接触面积。拖拉机的轮胎和履带对土壤压实的影响最大，履带拖拉机的比压小，滑转少，不易破坏土壤结构，所以对土壤的压实作用比轮式拖拉机小。犁、耙、中耕等耕作机械作业时，分别形成深浅不同的压实层。犁地以后的整地作业一般包括耙地、镇压等，如用小型拖拉机，轮胎滚压面积可达耕作面积的90%。超出需要的过度耕作，是土壤压实的原因之一。

（2）土壤内压应力的分布　　土壤表面可有不同的方式携带一定的重量，如高压单狭轮、低气压复轮、长度比宽度大好多倍的履带。这些行走机构都将压力施加于土壤，但压力分布的式样和受压面积都不相同。表面压力的式样决定了土壤内某一深度的压应力。一般来说，轮胎的气胀压减小，土壤中受到的压力也减少。但轮胎表面的花纹突出会产生压力集中，这样就使土表受到的压力大于轮胎气胀压。

（3）土壤含水量　　土壤压实与土壤含水量有密切关系，土壤在塑性状态时最易被压实。水浇地土壤的湿度较高，压实的可能性大。

（4）农机具的接地压力　　农机具的接地压力太大，在一定含水量范围内，压力越大，土壤被压实的程度也越大。苏联的一些研究者认为，虽然对土壤的允许荷载还不能确定，但分析已积累的资料，可以得出接近允许荷载的极限数值，这些数值是：播种前整地、播种、镇压小于 $5\sim6\mathrm{N/cm^2}$，夏耕和秋耕（土壤湿度小于田间持水量的60%）$10\sim15\mathrm{N/cm^2}$，而现在拖拉机轮胎的接地压力为 $8\sim16\mathrm{N/cm^2}$，播种机轮子接地压力为 $12\sim19\mathrm{N/cm^2}$，谷物康拜因联合收割机为 $18\sim23\mathrm{N/cm^2}$。所以现有的农机具在田间作业，不可避免地会导致土壤压实。

（5）工作部件的压力　　工具工作时，表土下的土壤常常受到很高的压力。通过对工具的压力引起土壤运动的情况观察发现，工具前的土壤受力向上和向下移动，土壤在运动中被压实。工作部件也是使土壤板结的其他压力源，因机具对土壤的作用不仅有压缩力，还有剪切作用。黏质土壤发生黏闭后，土壤将发生强烈收缩，因此会使土体发僵变硬。

（三）防止土壤压实的方法

在现代农业中，常常需要对土壤压实进行控制。田间进行的各项作业中必然包含着某些压实作用。因此，土壤管理的主要任务，首先是尽可能减少土壤的压实，其次才是减轻或改变那些不可避免的由机器往来和耕作活动所产生的土壤压实。

使紧实土壤疏松是一个难点，采用深耕器破碎致密土体几乎是必要性的措施。但这样耕作的主要问题之一是土块问题。为了防止土壤压实，应该注意以下几方面的问题：采取适当排水措施，并平整地面，避免土壤过湿和局部地面积水；在相对干燥的土壤上进行作业，避免在塑性范围内耕作土壤；改进农机具的设计，减少接地压力；积极研究推广适合我国情况的少耕法和免耕法，减少耕作次数。

防止土壤压实的最明显的途径，除真正必须做的各项作业所引起的压实外，能够避免的应尽量避免。这就要求减少作业次数，包括基本耕作和辅助耕作（耕犁和以后的各项耕作活动等）。在最适时刻用最有效的机具尽可能进行一次作业。达到理想的土壤条件，而不要连续地多次进行作业。长期以来，人们了解到除必要苗床准备和防止杂草外，过度的土壤作业也会导致减产和土壤结构的破坏。事实上，过分的集约耕作反而会引起不良的结果，如有可能加速土壤的水蚀和风蚀。

近几年来，对过度耕作的危险性日益重视，从而发展了重要的新的田间管理体系，诸如"免耕法""少耕法"或"保护耕作法"，这些体系减少了作业次数，避免了不必要的土壤表层的翻动，一般都保留作物残体作为地表的保护覆盖层。从前，在果园和中耕作物的田间，为消除杂草，不得不进行反复、频繁地耕作。现在通过喷洒除草剂便可在很大程度上减少这些作业。减少耕作的潜在好处除避免压实作用和保护土壤结构外，还包含着节约时间、劳力和能量，而后者已日益变得更加重要。然而，过分依赖植物毒性化学制剂，会带来严重的环境污染问题。

因为土壤压实主要是由于重型机具在田间的任意运行而引起的，所以有学者曾建议在田间设置狭窄的固定车道，把车轮碾压的面积尽可能减小到 10%以下。在中耕作物苗床整地中，由于往往会形成结构易遭破坏的碎屑化的表土层，因此应把作物种在狭窄的条带上而不像从前那样种在整个土地上。于是，在行间可以保持开放的、团块状的状态，以利于通气透水、减少水蚀和风蚀。

一个极其重要的因素，是要按照土壤水分条件，适时地进行田间作业。潮湿的土壤很易被压实，所以利用重型机械作业时，应尽可能在较干燥的土壤上进行，因为干燥土壤不易被压实。

第五节　土壤的坚实度

一、土壤坚实度的概念

土壤坚实度是用 30°圆锥形测头插入土壤时，与垂直压力相当的土壤阻力。由于测头呈圆锥形，因此土壤坚实度又称圆锥指数。苏联将土壤坚实度称为土壤硬度。这是土壤强度的一个综合指标，包括剪切、压缩、拉伸及摩擦，有时还包括塑性破坏的强度值。对于根系遇到的阻力，使用该指标更为适合。土壤坚实度的测定值受锥头大小、锥头表面光洁度、作用速度等因素的影响。美国农业工程师协会制定了关于测定土壤坚实度仪器的标准，内容是：用不锈钢制成的、光洁度为 63nm 的 30°锥形测头，①底面积为 3.2cm^2、底径 20.27mm、杆径 15.9mm；②底面积 1.3cm^2、底径 12.83mm、杆径 9.5mm。测头②用来测坚硬的土壤。

虽然测定土壤坚实度的仪器很简单，但是它是土壤力学性质的综合指标。测头压入土壤时，与土壤之间的关系是很复杂的。除受土壤的松紧状况、孔隙度等物理性质的影响外，还受土壤摩擦阻力、抗剪强度等因素的影响。

二、影响土壤坚实度的因素

土壤坚实度的大小，因土壤质地、结构性和含水量等的不同而有很大差别。同一种土壤主要受含水量的影响。这是因为土壤水分影响所有的土壤物理机械性质。苏联土壤研究所的试验表明土壤坚实度与土壤水分成负的线性关系，相关系数为 0.53～0.90。

含水量相同时，土壤坚实度随着土壤容重的增加而增大，但含水量增加时，差异逐渐缩小。

三、土壤坚实度对作物生长的影响

在坚实的黏土中，种子发芽和幼苗出土困难，造成出苗延迟，影响出苗率、出苗整齐度等，同时根系下扎受阻，块根块茎不易膨大，尤其是对直根植物、块根、块茎花卉和根系较弱的植物影响更大。过松的土壤，造成植物根系不能与土粒紧密接触，吸水吸肥都有困难，还可发生吊根现象，造成幼苗死亡，有的植株因根系不稳，支持不住地上部分而倒伏。

土壤过紧实，通气不良，微生物活动弱，有机质分解缓慢，有效养分含量低，对树木、花卉生长不利。降雨下渗困难，往往形成地表径流和积水，造成水土流失。土壤过松，容易漏水漏肥，不易蓄水保肥，供水供肥能力差。同时土温不稳定，易热易冷，会影响树木、花卉的生长发育。适宜的坚实度是树木、花卉生长的重要条件之一。苗圃地的中耕松土、镇压、灌水、施有机肥等措施，都是改变土壤坚实度的重要方法。

四、土壤坚实度的应用

土壤坚实度是一个很有用的参数，主要用于以下两方面。

（一）土壤性状的指标

虽然土壤坚实度不能说明某一土壤性状及其变化，但是在土壤耕作前后，测定土壤坚实度的变化，可以反映出土壤性状的差别，说明某些耕作措施的作用，以及作用的时间，从而为制订合理的耕作措施提供依据，如深耕一次能维持多久等。测定不同深度的土壤坚实度还可以说明上下层土壤性状的差别，如有无坚实层及其厚度等。此外，作物生长与土壤坚实度的关系密切。

（二）用以计算某些土壤-机具力学性质

许多研究者根据土壤坚实度与土壤阻力、拖拉机的通过性、滚动阻力等的关系，根据实验数据，进行相关分析，建立了许多经验公式。这里介绍一种用土壤坚实度计算土壤比阻的方法。土壤比阻即犁地时单位面积的阻力（N/cm^2），土壤比阻也是很有用的参数，各种土壤的比阻差异很大。例如，我国西南地区的冬水田，比阻为 $1.8\sim2.3N/cm^2$，而云南的胶泥田为 $12\sim14N/cm^2$，相差近 7 倍。土壤比阻通常用拉力表测定，费事费力，且各季节的土壤含水量不同，土壤比阻也是变化的，需要有一种简单的计算方法。苏联学者根据试验，得出土壤坚实度与比阻的关系为

$$P = C + R_X T \qquad\qquad (6\text{-}6)$$

式中，P 为土壤比阻；C 为常数；R_X 为斜率（dP/dT）；T 为坚实度。

对于田间土壤，其含水量、容重、抗剪强度及结构状况都随深度而变，这些因素都会对坚实度计算方法的数据解释存在很大困难，特别是坚实度仪触土探针前的压实影响及杆和土壤啮合使对一特定深度测得的锥体指数与该深度的真实情况不一致。因此，坚

实度仪用来测定比较含水量和结构条件相同的土壤强度是有用的，它可快速而简便地得到数据。如果土壤状态不同必须做辅助测定，如含水量。如果要知道特定强度的分力，如土壤抗剪强度和抗压缩性，则必须用直接测定法，如用剪切盒、密度测定装置等。

学习重点与难点

重点掌握土壤的物理机械性质。

复习思考题

1. 什么是土壤的物理机械性质？包括哪些方面的内容？举例说明。

2. 土壤的物理机械性质对土壤耕作的影响有哪些？

第七章 土壤耕作

土壤耕作是历史最悠久的农业技术之一。它不仅是农业生产中重要的增产措施，也是调理和制约土壤耕层退化、改善土壤环境最直接的措施。随着科学技术的不断进步，土壤耕作法正在发生着重大的变革。

从土壤的形成过程来讲，可将其分为自然土壤和耕作土壤。自然土壤是指在自然植被下形成的未受人为活动干扰的土壤；耕作土壤是在人为耕耘、管理条件下稳定种植作物的土壤。

第一节 土壤的基本耕作

土壤耕作是根据作物发育和生长对土壤的要求及土壤特性，利用机械或非机械方式对土壤进行定向扰动，调节耕层和团粒结构分布，创造蓄水性强、微生物活性稳定、土壤结构疏松，利于作物根系分布、养分吸收和安全生长的理想根区环境。

一、土壤耕作的目的

（一）改善土壤结构

在各种自然因素和耕作措施的影响（如降雨和机械的压力）和作用下，上层土壤成为透水性、透气性差的紧密板结状态，该状态限制了好气性微生物的活动。因此，采用土壤耕作可以使土壤碎散成团粒结构或团聚体状态，改善了土壤空气、水分和养料等环境状况。

（二）创造和保持良好的土壤耕层构造和表面状态

耕作土壤可分为耕作层、犁底层和心土层等。耕作层是指由长期耕作形成的土壤表层。它的养分含量比较丰富，土壤为粒状、团粒状或碎块状结构，微生物活动旺盛。耕作层的表层（0～3cm）受自然因素的影响最大，其结构状况对水分的性质、渗入、蒸发、水土流失、气体交换和出苗难易均有影响。3～10cm是表土根床层，是根系分布的主要部位。这层土壤的性状和肥力因素状况，对作物生长的影响较大。犁底层是在长期的同一深度耕作情况下，由于犁的压力，以及上层土粒随水向下移动、沉积而形成的。犁底层位于耕作层以下，厚度为6～10cm，很紧密，孔隙度小，所以通气性差，透水性不良，结构常呈片状，甚至有明显可见的水平层理，会对作物根系的生长产生较多弊端。心土层受自然因素的影响不大，作物根系少，但在肥、灌溉等措施的作用下，部分营养物质能淋洗到这一层，水分状况比较稳定，能供给作物生长后期部分水分和养料。底土层一般在 50cm 以下，受生物气候的影响极微，根系分布极少，再往下就接近于母质了。

耕层构造良好能促进雨水的渗入和保持；提高空气的含量和交换速率；促进根系穿透和向下生长；防止土壤冲刷。因此，要提高耕作层厚度。耕作层下层的土壤团聚体细小，并且经过沉实，比较稳定。上层土壤团聚体稍大，越接近地表面，团聚体越大，避免在雨水的作用下很快被破坏，以保持土壤的结构性。旱地土壤耕作时，要破除犁底层。

耕层表面状态与耕层水分含量、环境温度密切相关。表面越粗糙，越有利于水分下渗，减少由风、水引起的侵蚀。表面起垄耕作，能使土壤保温、保墒。沟播可以起到抗旱的作用，减轻盐害等。因此，土壤耕作不仅可以创造良好的耕层结构，还需根据当地的气候条件创造适宜的耕层表面形态。

此外，土壤耕作的目的还有清除杂草、翻埋肥料和防治病虫害；把作物残茬和有机肥料掩埋并掺和到土壤中等。

二、耕作对土壤的机械作用

（一）碎土

碎土是指按照气候条件和作物种类的不同需求，将土壤碎散成大小不同的团聚体，降低土壤颗粒粒径。一般而言，以直径 1～5mm 土壤团聚体为好，干旱地区宜小，潮湿地区宜大。大于 5mm 的团聚体因空气孔隙太大，不利于幼苗根系的生长。在此基础上还要考虑团聚体在外界条件下是否发生变化。碎土程度影响着土壤孔隙度、毛管孔隙和非毛管孔隙的比例。

在我国北方，农民把直径大于 50mm 的土块称为"坷垃"。其主要特征为：内部土粒紧密结合，但坷垃之间的孔隙太大，因此水分蒸发较快，影响播种出苗（这在土壤学部分有介绍）。

（二）翻土

翻土是转换表层土壤和下层土壤的位置。它主要起到的作用如下。

（1）恢复土壤结构　　表层土壤在自然环境和耕作措施的影响下逐渐变紧，使结构遭到破坏；在有机肥料、作物的根系和微生物等因素的作用下，下层土壤逐步得到改善和提高，使土壤结构比较好。因此，翻土能够改善土壤的结构性。此外，翻土后的黏重土壤在经过冻、融或干、湿交替以后，可以进一步使土块碎散，结构性得到进一步的改善。

（2）翻埋残茬肥料　　翻土能将不易分解的作物残茬翻出地表然后用土覆盖；可以促进有机肥料的进一步分解，减少养分损失；减少某些化肥如胺态化肥的挥发，有效提高有机肥的利用率。

（3）抑制杂草丛生、病虫害发生　　翻土破坏了害虫的生存环境和杂草种子的生长环境，可以降低作物病害，抑制杂草生长。但翻土后，土壤更容易失水，并受到风和水的侵蚀。同时杂草种子经翻土后到达不同深度，还有可能继续萌发，干扰作物的生长。

（三）压土

压土是能够减少土壤中的大孔隙数量，使土壤变紧密的方式。压土的作用如下。

（1）保持土壤水分　　在比较干旱的条件下，土壤水分已不成连续的毛管水，会不断蒸发。压土通过减少大孔隙，可以使土壤结构变得紧密，使毛管变细，一部分断裂的毛管水能成为连续的毛管水上升到土壤表层，减少地表面水分的蒸发，有利于作物种子的发芽。

（2）促进种子发芽与幼苗生长　　压土能使种子与土壤紧密连接，促进水分吸收和发芽。此外，大孔隙的减少能够促进幼苗根系的生长。这是因为幼根不能通过较大的孔隙，只能绕过孔隙弯曲地生长，影响作物根系的下扎。但压土后，减少的空气孔隙降低了渗水性，这使作物生长后期土壤容易变得紧实。

（四）混土

混土是把整个耕作层的土壤混合得均匀一致。在一些特殊情况下才需要混土。例如，施用石灰或石膏来改良土壤。开垦沼泽土，使表层有机质与土壤矿物质颗粒混合，以加速有机质的快速分解。菜园地等施用大量的有机肥料时，混土能够使土壤肥料混合、分布得均匀。

三、土壤耕作措施

土壤耕作措施包括基本耕作措施和表土耕作措施两个环节。基本耕作措施的耕作深度为整个耕作层，可以改变整个耕作层土壤的性质。表土耕作措施的耕作深度较浅，一般是在基本耕作措施的基础上进行的。

（一）基本耕作措施

耕地经过种植作物后，土壤逐渐沉实板结，用有壁犁进行翻耕，具有以下几个方面的作用：第一，翻转耕层、变换耕作层上下层次，可以起到改善土壤结构的作用；第二，土垡在翻转时受犁壁挤压，可起到散土的作用；第三，通过翻耕可以掩埋有机肥料、作物残体、杂草、病虫有机体，起到清洁田间的作用。耕地经过翻耕后，土壤容重下降、孔隙度增加、通透性变好，因而能促进好气性微生物的活动和土壤养分的释放，能提高土壤渗水、蓄水、保肥能力和提高土壤肥力。耕深应在原有的基础上，结合增施有机肥逐年在加深，一般深度为16～20cm。

基本耕作除翻耕外，还有旋耕、深松耕和上翻下松等方式，它们的主要作用与翻耕相似，与翻耕相比各有优缺点。但在生产实际中，应用不如翻耕普遍。利用无壁犁或深松铲可进行不翻转土层的深松土耕作，干旱年份或少雨地区有利于减少由耕翻造成的土壤水分散失，可以改善土壤耕后结构，协调土壤三相比例及水、肥、气、热状况，但不能翻埋肥料、作物残茬和杂草等。旋耕是利用旋耕机在水田进行整地作业，可以一次完成耕、耙、平、压等多项作业，能够破碎作物残茬，混拌肥料，使耕层疏松平整。但在水浸的条件下频繁旋耕会破坏土壤结构，因此要结合干耕晒垡交替进行。下面进行具体阐述。

（1）有壁犁犁地（翻耕）　　这是应用最普遍的耕作措施。有壁犁能够同时翻土和碎土，其性能主要取决于犁壁的形式。螺旋形犁壁长而成螺旋形弯曲，能完全翻转土垡，主要用于犁翻草多的荒地，但碎土作用小。圆筒形犁壁成圆筒形弯曲，适于耕作杂草多、质地轻的土壤，这种土壤容易裂散，犁壁曲度大才能使它翻转。半螺旋形犁壁（或称熟地型犁壁）介于上述两种犁壁之间，适于大多数土壤。

（2）圆盘犁犁地　　圆盘犁因碎土作用强，翻土作用小，主要用于残茬少的轻质土壤或黏重潮湿因而黏着性强的土壤。圆盘犁的直径为 50～76cm，深度为 10～25cm。经圆盘犁犁地以后，残茬与表土混合且具有粗糙的表面，能在一定程度上防止土壤风蚀，增加雨水渗透量，适用于干旱地区。

（3）旋耕　　旋转犁是旋耕的工具，主要工作机构为旋转的滚筒，上面安装各种形式的犁刀。转动时借犁刀的切割作用碎土并混土。经旋转犁犁地后，土块碎散，地面平整，播种后出苗整齐。但降雨和灌水会使土壤变紧，造成水分和空气状况恶化使产量受损。所以一般在旱地不建议使用它。水稻田由于经常保持水层，土壤是否松软仅取决于微团聚体的数量。用旋转犁耕作水稻田，不会发生破坏土壤结构的粉碎作用。同时，因为水田土壤含水量高，耕作时不易碎散。在我国南方双季稻地区早稻收割后，晚稻插秧前进行旋耕，能形成松软的耕作层，并将稻茬打碎，压入土中，效果较好。

（4）深松土　　深松土是疏松心土而不翻到表面的耕作措施。深松土的农具有三种类型：心土犁、凿形犁和松土铲，它们分别适用于不同的条件。

心土犁的犁体为凿形的齿，犁体长 30～50cm，宽 10～15cm，犁体与地面成 20°～25°角。心土耕作的目的是疏松由于自然条件或者是由于机械耕作压实而形成的坚实层，使水分能上下自由移动，作物根系能顺利向下生长。心土犁松土后，土块中的大孔隙增加，透水速度显著增加，有些土壤的持水量也增加。心土犁耕作的增产效果，取决于耕作时土壤湿度和土壤特性。只有在耕作深度范围内，土壤干燥到能够碎散时进行耕作，或在坚实层，心土耕作才表现出良好的效果。如果耕作时土壤湿度过大，心土耕作的效果就会受到很大影响。

凿形犁是在犁架上安装若干窄而坚固的齿，齿与齿之间相隔 20～30cm，最多耕深能达 40cm。凿形犁只松土，不翻土，适于在干旱条件下使用，以避免水分损失。由于耕作深度比一般有壁犁深，因此也能起到疏松犁底层的作用，但碎土性能不如有壁犁。凿形犁所需动力为有壁犁的一半。凿形犁耕作后残茬基本上留在地面（混入土中 25% 左右），撒施的肥料也只有部分混入表土中，所以每隔几年需用有壁犁再犁一次。

松土铲加装在有壁犁犁体后面，深度比犁地深度深 10～12cm，主要用于破除犁底层。有些土壤如东北的白浆土，腐殖质层很薄，下面为有机质少而没有结构的白浆层，用松土铲耕作效果较好。但松土铲存在一个问题，即当上层土壤适宜翻耕时，下层土壤含水量太高，很难达到理想的松土效果。

近年来，黑龙江省及东北推广的深松耕作法，所用的农具主要是凿形犁和有壁犁后面加装松土铲。

（5）犁地的深度　　深耕能够增加耕作层的深度，改善土壤透水性和透气性；增加土壤蓄水量；促进下层微生物的活动和繁殖，有利于有机质的分解和转化；促进植物根系的发育，改变根系密集分布在表层的状况，根的数量也有增加。这些变化促进作物地上部分生长，使产量增加。此外，在深耕的基础上，密植、施肥、灌溉等其他技术措施才能发挥更大的作用。

但深耕的作用效果具有一定的范围，在实际生产中确定翻耕深度，还需考虑土壤特性、作物种类及经济效果等。

（二）表土耕作措施

表土耕作是配合基本耕作进行的辅助性措施，包括耙地、耢地、开沟做畦等作业。耙地具有破碎土垡、平整地面、混拌肥料、耙碎根茬杂草、减少土壤蒸发等作用；耙后耢地可把耙沟耢平，并兼有平地、碎土和轻压的作用，能更有效地减少土壤水分蒸发，并提高播种或移栽的质量。雨水多、地下水位高的耕地，开沟做畦是排水防涝的重要措施；雨水少、需要灌溉的耕地，做畦则有利于节水灌溉。耙地的深度一般为 3～5cm。做畦可以分为平做畦和高做畦，形状有方形、长方形，长、宽可视具体情况而定，原则上是有利于排水，又能充分利用土地。

（1）耙地　　耙地的主要作用是碎土，钉齿耙除碎土外，还能起到平土的作用。犁地以后的地面不平整，坷垃多，上层下层松紧不一致，坷垃之间互相架空，水分在这种情况下极易蒸发，不适于播种。犁地后耙地能够使土块碎散，起到平土作用，解决了土壤松紧程度不一致的问题。在耙地压力和土壤自然下沉的作用下，下层土壤变得比较紧密，形成了上虚下实的耕作层，能够保持土壤水分，促进种子发芽及幼苗生长。

生产上应用的主要有圆盘耙和钉齿耙。圆盘耙随着曲面圆盘的滚动，切开和破碎土块，并轻微翻土。圆盘耙由于碎土能力强，耙得深（8～10cm），适宜应用到黏重的土壤上。圆盘耙的平土和保水作用差，需要结合钉齿耙耙地。钉齿耙的主要作用也是碎土，破除土壤表面的板结层，清除刚发芽的杂草，为撒播的作物种子覆土。犁地等作业以后应及时用钉齿耙耙地。钉齿耙需要的拉力小，配合犁、圆盘耙、耕耢机组成复式作业机具，效果更好。

（2）耢地　　耢地又称盖地，在我国具有悠久的历史，现在北方旱地仍然普遍应用。耢地的农具是由木框和树条编成，被称"耢"或"盖"。

耢地是利用树条与土块之间的摩擦进行碎土，且碎得比较细，但作用深度一般在3cm 左右。耢地能更有效地减少水分蒸发，同时表面的干土层比较薄，更利于播种。

（3）镇压　　镇压能够防止水分蒸发，保持土壤水分，有利于播种和种子发芽。镇压时间最好选在初春刚解冻时或者冬季，因为此时下层冻结，土块容易压碎。

下层水分经镇压后能上升到表层，供给种子吸收。一般而言，种子小的作物应播前镇压，以使播种深浅一致。黏重的土壤也最好在播前镇压，因为播后镇压会使黏重土壤板结，影响幼苗出土。而对于轻质土壤、种子较大而出土力强的作物如玉米，在播种后镇压效果更好。

（4）中耕　　中耕是指在作物生长期间，对作物行间进行的表土耕作措施，也称锄地或耢地，东北称铲，水稻的中耕称耘田。

中耕除能够清除杂草、提高地温以外，还能破除土壤表面的板结层，保持土壤的良好物理状态，因而增加了土壤的渗水性，使土壤吸收水分并保持较多的水分。由于中耕松土，土壤空气含量增加，通气性好，春季土壤增温也相应地加快，有利于作物的生长。

根据不同的气候和土壤条件，中耕的目的及对中耕的农业技术要求不同。在干旱地区和干旱季节，中耕时要求土壤细碎（小于 2cm 的团聚体应占 7%以上），并且不宜翻土。但在潮湿地区和潮湿季节，中耕时土壤不宜细碎，且要翻土。因为翻土能够改善通气性，同时翻压杂草。结构性好的土壤要减少中耕次数，结构性差的土壤要增加中耕次数。

同时，中耕的深度应考虑作物根系生长情况，以免伤根。我国北方农民的经验是，头遍浅（3cm 或略深一些）、二遍深（10cm）、三遍以后不伤根（浅）。

（5）培土　　培土是把作物行间的土壤培到植株根部的措施。中耕作物一般都需培土。培土能够：①促进作物上层根系的生长，特别是气生根的生长，如高粱、玉米等作物，在靠近地面的茎节上生长气生根，能吸收水分和养料，防止倒伏。气生根如离地面太远，即不能入土而失去作用，培土后气生根就能顺利地扎入土中。②培土后形成垄形，与阳光接触面增大，温度较高，透气性也好，故养料易于转化。③有利于灌溉、排水。

培土高度一般为 12cm 左右，底宽 30cm 左右。潮湿地区要高些，干旱地区相应低些。培土形成的垄，截面应成半圆形，以免坍塌或积水。培土应结合中耕分次进行，一般分 3 次进行。

第二节　土壤耕作制

一、不同的耕作方式

（一）平翻耕作方式

平翻耕作方式也称为"平作"，是世界上运用历史最久、最广泛的一种耕作方式。该方式为我国典型的精耕细作模式，是我国南方多数地区旱田所采用的耕法。经过平翻耕作后，土壤变得疏松，耕层更加深厚。不足之处是作业次数多，机耕的费用高，不适宜春季整地作业。传统的基本耕作作业入土较浅，形成波浪形的犁底层。

（二）深松耕作方式

深松耕作方式是在不翻转土层的情况下，以拖拉机为动力，牵引深松机具对犁底层和心土层进行深松，调整耕层以下的土壤构造状况，为作物生长创造比较适宜的土壤条件。

深松适用于土壤全面深松、垄翻深松、起垄深松、中耕深松等土壤作业。中耕深松一般耕深为 20～25cm。除中耕深松外，以破碎犁底层为原则，一般耕深为 25～

30cm；超级深松耕深大于或等于 30cm，各行深松误差为±2cm。有垄地块按垄距要求，全面深松行距为 30～50cm，行距误差为±2cm。深松沟凿形铲宽为 4.6cm，双翼铲宽为 10cm 左右。

与传统耕作方法相比，此方法不翻转耕作层，耕作质量较好，地面平整细碎、无坷垃，通过破除犁底层和疏松心土，创造了适宜的土壤紧实度，降低了底土的容重，增加了孔隙度，提高了土壤水分的保蓄量，使紧实的底土变松，促进了根系的发育，而且具有后效时间长和功率消耗低等许多优点。同时也要因地制宜地进行土壤深耕、深松，逐年加深耕层，结合增施有机肥，促进土壤熟化和结构形成。要防止一次耕翻过深，导致生土露出或把下面生产性状不良的土层翻上来，影响当年生产。

（三）垄作耕作方式

垄作耕作方式也叫"垄作"，是我国东北地区的固有耕作方法。垄作是在平整的耕地上，通过铧犁的作用，人为创造出垄形，形成了垄台、垄沟的小地形结构，是适于东北地区降雨形式的一种耕作方式。东北地区春季少雨、夏季雨水集中，春季垄体表层松土可以防止水分蒸发；铲趟后，夏季适量的降雨可贮藏于深土层中，雨量过多时则可利用垄沟排水，从而保证了垄体水分含量处于适宜的水平。

垄作可以比平作增加 30%左右的地表面积。由于垄作的垄体土壤表面积比平作大，白天升温快、温度高，夜间降温快，昼夜温差大有利于作物的生长发育。垄作形成的坚实垄体和残茬作为障碍物，有效降低了风速，同时还可以截留风中携带的土粒，防止水土流失作用明显。由于垄作播种时可以将杂草及杂草种子翻入垄底，可以让它先发杂草，然后再防治。垄作还可以将肥沃土集中于垄台，加厚了肥沃的耕作层，垄体高出地面，也便于坚实土体的气体交换。目前存在的问题有：受农具的限制，垄作耕层较浅；播种粗放，缺苗严重；虽然适用于作物幼苗的生长，但不能完全满足作物的后期生长，难以获得高产；不适用于小麦等密播作物。

在采用机引农具后，加入耙茬平作的环节，种植小麦等密植作物。现在普遍采用在翻耕的基础上起垄。随后又推行深松耕法，以凿形犁或松土铲代替犁地，并研制出耕播机，可以安装多种联合作业部件，适合垄作、平作和多种土壤条件。

传统耕作法能够按照需求获得适宜的土壤耕层深度和紧实度，对杂草和病虫害的控制能力强，能够翻埋残茬和肥料使深层土壤的有机质增加。但常规耕作也伴随着一些问题，例如：土壤水分状态受降水的影响较大；土壤侵蚀严重；土壤有机质的积累较困难，分解强度大；对土壤的自然结构造成破坏；耕作中耗能大、耗时且浪费资金。

二、少耕法和免耕法

土地的连年耕翻、耙压、多次中耕，消耗了大量的人力、物力、能源，引起或加重了土壤风蚀、水蚀，使土壤理化性状恶化。为了解决这些问题，国内外有关学者对耕作措施及制度进行了研究，他们认为：第一，作物残余物留在土壤表面，或者与表土混合，能增加水分渗入土壤，并减少水分的蒸发损失。地表的作物残余物可以减少雨滴的冲击作用，减少土壤结构的破坏。第二，中耕作物的播种行和行间所需要的最佳土壤条件是不同的，即在中耕作物田间应区分为两部分，需要比较紧密的种床部分和尽量保持疏松状态的行间部分。第三，作物根系腐烂以后，可以形成许多通气的孔道，所以相对来说不破坏土壤结构，土壤的物理性状较好。少耕法和免耕法就是适应这一改革出现的耕作方式。

（一）少耕法

少耕法是与传统耕法相对而言的，即把耕作次数减少到生产上需要的最低限度，并尽量避免对土壤的破坏。例如，与传统的机械中耕除草耕作法相比，使用化学除草剂的耕作法就是少耕法；我国东北地区和内蒙古的"垄下播"的固有耕法，实际也是少耕法，已沿用了几百年，它在合理的轮作、施肥条件下，能够保持稳产。垄播机、耕播机、耕播松土综合通用机的出现及"轮耕"的实施，促进了固有耕作方法的改革，进一步推动了生产的发展。下面主要介绍几种应用较多的少耕法。

（1）凿形犁松土播种法　　秋季作物收获以后，用凿形犁松土。第二年春天播种前再用耕耘机松碎表土，然后进行播种。这种耕作方法将作物残茬大部分留在土壤表面，增加了土壤渗水性，减少了风和水对土壤的侵蚀，避免了有壁犁犁地对土壤造成的不良作用。该方法需要的动力、劳力和机具投资仅次于传统耕作法。

（2）轮进播种法　　按照一般方法犁地，有的不耙，有的犁地后耙一次，然后用拖拉机牵引播种机播种。翻耕过的地，在经拖拉机轮子碾压以后，土块被压碎再被压紧密，形成良好的种床，种子播种以后发芽快并且整齐。其余的行间土壤粗糙而疏松，杂草种子在疏松的土壤中，在下雨或灌水以前不易发芽。在拖拉机后面再加装两个后轮，就可以利用 4 行播种机进行播种。轮进播种大约可节省成本 40%。由于适合犁地的土壤湿度，也是适合种子发芽的湿度，因此在同一块地上，最好是同时或同一天进行犁地和播种。

（3）条耕播种法　　用条耕播种机或旋转条耕播种机在有茬的地上条耕和播种。这种方法成本低，土壤冲刷减少，但不能充分发挥残茬覆盖时的生态效益。耕播时对土壤水分的要求比较严。旋转条耕播种机使用不当的话，容易破坏土壤结构。

（4）残茬覆盖耕作法　　为了使前作物的残茬均匀地覆盖在土壤表面，用宽幅翼形犁（或称残茬覆盖犁）疏松土壤，切割杂草，而将残茬留在地面。有时翼形犁上加装除草杆或残茬切碎器等附件，将刚发芽的杂草拔出，残茬也能更好地覆盖地面。残茬覆盖耕作法能显著减少风和水侵蚀土壤，增加土壤渗水性，减少水分蒸发。这种方法在干旱地区应用较多。

少耕法的整地和播种大多同时进行，因此对土壤水分的要求严格，太湿不能保证整地播种的质量，太干出苗不足，不能保证良好的出苗率。此外，还需要专用的农机具，并且仍会出现水土流失和土壤压实的现象。

（二）免耕法

免耕法是与传统的土壤耕作法相对而言的。这种方法主要根据两个方面：第一，耕翻是不必要的，耕翻后的土壤会遭到风蚀、水蚀；第二，上茬作物留下的地面覆盖物是有效的，可增加土壤有机质，并能减少地面水分蒸发。提倡免耕法的人认为，传统耕作法对土壤加工次数过多，势必影响土壤结构的形成和恢复，在不适当的连年耕翻情况下，耕层翻松了，但又很快被压实了，不仅不能彻底改善土壤的物理性状，反而会使土壤有机质逐渐下降，地力逐年衰退。在一些干旱、风沙大的漫岗缓坡地域，由于连年翻耕，土层过松，加剧了风蚀和水蚀，同时耕翻促进了杂草种子在全耕层混杂，造成草荒。我们提倡采用免耕法，即不进行耕翻就进行播种（茬地直播）和收获作业。在不耕翻的基础上，尽量减少其他耕作措施，如中耕、除草、管理等，能耕一次完成作业达到预期目的。

推行免耕法必须具备高效能的化学除草剂，有机无机复合化肥和防治土壤病虫的化学药剂及农田覆盖物，并利用免耕直播机按照农艺学要求将种子、化肥、药剂、除草剂等播入土壤中，一次完成机械化作业。例如，美国有些推行免耕法的农场，在作物收割前，用飞机撒播麦类或牧草种子，让其自然生长，当作物收割后，使地面保留一层植被，以提高土壤肥力和保持水土。一般玉米地撒播黑麦，麦类作物撒播牧草，当下茬作物播种时，用化学除草剂杀死这些覆盖物和其他杂草。免耕法不是在任何地区都可实行的。例如，潮湿、雨勤、重黏土的地区，就不宜采用。现代化的农具也是采用免耕法成功的重要保证，免耕的系列配套机械主要集中于播种和收获两项作业上。播种机要研制精密度高的联合作业的耕播通用机械，对因免耕法而产生的紧密实层要有良好的入土切割性能，以便切割根茬和切开表土，利于播种。收割机要有茎秆切碎等附加设置。免耕法同传统耕作法相比有以下优点。

（1）减少水土流失　　由于残茬覆盖地面，表土结构破坏少，土壤渗水性好，水土流失少。残茬覆盖不仅渗水性好，蒸发也小，所以土壤含水量高。

（2）增加可耕地面积　　坡度小于 15%的坡地，不适于用传统耕作法种植作物，因为水土流失极为严重。但应用免耕法，在坡度 20%时，水土流失得极少，但仍适于种植作物。这样就可以扩大耕地面积。

（3）降低生产成本　　一般来说，免耕法可以节约机械投资、燃料和动力等问题，但需增加除草药剂和化学农药的支出，据 S. H. Phillips 对玉米生产的统计（2 年资料），免耕法比传统耕作法能降低成本 4%～8%。

免耕法存在的问题有以下几种。

（1）病虫害多　　由于植株留在地面，为第二年的发病提供了条件，如大豆茎褐腐病、玉米大斑病，只有当植株被分解以后，病菌才因得不到养分而死亡，所以免耕法造成的病虫害比较严重，主要是地下害虫多，如地老虎、蛴螬等。

（2）杂草丛生是免耕法存在的重要问题　　现在虽然有很多种除草剂的除草效果好，但还有少数多年生杂草，喷除草剂也无效。所以在杂草多的土地上，不能采用免耕法。

（3）降低土温　　由于残茬盖在地面，阳光不能照射到土壤表面。据测定，在表土 2.5cm 土层处，免耕法的土温比传统耕作法的低 3～6℃，在 10cm 深处低 2～4℃，这对温度较低的地区也是限用的。

此外，潮湿地区、黏重土壤由于土壤水分太多，免耕法的效果也比较差。根据许多国家研究单位的试验，免耕法的产量和传统耕作法相比，无显著差异，在干旱年份或干旱地区，免耕法比传统耕作法增产，反之则会减产。

少耕法和免耕法是随着科学技术的进步和生产的需要发展起来的,都能较好地保护土壤耕层,减少水土流失,省工、省机及节省能源,但易发生草害和病虫害,需要有适于免耕和少耕作业的农机具与配套的栽培品种等。

三、保护性耕作机具

保护性耕作由机械来完成大多数作业,其所有机具种类比传统耕作机具少,但主要机具的结构和性能一般比传统机具要求高并且结构复杂。

(一)免耕播种机

免耕播种机又称免耕覆盖播种机、免耕覆盖施肥播种机,是保护性耕作的关键。

免耕播种机要同时完成播种和施肥作业,种子和肥料要播施到有秸秆覆盖的田地里,有些免耕地,播种床条件比传统耕作田地条件差。所以免耕播种机除了要有传统播种机的开沟、播种、施肥、覆土、镇压功能的配置,一般还必须有具除草排堵功能、破茬入土功能、种肥分施功能等的配套装置。

(二)深松机

深松是在翻耕基础上总结出来的利用深松铲疏松土壤,加深耕层而不翻转土壤,是适合旱田地的耕作方法。深松能调节土壤的三相比,土壤耕层结构得到改善,提高了土壤的蓄水、保水、抗旱能力。深松所形成的虚实并存的土壤结构有助于气体交换、使矿物质被分解、微生物被活化,培肥了土壤肥力。因此,在旱地保护性耕作中,深松是少耕作业中一项最基本的农业技术措施。目前生产上通常使用的深松机主要分为立柱式(凿式和铲式)和倒梯形深松机两种。

(三)浅松机

研究表明,带大箭铲的浅松机是保护性耕作播前作业的最佳机具,其有松土(减少播种开沟器的开沟阻力)、除草、平地等作用。

(四)其他机具

除以上机具外,机械化保护性耕作实施中还需要秸秆粉碎机、喷雾机、缺口圆盘耙或弹齿耙等,根据需要有时也要用到旋耕机,这些机具无特殊性,与传统作业机具的性能要求相类似。

学习重点与难点

掌握土壤的耕作措施及耕作制度。

复习思考题

实施保护性耕作的优点与缺点有哪些?

第八章　作物育种与种子繁育

第一节　良种在生产上的作用

农业的基础在于种植业，种植业的延续与可持续发展依赖于种子。作物种子是农业最基本、最重要的生产资料。农业生产无论采取何种现代化技术，都必须通过种子才能发挥出作用。种子尤其是良种，是农业增产增效的关键，也是各项技术措施产生效益的重要载体。

作物育种运用遗传规律，主要是改良作物的遗传特性，又被称为作物品种改良。它以遗传学为理论基础，并综合应用现代生物学技术，包括植物生态学、植物生理学、遗传学、植物生物化学、分子生物学、植物病理学和生物统计学等多学科交叉融合的生物技术，对发展种植业生产具有重要的意义。

一、品种定义及特征

（一）种子的含义

植物学上的种子是指由胚珠发育而成的繁殖器官（一般需经过有性过程）。可以直接用来作为播种材料的植物器官，在作物生产中都称为种子。种子植物的花中一般都有一个雌蕊。雌蕊下面有个膨大的部分，称为子房。子房里面生长着一个或者多个胚珠。农业生产中使用的种子分为双子叶与单子叶两类，但种子都是由种皮、胚乳和胚三部分构成的；人工种子的结构分为胚状体、人工种皮、人工胚乳。一般胚珠在受精以后发育成为种子。世界各国所栽培的作物大体上可分为以下四大类。

（1）真种子　　植物学上所指的种子，由胚珠发育而成，如大豆、棉花、油菜及十字花科的各种蔬菜、柑橘、茶、桑及松柏等。

（2）果实　　一些作物的干果，成熟后不开裂，可直接用果实处理以后作播种材料，如禾谷类作物的颖果（水稻种皮、大麦果实外部包有稃壳，又称假果）、苎麻的瘦果等。这两类果实的内部均含一粒种子，在外形上类似于真种子，所以又称为"子实"，意为类似种子的果实。

（3）营养器官　　许多根茎类作物（如甘薯的块根，马铃薯的块茎，芋和慈姑的球茎，葱、蒜、洋葱的鳞茎，甘蔗和木薯的地上茎等）具有无性繁殖器官，可用于繁育后代。

（4）人工种子　　经人工培养的植物活组织幼体，外面包上带有营养物质的人工种皮即种子包衣剂，也可用作种子。

无论以植物体的哪一部分作播种材料，它们均可以把品种的全部生物学特性和优良的经济学性状稳定地遗传下去。

（二）品种的概念

品种是人类在一定的生态和经济条件下，按照一定的目标与需要，在人类自然选择的基础上，经人工选择培育而成的具有一定经济价值，且性状相对一致，能生产出符合人类要求的产品的一类作物群体。这种群体具有相对稳定的遗传特性，在生物学、形态学及经济性状上有相对一致性，与其他群体在特征、特性上有所区别；这种群体在一定地域和耕作条件下种植，发挥其丰产性、抗逆性、优质特性，在产量、品质和适应性等方面都能符合生产发展的需要。优良品种具有地域性、群体性、时效性等特点。农作物品种具有特异性、形状具有相对一致性、遗传性相对稳定是对作物品种的 3 个基本要求。而基于品种这 3 个特性进行测试，可以作为植物新品种保护的技术基础和品种授权的科学依据。

任何栽培作物均起源于野生植物，在野生植物中，种群、种是基本的分类单位。人类经过长期的自然选择与栽培，选育出了具有一定特点、适应一定的自然和栽培条件的作物品种。因此，任何作物品种，虽然有其在植物分类学上的地位，属于一定的种及亚种，但不同于分类学上的变种。品种是一种重要的农业生产资料。优良的品种必须具有高产、稳产、优质、抗逆性等优点，深受当地群众喜爱，农业生产中被推广和使用；否则，就不能称其为品种。

（三）品种的特征

（1）稳定性　　作物品种在遗传上应该具有相对的稳定性，不会因为外界环境条件的改变而有所变化，如果品种稳定性不能够保持，优良性状就不能够遗传下去，不能应用于农业生产。

（2）地域性　　作物品种都是在特定的生态环境条件下形成的，是长期自然选择的结果，所以，在其生长发育期也要求种植地区有适宜的自然条件、耕作制度和生产水平，当环境条件不适宜时，品种的特定性状就无法发育形成，在农业生产中发挥不了特定的优势。

（3）特异性、整齐一致性　　同一品种的群体在形态特征、生物学特性和经济性状上应该基本保持一致，有利于作物栽培、管理、收获，便于产品的利用与加工。许多作物品种的株高、抗逆性和成熟期的一致性，会影响作物的产量和机械收获过程等。例如，棉花品种纤维长度的整齐一致性，对纺织加工业具有重要的意义。虽然对品种在生物学、形态学和经济性状上有一致性的要求，但不同作物、不同育种目标还是有区别。

（4）时效性　　任何品种在生产上被利用的时间都是有限的。每个地区随着耕作栽培及生态条件的变化、经济的发展、生活水平的提高，对品种的要求也会提出新的要求，所以必须不断地选育新品种以更替原有的品种。对原有的品种来说，若在多个地区被淘汰，不能作为农业生产资料时，也就不是品种，只能当作育种原始材料来使用。

（四）栽培品种的 DUS 三性

作物品种一般都应该具有 3 个基本需求或属性，分别为特异性、一致性和稳定性，简称 DUS 三性。

（1）特异性　　是指一个品种至少有一个明显区别于其他品种的可以辨认的标志性状。

（2）一致性　　植物新品种经过繁殖（除可以预见的变异外），生物学、形态学尤其是农艺学性状与经济学性状等相关的特征或特性具有一致性。

（3）稳定性　　作物品种经过反复繁殖以后或者在特定繁殖周期结束以后，新品种相关的特征、特性保持不变，具有遗传学上相对一致的稳定性。

二、良种在农业生产中的作用

良种是指在一定地区和栽培条件下能符合生产发展要求，并具有较高经济价值的品种。选用良种应包括两个方面，即选用优良品种与选用优质种子资源。良种在生产中发挥的重要作用如下。

（一）提高产量

这是良种应具备的最基本的条件。良种一般丰产潜力较大，在相同的地区和栽培条件下，可以显著地提高作物产量。除一些栽培面积小的作物外，我国各地都普遍推广增产显著的优良品种，一般能够增产达到 10%～15%，最多可达 50%，甚至成倍增产。

（二）改善品质

随着国民经济的发展和人民生活水平的提高，在提高农产品品质方面，品种的选择起着重要的作用。在国际上，粮食作物的高产育种有了新的突破，出现了以提高蛋白质和赖氨酸含量为主的品质育种新趋势；为满足纺织工业发展的需要，纤维作物在丰产的基础上，也要求品质优良；油料作物籽粒在含油量高的同时也要求品质好。

（三）增强抗逆性

良种对经常发生的病虫害和环境胁迫具有较强的抗逆性，在生产中可减轻或避免产量的损失和品质的变劣，进而达到稳定产量的目标。

（四）适应性广

良种适应栽培的地区广，适应肥力的范围宽，能适应多种栽培水平。随着农业机械化水平的提高，品种还要适应农业机械操作要求。例如，稻、麦品种应要求茎秆坚韧，易脱粒而不易落粒等；棉花品种应要求吐絮集中，苞叶能自然脱落，棉瓣易于离壳等。

（五）改进耕作制度，提高复种指数

1949 年以前，我国南方很多地区只栽培一季稻，随着早、晚稻品种及早熟丰产的油菜、小麦品种的育成和推广，现在南方各地双季稻、三熟制的面积大幅度提高，促进了粮食和油料作物生产的发展。

（六）提高劳动生产率

随着农业机械化水平的提高，新选育的作物品种特性也在适应农业机械化的要求，提高了劳动生产效率，促进了农业生产现代化水平的提高。

在生产实际中，十全十美的良种是不存在的，品种的优劣都是针对具体条件相对而言的。一个新品种，如果符合当地的生态条件和生产条件，又较现有的推广品种具有一定的优势，或产量高，或品质好，或抗性强，或成熟早，那就可以算作一个优良品种。

三、群体品种

群体品种的基本特点是遗传基础比较复杂，群体内植物基因型有一定程度的杂合性或者异质性。因此，根据作物种类和组合方式的不同，群体品种包括以下种类。

（一）异花授粉作物的自由授粉品种

异花授粉品种在种植时，品种内植物间可以随机授粉，也常与邻近的异品种授粉。这样由杂交、自交和姊妹交产生的后代，是一种特殊的异质杂合群体，但保持着一些本品种的主要特征，可以区别于其他品种。

（二）异花授粉作物的自由综合品种

该品种是由一组经过挑选的自交系采用人工控制授粉和在隔离区多代随机授粉组成的遗传平衡群体。这是一种特殊的异质杂合群体，个体基因型杂合、异质，但有一个或多个代表本品种特征的性状。

（三）自花授粉作物的杂交合成品种

该品种是用自花授粉作物的两个以上的自交系品种杂交后繁育、分离的混合群体，在特定环境中，主要靠自然选择的作用促使群体发生遗传变异，并希望这种遗传变异在后代中不断加强，逐渐形成一个较稳定的群体。该群体内个体基因型纯合，个体间基因存在一定程度的差异，但主要农艺性状表现型差异较小，是一种特殊的异质纯合群体。

（四）自花授粉作物的多系品种

多系品种是由若干近等基因系的种子混合繁育而成的。近等基因系具有相似的遗传背景，但个别性状有差异，是一种特殊的异质纯合群体。

第二节　作物育种的主要方法

种质资源是指携带有不同种质（基因）的各种栽培植物及其近缘种和野生种。种质是指生物体亲代 F_1 传递给子代 F_2 的遗传物质，它往往存在于特定的品种中。例如，地方品种、新培育的推广品种、重要的遗传材料及野生近缘植物都属于种质资源的范围。种质资源是生物多样性的重要组成部分，更是人类赖以生存和发展的重要物质基础。随着植物育种学的发展，种质资源概念的内涵已大大延伸。育种的原始材料、品种资源、遗传资源、基因资源与种质资源的概念大同小异。

不断地收集、研究和保存丰富的种质资源是作物育种成功和取得突破性进展的重要物质基础。20 世纪 50 年代，我国发现了'矮脚南特'和'矮仔占'等籼稻矮源，育成了'珍珠矮''广场矮'等一批矮秆籼稻品种。'低脚乌尖'籼稻矮源和'农林 10 号'普通小麦矮源的发现和利用，进一步推动了世界范围的"绿色革命"浪潮，成了解决世界性粮食安全问题的关键。而野败型雄性不育籼稻种质资源的发现，为籼稻杂种优势利用奠定了基础。因此，种质资源在作物改良方面有着十分重要的作用。

一、选择育种

（一）引种

广义的引种是指把外地或国外的新作物、新品种或品系，以及研究用的遗传资源材料引入当地。狭义的引种是指生产性引种，即从外地或国外引入能供生产上推广栽培的优良品种。引种不仅是解决当地迫切需要优良品种的有效途径，也是丰富当地育种材料的重要手段。此外，引种具有简便易行、见效快的优点。引种应包括引进原始材料、将野生作物变为栽培作物（驯化）和引进当地没有种过的作物。我国是多种作物的发源地，但也有不少作物是先后分别从国外引进的。例如，甘薯、玉米、芝麻、向日葵、花生、棉花、烟草等均是历史上不同时期引入我国的。

引种能够丰富品种引进地的种质资源种类，为新品种培育奠定物质基础，扩大原物种的栽培种植区域，对濒危植物起到一定的保护作用。同时应当指出的是，直接应用于大田生产的引进良种，在本地栽培条件下会出现许多有利的新变异，而成为系统育种宝贵的原始材料。

引种能否成功，取决于引种地区与原产地区生态条件（气温、日照、纬度、海拔、土壤、植被、降水分布及栽培技术水平等）的差异程度。引种地区与原产地区的生态条件差异越小，引种越容易成功。两类不同光反应型植物的引种反应比较见表 8-1。

表 8-1　两类不同光反应型植物的引种反应比较

方式	长日照作物	短日照作物
北种南引	生育期长（迟熟），营养生长好，植株高，穗、粒增大，或不抽穗开花	发育快（早熟），营养生长不良，植株、穗、粒小，生殖生长受阻
南种北引	发育快（早熟），营养生长不良，植株矮，穗、粒小，低产易冻害	生育期长（迟熟），营养生长好，植株高，穗、粒增大，或不抽穗开花

引种的主要步骤如下：第一，根据本地的生态条件和栽培特点引进品种。第二，品种观测。在有代表性的地块上，使用有代表性的栽培方法种植引进材料，并每隔一定间距种植当地优良品种作对照，在全生育期对材料进行定期观测并与对照品种进行比

较。第三，经 1~2 年品种观测后，选出少数优于对照的材料进行产量等比较试验，最后选出最好的材料在生产上推广。

（二）选择的意义和基本方法

选择是对育种材料进行选优去劣，是从自然的或人工创造的群体中，根据个体的表现挑选符合人们需要的类型或材料。

选择分为自然选择和人工选择。在自然条件下，生物体由于外界环境条件的影响，而发生变异。适应于自然界的变异个体，生存下来并连续繁殖下去；不适应于自然界的个体，则被"淘汰"。这种"适者生存，不适者被淘汰"的过程，叫作自然选择。在人为的作用下，选择符合人类所需要的变异类型，淘汰那些对人类不利的变异类型，这个过程叫作人工选择。现代的作物品种是在自然选择基础上的人工选择产物。

选择的方法很多，单株选择法和混合选择法是最基本的两种选择方法。上述两种方法又可分为一次选择法和多次选择法。

（三）引种的原理

1）气候相似论：原产地与引进地区之间影响作物生产的主要气候因素、生态型相似是引种成功的保证。

2）作物的形态特征和生物学特性都是自然选择和人工选择的产物，因而它们都适应于一定的自然环境和栽培条件，如果条件不良，作物就不能很好地生长。从远距离引种时应重视原产地与引进地区之间的生态环境相似，以保证引种成功。

（四）作物育种

作物育种是指运用遗传变异规律，通过改造作物的遗传基因和群体的遗传结构，选育出符合人类需要的优良品种的技术措施。作物育种的方法主要包括系统育种、杂交育种、诱变育种、生物技术育种和杂种优势利用。

系统育种的意义和作用：系统育种是采用单株选择法，优中选优，俗称为"一株传""一穗传""一粒传"。从现有大田生产的优良品种中，利用自然界出现的新类型，选择具有优良性状的变异单株（穗），分别种植，每个单株（穗）的后代为一个品系，通过试验鉴定，选优去劣，育成新品种，应用于生产中繁殖。由自然变异的一个个体，发育成为一个系统的新品种，叫作系统育种。它是自花授粉作物、常异花授粉作物和无性繁殖作物常用的育种方法。它是改良现有品种的一个重要方法，也是育种工作中最基本的方法之一。选择育种是简易有效选育新品种的好方法，是育种工作中最基本的方法之一；是利用自然变异，进行优中选优，不断改良和提高现有品种的有效途径；在遭受病虫害或其他不良环境条件灾害的地区或时期，选拔表现抗性的单株，进行选择育种，能够育成抗病品种。它具有以下几个特点。

（1）优中选优，简便有效　　与其他育种方法比较，选择育种工作环节少，过程简单，试验年限短。选择育种直接利用自然变异，所选的优良个体一般多是同质结合体，通常只需要 1~2 代的分离和选株过程。

（2）适合于群众性育种　　许多推广品种都是由农民育种家利用这一方法育成的，如小麦品种'内乡36''偃大5号'和大豆品种'荆山'等。

（3）连续选优，品种不断改进提高　　一个比较纯的品种在长期栽培过程中，会产生新的变异，通过选择可育成新的品种；新品种又不断变异，为进一步选择育种提供了材料。例如，从水稻地方品种'郡阳早'中育成了'南特号''南特16号''矮脚南特'和'矮南早1号'，它对我国双季稻北移起到了重要作用。

（五）选择育种的局限性

选择育种的局限性表现在：①不能有目的地创新、产生新的基因型。②改良的效果取决于品种群体中自然变异率的高低。通常有利变异的概率很低，所以选择效率不高。③育成品种的综合性状难以有较大的突破。其主要原因是连续优中选优，其遗传基础较贫乏，提高的潜力有限。

目前国内外育种的总目标是高产、稳产、优质、多抗和适应性强，这是现代农业对良种的普遍要求。但要求的具体内容与侧重点，因地、因时、因作物种类而异。因此，随着育种目标的多样化和育种技术水平的提高，选择育种的比例会随之降低。但是在育种工作开展较晚、地方品种大量存在的地区，选择育种仍是重要的方法。

二、传统育种

（一）品种自然变异现象及产生的原因

任何优良品种都有一定的特点，并具有相对稳定性，能在一定时间内保存下来。但是，自然条件和栽培条件是不断变化的，品种也不是永恒不变的，而是随着条件的改变或自然杂交、突变等原因，不断出现新的类型，即自然变异。因此，品种遗传基础的稳定性是相对的，变异是绝对的。

变异一方面是由于生物内部遗传物质发生变化。只有遗传物质发生变化才能产生遗传的变异，为选择提供原始材料。遗传基础的变异可能是自然杂交引起的基因重组；可能是基因突变，在某些基因位点上发生一系列变异；可能是染色体数目上或结构上发生变异；也可能是一些新品种在开始推广时，其遗传基础本来就不纯，而存在若干微小差异，在长期栽培过程中，微小差异渐渐积累，发展为明显的变异。这些遗传基础的变异，都可以引起性状发生变异。

同时，遗传基础的变异往往离不开环境条件的影响。特别是引进异地品种时，由于环境条件变化较大，品种的变异往往更加迅速而明显。如前所述的水稻品种'矮脚南特'被从广东引到长江流域以后，以及小麦品种'阿夫'从国外引入我国栽培后，在形态、经济性状、生物学性状各方面都有变异，通过系统育种都曾育出大批各具特色的新品种。因此，对引进的品种进行系统育种往往效果好。

（二）纯系学说

选择育种所依据的基本原理是纯系学说。纯系是指自花授粉作物一个纯合个体自交所产生的后代。纯系学说是由约翰逊提出的，主要内容有：①在自花授粉作物群体品种中，通过单株选择，可以分离出许多纯系；②同一纯系内各个个体的基因型相同，所以从纯系内继续选择是无效的；③同一纯系内受环境因素影响所出现的变异是不能遗传的。

三、杂交育种

不同基因型配子结合或相互交配产生杂种的过程称为杂交。杂交育种是通过两个遗传性不同的个体进行杂交获得杂种，继而对杂种后代加以人工选择、培育和比较鉴定，创造出遗传性相对稳定、有栽培利用价值的定型新品种的一种育种方法。杂交育种是国内外应用最广泛，而且成效最大的育种方法之一，也是人工创造变异和利用变异的重要育种方法。常规杂交育种是重要的育种手段之一；是与其他育种途径相配套的重要程序；可同时改良多个目标性状；更适于自花授粉植物的品种选育。

（一）杂交育种的遗传原理

杂交育种的遗传原理是基因重组、基因累加和基因互作。杂交可以分为有性杂交、无性杂交和体细胞杂交。有性杂交根据亲本亲缘关系的远近又分为品种间杂交和远缘杂交。

（1）品种间杂交　　同种或亚种内两个或两个以上品种个体之间进行杂交，即品种间杂交。品种间杂交是利用同种或亚种内不同的优良品种或品系作亲本，杂交后代的性状是亲本性状的继承和发展，因此，能否在杂交后代中选到理想的变异类型，与亲本的选配密切相关。如果亲本选配得当，其后代就会出现较多的优良变异，就容易从中选到理想的材料，育成具有优良性状的新品种，否则就会徒劳无功。所以，亲本的选配是杂交育种成败的关键。

（2）远缘杂交　　远缘杂交是指不同亚种、种、属，甚至不同科的植物之间的杂交，由于它们父、母本的亲缘关系很远，故称为远缘杂交。例如，籼稻与粳稻、栽培稻与野生稻的杂交，海岛棉与陆地棉的杂交，小麦与黑麦的杂交等，都属于远缘杂交。

远缘杂交作为一种手段，能引入不同种、属的有用基因，为创造作物新品种和新类型提供了一条重要的途径。通过远缘杂交培育出了更高产的优良新品种。但这种方法也存在杂种生活力弱，不育或育性低，后代性状分离大、时间长、不易稳定等问题。适当增加杂种后代的选株数量和选育代数，采用适当的品种进行复交或用亲本进行回交及利用杂交第一代（F_1）的花粉进行离体花粉培养，对克服远缘杂交后代分离有明显的效果。

（二）杂种优势的表现

杂种优势是生物界普遍而复杂的现象，其优势表现的形式多种多样。通过严格选配的组合，杂种一代的优势表现明显，主要表现为：生长势强，产量高，抗逆性强，适应范围广。

（三）杂种优势利用途径

利用杂种优势，首要的问题是怎样获得大量的杂交种，这要依各类作物的特点而定。下面提供一些可供选用的途径。

（1）人工去雄法　　适用于雌雄异花、繁殖系数高、花器较大、易于去雄授粉的作物。

（2）化学杀雄法　　选用一些内吸性的化学药剂，如二氯丙酸、乙烯利、杀雄剂1号、杀雄剂2号等，在花粉发育前的适当时期，用适当浓度的溶液喷洒植株，可以抑制花粉的正常发育过程，使花粉败育，但不妨碍雌花的生长发育，将杀雄的植株授予其他品种的花粉，以产生大量的杂交种。化学杀雄法的优点是可以自由选配组合，但也存在一些问题。例如，杀雄易受气候条件的影响，杀雄不彻底；制种产量一般较低；药剂残毒等。

另外，杂交育种包括利用十字花科作物的自交不亲和性、棉花品种的隐性核不育性，以及三系法和两系法等。

四、诱变育种

利用物理或化学的因素诱导作物的种子、植株和其他器官，引起遗传变异，然后通过人工选择，从中挑选有利变异类型，培育出符合育种目标的优良品种，这种方法称为诱变育种。在作物诱变育种中常用的物理因素为紫外线、α射线、β射线、γ射线、X射线、快速电子及中子射线等几种电离射线，化学因素为烷化剂、碱基类似物和叠氮化物等多种化学诱变剂，故前者称为辐射育种，后者称为化学诱变育种。由于化学诱变育种开展得较晚，加上原子能技术的广泛使用，目前国内辐射育种比化学诱变育种用得普遍。

诱变育种能够提高变异率，扩大变异范围；短时间内改变单一性状；改变作物孕性。但其存在难以确定诱变的变异方向和性质等问题。

五、生物技术育种

生物技术是近十年来飞速发展的细胞和组织培养技术、原生质体培养和体细胞杂交技术及重组DNA技术。它们是相对于传统育种技术而言的高新技术，因而已成为传统育种技术的重要补充和发展。生物技术育种扩大了作物育种的基因库；提高了作物育种的效率；减轻了农业生产对环境的污染；拓宽了作物生产的范畴。

六、航天育种

利用卫星、飞船等返回式航天器，将植物种子、组织、器官或生命个体送到宇宙空间，在太空高能离子辐射、微重力、高真空等因素的诱导下，使植物材料发生基因突变，再经过地面繁殖、栽培、测定试验，筛选出能够稳定遗传的优质、高产、抗逆性强的新品种。

航天育种的特点是变异频率高、变异幅度大、有益变异多、稳定性强，因而可以培育出高产、优质、早熟、抗病良种。

我国的航天育种项目已经进行了包括粮食作物、经济作物、蔬菜、花卉等高附加值作物的多次试验研究。

第三节 种子繁育

一、良种繁育

（一）良种繁育的意义及任务

良种包括品种品质与种品质，前者是指产量高、品质优、抗性强、生育期适宜等；后者是指播种品质（种子纯度和净度高、种子健壮、发芽率高等），必须是质量合格的优质种子，才能作为优良品种的优质种子。

良种繁育工作是指有计划、迅速、大量地繁殖优良品种优质种子的工作。其包括选育良种、繁育良种和推广良种等环节。良种繁育是育种工作的继续，是连接育种和作物生产的桥梁和纽带，是使科学技术成果转化成为生产力的重要措施。良种繁育任务包括以下几项。

（1）生产优质种子，实现品种的更换和更新　迅速而大量地繁育新品种、现有良种的优质种子，或繁育优质的亲本种子并配置杂交种，从而满足作物生产对良种的需要，加速良种的推广和品种的更换；提纯复壮后的原种，也需要迅速而大量地繁育种子，尽快替换同品种已经退化的种子，也实现了品种更新。

（2）防止品种混杂退化，保持良种特性　生产上大面积推广的优良品种必须进行选择提纯，防止品种混杂退化，保持优良种性，延长种子的使用年限。

（二）良种繁育的程序

一个品种按繁殖阶段的先后、世代的高低所形成的过程，叫作种子生产程序。在我国，一般将种子生产程序划分为原原种、原种和良种三个阶段。

（1）原原种　原原种也称育种者种子，是育种单位提供的纯度最高、最原始的种子，具有本品种最典型的特征特性。原原种由育种单位或育种单位的特约单位生产。

（2）原种　原种是指由原原种直接繁殖出来的种子或由正在生产上推广应用的品种经过提纯后质量达到国家规定的原种质量标准的种子，具有本品种的典型特征特性。需要达到三条标准。第一，性状典型一致，主要特征特性符合原种的典型性状，株间整齐一致，纯度高；第二，与原品种比较，由原种生长的植株，其生长势、抗逆性和生产力等不能降低，或略有提高（自交系原种的生长势和生产力与原品种相似），杂交亲本原种的配合力要保持原来水平或略有提高；第三，种子质量好，表现为籽粒发育好，成熟充分，饱满均匀，发芽率高，净度高，不带检疫性病害等。

（3）良种　良种是由原种繁殖而来的，特征特性和质量经检验符合要求，供应大田生产播种用的种子。自花授粉作物、常异花授粉作物良种一般可从原种开始繁殖2～3代；杂交作物的良种分为自交系和杂交种，自交系一般用原种繁殖1～2代，杂交种的种子只能使用一代。

（三）我国良种繁育体系

我国主要作物的良种繁育体系大致分为两类：①稻、麦等自花授粉作物和棉花等异花授粉作物的常规品种，经审定通过后，可由原育种单位提供原原种，省（地、县）良（原）种场繁殖出原种；对生产上正在应用的品种，可由县良（原）种资源圃提纯后生产出原种，然后交由特约种子生产基地繁殖出原种一、二代供生产应用。②对于玉米、高粱、水稻等的杂交制种，因要求有严格的隔离条件和技术性强等特点，可实行"省提、地繁、县制"的种子生产体系。

（四）品种混杂退化及其防止办法

品种混杂是指在某一个品种群体中，混有其他作物、杂草或同一作物其他品种的种子或植株，也称机械混杂；品种退化是指品种群体特征、特性发生了不利的可遗传变异，而造成品种群体经济性状和品质性状等变劣的现象。品种混杂退化虽是两个不同的概念，但它们之间常有共同的表现和内在联系。品种混杂退化的总体表现是品种纯度显著下降，性状变劣，产量降低，品质变差，抗逆性和适应性减弱等。

1. 品种混杂退化的原因

（1）机械混杂　　在某些作物的品种中人为地混入了其他品种、其他作物或杂草的种子，称为机械混杂。在品种种植过程中的种子处理、播种、收割、脱粒、晒种、贮藏、调运等各个环节，如果操作不严，都会误入其他作物或同一作物其他品种的种子，造成机械混杂。

（2）生物学混杂　　是指品种在种植过程中，由于和其他品种或其他作物发生天然杂交而引起混杂退化的现象。天然杂交是常异花授粉作物和异花授粉作物品种混杂退化的主要原因之一。

（3）不良环境条件和栽培技术　　良种的特征特性是在一定的生态环境和栽培条件下形成的，其优良性状的发育都要求一定的环境条件和栽培条件。如果这些条件得不到满足，品种的优良性状就得不到充分发挥，为了生存，适应这种不利环境条件，就可能会引起不良的变异和病变，退回到原始状态或丧失某些优良性状，导致品种性状的退化。不良的环境条件和低劣的栽培技术极易造成数量性状的不良变异和退化。

（4）选择作用　　包括自然选择和人工选择。一个相对一致的品种群体中普遍含有不同的生物型，种子繁殖所在地的环境条件会对这个群体进行自然选择，结果就可能选留了人们所不希望的类型，这些类型在群体中扩大，就会使品种原有特性丧失。在良种繁育过程中，由于不了解选择的方向和不掌握品种的特点等原因，进行不正确的选择，会加速品种的混杂退化。

（5）遗传基因的继续分离和基因突变　　品种是一个性状基本稳定一致的群体，品种内个体间或多或少都有一定的杂合性，即便是新育成的品种，群体中的个体之间在遗传性上总会有或大或小的差异。品种经过连年种植，本身会发生各种各样的变异，这些变异经过自然选择常被保存和积累下来，导致品种的混杂退化。

2. 防止品种混杂退化的措施　　在防止品种混杂退化时必须坚持"防杂重于除

杂，保纯重于提纯"。在良种繁育技术方面主要应抓好以下几个环节。

（1）把关　　把好种子处理关、布局播种关、收脱晒藏关、去杂去劣关。

（2）采取隔离措施，防止生物学混杂　　目前较有效的措施是采取空间隔离或时间隔离。空间隔离包括利用距离、地形、障碍物等条件防止授粉混乱；时间隔离即把良种繁育田的播种期适当提前或推迟，使良种繁育田花期与大田花期不相遇，从而防止授粉混乱。

（3）严格去杂去劣、加强选择　　去杂是指去除不具备本品种典型性状的植株、穗、粒等；去劣是指去除感染病虫害、生长不良的植株、穗、粒等。人工选择时，应注意原品种的典型性。

（4）采用良好的农业技术　　良种繁育田的栽培技术应适应品种遗传性的要求，让其主要性状得到充分发育，使种性可以持续保持。

另外，加强原种生产，生产纯度高、质量好的原种，每隔一定年限更新繁殖区的种子，这是防止混杂退化和长期保持品种纯度与种性的一项重要措施。

（五）有性繁殖作物的原种生产技术

（1）原种生产（含自花授粉、常异花授粉作物）　　我国对水稻、小麦等自花授粉作物和棉花、甘蓝型油菜等常异花授粉作物常规品种的提纯、生产原种的方法主要是采用"单株选择，分系比较，混合繁殖"的循环选择法。

（2）自交混繁法（指异花授粉作物自交系的原种生产）　　自交和选择是提纯玉米自交系、生产原种的基本措施，对混杂不太严重的自交系可采用选株自交、穗行鉴定提纯法生产原种。对混杂比较严重的自交系，可采取选株自交、穗行鉴定、测定配合力的穗行测交提纯法生产原种。

（3）水稻三系、两系的原种生产　　亲本纯度的高低，直接影响杂种优势的大小。为了在生产上利用高优势的杂交种，就必须不断地对亲本进行提纯。水稻三系提纯的基本方法是"单株选择，成对回交和测交，分系鉴定，混系繁殖"。近年来为了简化三系的提纯方法，对其进行了改进。例如，四川、江西采用了"三系配套"法，江苏推广了"三系七圃"法，浙江金华地区建议用"改良提纯复壮"法等。

（六）无性繁殖作物的原种生产技术

无性繁殖作物的繁殖材料大多是利用营养器官代替种子，作为播种材料繁殖后代。一般来说，生产上无性系种子体积较大，繁殖系数低，种子不易保存和运输（鲜活类较多，含水量大），播种量大，成本高。所以要因地制宜就近建立原种繁殖田，生产无性系种子，供大田使用。

甘薯和马铃薯等薯类作物在种植过程中极易感染病毒，并世代传递，造成品种退化。国内外主要利用茎尖组织培养生产脱毒种薯技术及配套的良种繁育体系来解决退化问题。

（七）杂交种的生产

要在生产上利用杂交种，必须搞好亲本繁殖和制种工作，以生产出数量多、质量好、成本低的杂交种子，供生产应用。杂交种的生产比一般种子生产要复杂得多。

（1）选好制种区　　亲本繁殖区和制种区除需选择土壤肥沃、地势平坦、地力均匀、排灌方便、旱涝保收的地块，以保证亲本的生长发育正常、制种产量高以外，必须保证有安全隔离的条件，严防外来花粉的干扰。常用的隔离方法有自然屏障隔离、空间隔离、时间隔离和高秆作物隔离等。

（2）规格播种　　杂交制种时，父、母本的花期能否相遇，是制种成败的关键。所以，播种时，必须安排好父、母本的播期，使花期相遇。还应有合理的父、母本行比，既保证有足够数量的父本花粉供应，也尽量增加母本行数，以便多产杂交种，降低种子成本。制种区播前要精细整地，保证墒情，以便一播全苗，既便于去雄授粉，还可提高产量。播种时，父、母本不得错行、并行、串行和漏行。

（3）精细管理　　制种区应保证肥、水供应，及时防治病虫害，以促进父、母本健壮生长发育，提高制种产量。同时，应根据父、母本的生育特点及进程，进行栽培管理或调控，保证花期相遇。

（4）去杂去劣　　为提高制种质量，在亲本繁殖区严格去杂的基础上，对制种区的父、母本，也要分期地进行去杂、去劣，以保证亲本和杂交种子的纯度。

（5）及时去雄授粉　　未采用雄性不育系和自交不亲和系配置杂交种时，母本的去雄是制种工作中最繁重而又关键的措施，必须按不同作物特点及去雄方法，及时、彻底、干净地对母本进行去雄。为保证授粉良好，一些风媒传粉作物可进行若干次人工辅助授粉，提高结实率，增加产种量。还可采用一些特殊措施，如玉米剪苞叶、剪花丝，水稻剥苞、割叶等来促进授粉。

（6）分收分藏　　成熟后要及时收获。父、母本必须分收、分运、分脱、分晒、分藏，严防混杂。

（7）质量检查　　为保证生产上能播种高质量的杂交种子，必须在亲本繁殖和制种过程中，定期地进行质量检查。播前主要检查亲本种子的数量、纯度、种子含水量、发芽率是否符合标准；隔离区是否安全；安排的父、母本播期是否适当；繁育、制种的计划是否配套等。去雄前后主要检查田间去杂去劣是否彻底等；收获后主要检查种子的质量，尤其是纯度及贮藏条件等。

（八）加速繁殖良种

常用的措施是提高繁殖系数和采用一年多代繁殖（加快繁殖次数）。

（1）提高繁殖系数　　繁殖系数是指种子繁殖的倍数，一般用单位面积的收获量与播种量的比值来表示。这种技术包括精量稀播、单粒或单株种植、剥蘖分植、切块育苗、剪蔓栽插、芽栽苗栽等。

（2）加快繁殖次数　　一年多代繁殖的主要方式是异地繁殖和异季繁殖。选择光、热条件可以满足作物生长发育所需要的地区，进行冬繁或夏繁加代。例如，我国常将玉米、高粱、水稻、棉花等春播作物，收获后到海南省等地冬繁加代；油菜等秋播作物，收获后到青海等高寒地区夏繁等。也可以利用自然条件与人工气候室在本地繁殖两代。例如，南方早稻春播夏收后可再夏播秋收或利用再生稻。

二、种子加工、贮藏和检验

在作物生产中，种子是最基础的生产材料。只有足量的优良种子，才能提高作物的产量和品质。优良种子的纯度高、不含杂质；活力高、饱满完整；健康无病虫。为了获得专供生产使用的优良种子，种子收获之后在销售、播种之前还要经过清选、干燥、消毒、包衣、包装及贮藏等一系列环节，并进行种子检验，以保证种子质量。

（一）种子的加工技术

种子加工是指对种子在收获直至播种前这一阶段进行的处理，包括清选、干燥、消毒、包衣及包装等工序。经过处理后，种子的净度、发芽力、品种纯度、生命力等都得到提高，水分得以降低，最终达到提高种子质量和贮藏性、抗逆性、种子价值和商品性的目的，从而保证种子安全贮藏，促进田间成苗率及提高作物的产量。

种子加工业的发展是种子生产现代化的标志。清选、干燥是种子加工的初级阶段，然后才发展到分级、拌药、包衣和丸粒化、计量、包装、运输等多种环节。一般先从单机作业开始，并形成工厂化流水线作业。

种子加工一般包括种子清选、干燥、消毒、包衣、包装、播前处理、定量或定数包装等加工程序，即把新收获的种子加工成为商品种子的工艺过程。这些过程一般都有特定的技术要求和规范，需要特定的加工机械来完成。现在生产中用各种专门的加工机械对种子进行加工和处理。

（1）种子清选 种子清选就是根据种子群体的物理特性，以及种子和混合物之间的差异性，在机械操作过程中（如运输、振动、鼓风等）将种子与种子、种子与混杂物分离开。种子清选首先提高了种子的千粒重、净度和发芽率，做到播种后苗齐、苗全、苗壮。种子清选也可起到节约粮食的作用，一方面，经过清理淘汰的破碎粒、瘪小粒和杂草种子、特异颗粒等可作为饲料；另一方面，通过清选把混杂的残枝碎叶、果实残渣、土块、虫卵混杂物等清除干净，以提高种子质量，减少播种量。

种子清选的原理有按外形尺寸进行的筛选，按空气动力学特性进行的风选，按相对密度、种子表面结构及种子色泽不同进行的清选等。种子清选通常采用的方法有风分离、筛选分离及相对密度分离。

（2）种子干燥 按作物种类不同，谷物种子在含水量 35%～45%时达到生理和功能上的成熟。在这一发育阶段，种子达到最高的发芽能力和活力。种子成熟后收割越快，种子质量越高。不及时收获，除丧失发芽力和活力外，常由于倒伏、落粒、病虫害而造成产量损失。收割含水量高的种子，如果得不到及时干燥，将很快会发热、霉变烂死，有些种子因含水量大，容易发芽。如贮藏期间，含水量 12%～14%就开始发霉，含水量 16%时开始发热，含水量 35%～60%时开始发芽，种子含水量对种子寿命的影响使种子干燥，特别是人工干燥几乎成为生产优质种子必不可少的条件。因此，种子干燥是确保种子安全贮藏、延长使用年限的一项重要措施。种子经过干燥后，不仅可降低种子含水量，而且可以杀死部分病菌和害虫，削弱种子的生理活性，增强种子的耐贮性。种子干燥还有促进种子后熟、改进播种品质、减少种子的重量和体积、节约运输力和贮藏仓容等作用。

1）干燥的基本要求：由于升温会引起种子内部活性物质的变性，以及湿热交替应力也对种子组织结构造成破坏，加速了种子劣变，甚至使种子死亡，因此种子干燥必须确保种子生活力并保持原有的发芽力。同时种子干燥也要求干燥速率快，效益高。

种子干燥受空气的温度、相对湿度及空气流动速度的影响。将种子置于温度较高、相对湿度低、风速大的条件下，则干燥速度快；反之就慢。较小的种子，种子表面疏松、毛细管空隙较多，容易干燥；反之，较大的种子，种子表面有蜡质层，毛细管小，则不容易被干燥。但提供的种子干燥条件必须能确保不影响种子生活力。例如，才收获的种子含水量较高，且大部分种子处于后熟阶段，生理代谢作用旺盛。因此，在干燥时常采用先低温通风，后再高温的慢速干燥法。若种子达到干燥的要求，但种子生活力受到影响，就失去了干燥的意义。

种子本身的结构及其化学成分也对技术有不同的要求。对于主要成分为淀粉类的蔬菜种子，如菠菜、甜菜等，种子结构疏松，传湿力较强，比较容易干燥，可以用较快的干燥方法，干燥效果明显。对于蛋白质类种子，如大豆、蚕豆等，种子的种皮疏松，易失水，如放在高温快速干燥条件下，子叶内的水分蒸发缓慢，种皮内的水分蒸发很快，很容易使种皮破裂而失去保护作用；同时在高温下蛋白质容易变性而失去亲水性，影响种子生活力。因此，这类种子通常采用低温慢速的干燥方法。在实际应用上，豆类种子往往带荚曝晒，应将种子充分干燥后再脱粒。例如，十字花科的多种蔬菜种子属于油质类种子，这类种子中含有大量的脂肪不亲水性物质，这类种子的水分比上述两类种子容易散发，用快速高温法进行干燥。但这类种子籽粒小，种皮松脆易破，在高温下还容易走油。因此，实际应用中常采用籽粒与硬壳混晒的方法，这样既可促进干燥，又能减少翻动次数和防止走油。

2）干燥的方法：主要有自然干燥、人工机械干燥及干燥剂干燥法。

自然干燥是我国应用最为普遍、最主要的种子干燥法。它是利用日光、风力等自然条件，降低种子含水量的方法。通常有风干、晒干、冷冻干燥等形式。

人工机械干燥也称机械烘干法，即采用动力机械鼓风或通过热空气的作用以降低种子含水量，不受自然条件的限制，具有干燥快、效果好、工作效率高等优点；但必须有配套的设备，并严格掌握温度和种子含水量两个重要环节。人工机械干燥可分为自然风干燥和热空气干燥。

干燥剂干燥法由于成本较高，仅在少量贵重种子干燥上有所应用，常用生石灰、氯化钙、木炭、硫酸钠等与种子一起密闭。

（3）种子消毒　　各种病菌及害虫存在于种子表面或内部，可以传染病虫害，必须对种子进行有效彻底的消毒处理，是一种防止病虫害发生与传播的最经济的手段，通常有物理机械处理与化学药物处理两大类型。

1）物理机械处理法：常用的物理机械处理法主要有以下几种。

洗涤种子法：洗种是清除种子表面黏附的病原菌最简单的方法。在播前将种子用清水淋洗、揉搓几次，冲洗掉种子表面黏附的各种微生物，然后晾干播种或催芽播种。

热力消毒法：利用种子与病原体抵抗高温能力的差异，选择既不伤害种子活力，又能杀死病原体的温度和处理时间进行种子消毒。常用的方法是太阳晒种与温汤浸种。

其他的物理机械消毒措施还有利用超声波、放射性元素等进行消毒。

2）化学药物处理法：主要有拌种、浸种、半干处理和熏种等4种方法。

拌种法：用干燥的非可湿性药剂与干燥的种子在播种前混合搅拌，使每粒种子表面都均匀地沾上药粉，以达到消灭病虫害的目的。

浸种法：是用药剂的溶液或乳剂浸渍种子，使其吸收药液，经一定时间处理后取出晾干播种。这种方法在一些苗木、块茎和块根等播种材料的处理上运用较为普遍。

半干处理法：是内吸杀菌剂广泛使用后所出现的一种新的拌种方法。用极少量的水把可湿性药物的药粉淋湿，然后用来拌种，或将干的药粉拌于潮湿的种子上，或用较浓的药液喷洒到种子上。它兼有拌种和浸种的优点。

熏种法：是利用药剂挥发出来的气体处理种子，以防治多种害虫及某些真菌和细菌病害。

（4）种子包衣　　种子包衣是近年来迅速发展起来的种子综合处理新技术，当前水稻、玉米、小麦等大田作物及许多蔬菜作物正越来越多地采用包衣种子进行播种。

种子包衣技术可根据所用材料性质（固体或液体）的不同，分为种子丸粒化技术和种子包衣技术。种子丸粒化技术是用特制的丸粒化材料通过机械处理包裹在种子的表面，并加工成外表光滑、颗粒增大、形状似"药丸"的丸粒化种子（或称种子丸）。种子包衣技术是将种子与特制的种衣剂按一定的配比搅拌混匀，使每粒种子表面涂上一层均匀的药膜，形成包衣种子，也称包膜种子。种子包衣技术具有许多优点。

1）容易达到苗全、苗齐、苗壮目标。种衣剂和丸粒化材料是由杀虫剂、杀菌剂、微量元素、生长调节剂等经特殊加工工艺制成的，能有效防控作物苗期的病虫害及缺素症。

2）降低生产成本，省种省药。包衣处理的种子必须经过清选加工，籽粒饱满，种子的商品品质和播种品质好，易于开展精量播种，还可降低用种量3%左右。由于包衣种子周围形成一个"小药库"，药效持续期长，可减少30%的用药量；也减少了工序，节省了劳动时间，投入产出比一般为1∶10～1∶80。

3）利于保护环境。种衣剂和丸粒化材料随种子隐蔽于地下，能减少农药对环境的污染和对天敌的杀伤。采用粉剂拌种，容易脱落并浪费农药，对人畜不安全，效果差；而浸种是播前对种子带菌消毒的措施，且浸种后立即播种，不宜贮藏。

4）利于种子市场管理。"清选—种子包衣—包装"是提高种子"三率"的重要环节。种子经过清选、包衣等处理后，显著地提高了种子的商品形象；经标牌包装以后有利于良种的区分，有利于识别真假和打假防劣，便于种子市场的管理。

另外，对于籽粒小且不规则的种子，经丸粒化处理后，可使种子体积增大，形状、大小均匀一致，有利于机械化播种。种子包衣是根据胶体化学稳定及高分子聚合成膜的原理，以种子为载体、种衣剂为原料、包衣机为手段，在种子外表均匀地包上一层药膜的过程。它是集生物、化工、机械多学科成果于一体的综合性种子处理高新技术，主要用以改善种子的发芽率和成苗质量。

根据种子包衣的主要目的，可以分为以改善作物营养为目的的包衣；改善土壤在浸水条件下种子出苗效果的包衣；配合杀虫剂、杀菌剂、灭草或灭鼠等药剂的包衣；以及促进幼苗生长和增加抗旱效果的包衣等。

（5）种子包装　在种子贮藏、运输及销售等过程中，为了防止品种混杂、变质和病虫危害，保证种子具有旺盛的生活力，应对种子进行恰当的包装。另外，规范的种子包装也有利于增强在国内外市场上的竞争能力，改善种子的商品形象，树立品牌优势，提高种子经营者的知名度。购买者也可从包装上了解种子的品种特性、质量等级、生产日期、封装数量等相关资料。此外，规范的包装还可以防止假冒伪劣的散装种子坑害农民。

种子包装有调运包装（大包装）和销售包装（小包装）两种。调运包装主要用在大田作物种子上，蔬菜、花卉种子的批量贮运也常用这种包装形式，它以方便运输、码垛为主要目的。销售包装在蔬菜、花卉种子的经销中普遍运用，一些大田种子目前也越来越多地采用各种形式的小包装销售。许多小包装材料具有良好的密封性能，可较好地起到防水、防潮、防虫、防霉变的作用；有时人们还把密封袋内抽成真空，以抑制种子呼吸及各种病菌害虫的活动，延长了种子的使用年限。

包装容器必须防潮、无毒、不易破裂、质量较轻，这是包装的基本要求。目前广泛使用的有麻袋、布袋、纸袋、铁皮罐、聚乙烯铝箔复合袋及聚乙烯袋等。还要求包装的种子含水量和净度应符合标准，并应在包装容器上加印或粘贴与所包装种子相符合的标签，注明作物和品种名称、采种年月、种子的质量标准、种子数量及栽培要点等。

（二）种子贮藏技术

1. 种子贮藏的必要性　种子贮藏是指种子从收获至播种前经过的一段或长或短的阶段，是种子工作的一个重要方面。农业生产"春种""秋收"的季节特点，决定了种子收获后一般都不会立即播种，特别是商品种子往往需要一段贮藏时间。在贮藏期间保证种子的生活力也是保证生产需要的必要措施。采用合理的贮藏设备和先进科学的贮藏技术，人为地控制贮藏条件，将种子质量的变化降低到最低限度，最有效地保持旺盛的发芽率和活力，延长种子的寿命，从而确保种子的播种价值。

2. 影响种子安全贮藏的因素　在贮藏过程中，有多方面的因素影响着种子的生活力：一是种子本身的因素，即种子的寿命。二是贮藏环境的因素，即贮藏期间的温度、湿度及空气成分对贮藏种子的生活力也有决定性的影响，它们是通过影响种子的呼吸而起作用的。

（1）种子的寿命　植物种子由于其本身的特性和贮藏条件的不同，种子寿命的差异很大。

种子寿命主要与种子的种皮结构、化学成分、成熟度等因素有关。按寿命长短的不同，种子可分为短寿种子（1～2年）、中寿种子（2～4年）和长寿种子（4年以上）3类。

此外，种子寿命与贮藏条件有密切的关系，一般干燥、低温条件下，种子的寿命较长；高温、潮湿环境下，种子的利用年限变短。另外，具有休眠习性的种子比没有休眠习性的种子能保持较长时间的生活力，大多数热带、亚热带种子无休眠期而不耐贮藏。大多数情况下，新种子的质量总优于陈种子，但少数作物种子收获后还需要后熟一段时间，如黑籽南瓜第二年的陈种子发芽率往往高于新种子。

（2）贮藏的环境因素　　种子的安全贮藏与种子的呼吸作用有非常密切的关系。种子呼吸一方面是消耗种子中储藏的养分，同时它还会产生大量的呼吸热和游离水分，引发种子霉变。

种子贮藏的环境条件，特别是空气相对湿度、温度及通气状态等对种子的呼吸作用有很大的影响，并进而影响种子贮藏时间和质量。一般来说，种子如果在干燥、低温、密闭的条件下，生命活动非常微弱，消耗的贮藏物质极少，其潜在的生命力较强；反之，生命活动旺盛，消耗的贮藏物质也多，其劣变速度也较快，潜在生命力也较弱。

一般来说，影响种子贮藏的环境因素主要包括以下几个方面。

1）湿度：外界环境的湿度会影响种子含水量，湿度较高的种子会吸湿而使种子水分增加，呼吸作用增强，各种酶活化、内含物分解，这样种子很难再安全贮藏。种子含水量是影响种子寿命最关键的因素。有研究表明，种子水分在 5%～14% 内每降低 1%，可使种子贮藏寿命延长一倍。根据种子对水分的要求，作物种子可分为干藏型和湿藏型两类。一般原产于寒温带作物的种子，多数宜贮藏于干燥冷凉的条件下。另一类种子不耐失水，如一些药材细辛、黄连等不耐干藏，宜湿藏。

2）温度：贮藏温度是影响种子寿命的另一个关键因素。在水分得到控制的情况下，温度越低，正常型种子的寿命就越长。在一定限度内，种子的贮藏寿命随温度的升高而缩短，在高温条件下，呼吸作用增大，容易引起种子劣变。温度过高，种子呼吸旺盛，将消耗自身贮藏的营养，降低发芽率。一般在 1～35℃ 时，每增高 10℃，植物生理代谢强度提高 2～3 倍，代谢强度愈大，种子衰老得愈快；在 0℃ 以上，温度每增加 5℃，种子寿命减少一半。低温贮藏可以延长种子寿命。低温贮藏种子有利于延长寿命的原因，主要是能降低种子的呼吸强度，物质与能量消耗少（作为环境条件的温度主要是指仓温、气温，其直接影响种子温度）。

3）气体：据研究，氧气会促进种子的劣变和死亡。氧气的存在促使种子呼吸作用和物质的氧化分解加速进行，不利于种子安全贮藏。因此，在低温低湿条件下，采取密闭方式，使种子的生命活动维持在最微弱的状态下，可以延长种子的寿命。

4）光：强烈的日光中紫外线较强，对种胚有杀伤作用，且强光与高温相伴随，种子经强烈而持久的日光照射后，也容易丧失生活力。

5）微生物和储藏害虫：真菌和细菌能分泌毒素并促使种子呼吸作用加强，加速其代谢过程，因而影响其生活力。仓库害虫对于种子呼吸作用的影响，主要是由于它们破坏了种子的完整性和仓库害虫本身的呼吸作用。

此外，种子在母株上形成时的生态条件，以及种子收获、脱粒、干燥、加工和运输过程中处理不当，也都会对贮藏种子的生活力造成一定的影响。

（3）种子的内在因素

1）种子本身的遗传性：例如，水稻不抗高温，小麦耐热性好，杂交稻种不如常规稻耐贮藏，红皮小麦比白皮小麦耐贮藏。

2）种子饱满度、完整性、籽粒大小：同一品种小粒、不饱满、不完整的种子不易贮藏，受伤的马铃薯留种易腐烂。所以贮藏前要加工，去掉瘦、小、破碎的种子。

3）种子的生理状态：未充分成熟、受冻伤、通过休眠期、发过芽的种子难贮藏；成熟度好、活力高的种子容易贮藏。

3. 种子贮藏方法　　种子贮藏方法有很多，按种子贮藏时的温湿度，可把贮藏方法分为普通仓库贮藏、低温库贮藏和超低温库贮藏等类型，此外还有密封贮藏、真空贮藏等方法。普通仓库贮藏是目前种子贮藏的主要形式，用于大量生产用种的短期贮藏。

（1）普通仓库贮藏　　普通仓库贮藏的方法简单、经济，适合于贮藏大批量的生产用种。一般贮藏 1～2 年的效果较好，贮藏 3 年以上的种子生活力明显下降。为保证贮藏效果，种子采收以后要进行严格的清选、分级、干燥以后再入库，贮藏库也要做好清理与消毒工作，还要检查防鸟、防鼠措施是否妥善，房顶、窗户是否漏等。种子入库后，要登记存档，定期检查检验，做好通风散热等管理工作。

（2）低温库贮藏　　低温库贮藏是指在大型的种子贮藏库中装备冷冻机和除湿机等设施，把贮藏库内温度降到 15℃以下，相对湿度降到 50%以下，从而降低种子的呼吸强度，抑制害虫的繁殖发育和微生物的生长，以加强种子贮藏的安全性，延长种子的寿命。

低温库贮藏方式有自然低温贮藏、通风冷却贮藏和空调低温贮藏。通风冷却贮藏和空调低温贮藏适于高温多湿地区贮藏蔬菜种子。

（3）超低温库贮藏　　利用液态氮气可达−165℃的低温，在如此低的温度下，代谢作用极低，故若种子能在结冰及解冻时存活，则可作长时间的保存。

（4）密封贮藏　　密封贮藏是指把种子干燥到符合密封要求的含水量标准，再用各种不同的容器或不透气的包装材料（玻璃瓶、干燥箱、缸、罐、铝箔袋、聚乙烯薄膜等）密封起来进行贮藏的方法。这种方法在一定的温度条件下，不仅能较长时间保持种子的生活力、延长种子的寿命，而且便于交换和运输。

密封贮藏之所以有良好的贮藏效果，是因为它控制了氧气供给和杜绝了外界空气湿度对种子含水量的影响，从而保证种子处于低强度呼吸中。同时，密封条件也抑制了各种好气性微生物的生长和繁衍，从而起到延长种子寿命的作用。

但是必须指出的是，密封贮藏种子的容器不能放置于高温条件下，否则会加快种子死亡。这是因为高温会造成容器内严重缺氧，从而加强了乙醇的发酵作用而使种胚变质，而且高温还能促进真菌等厌气性病害的发生，尤其是在种子含水量较高的情况下更甚。另外，长期贮于高温条件下，密封贮藏的种子会因严重失水而加速死亡。因此，密封贮藏只有在温度较低的条件下进行，种子的贮藏效果才能更明显。

密封贮藏法在湿度变化较大、雨量较多的地区，贮藏种子的效果更好，更有实用价值。

（5）真空贮藏　　真空贮藏法是一种很有发展前途的贮藏方法，尤其是应用于育种用原始材料的种子贮藏方面更为方便。其贮藏原理是将充分干燥的种子密封在近似于真空条件的容器内，使种子与外界隔绝，不受外界湿度的影响，抑制种子的呼吸作用，强迫种子进入休眠状态，从而达到延长种子寿命、提高种子使用年限的目的。

真空贮藏效果的好坏，取决于种子的干燥方法、种子的含水量、真空和密封程序及贮藏温度等条件。真空贮藏种子时要求种子含水量较低，所以必须采用热空气干燥法干燥种子。干燥种子的空气温度依据不同蔬菜种类和所要求的不同含水量而定。一般为50~60℃的温度干燥 4~5h，种子的含水量在 4%以下（豆类种子除外，含水量过低，豆类种子易形成硬实而影响发芽率）。

综上所述，种子的寿命与生活力除与其遗传性有关外，还和种子生产及贮藏的环境条件有关。选育优良品种，改善种子生产条件，创造良好的种子贮藏条件都可以延长种子寿命、提高种子生活力，从而延长种子的使用年限和提高使用品质。在实际操作中可根据自身的条件、环境条件及对贮藏要求的不同，灵活选用贮藏方法。

（三）种子检验技术

1．种子检验的内容　　种子检验是指采用科学、先进和标准的方法对种子样品的质量进行分析测定，判断其质量的优劣，评定其应用价值的一门科学技术。通过种子检验，可以控制种子的质量；保证生产上能播种高纯度、质量好的种子，并且防止检疫对象的病虫害和杂草随种子调运传播。

种子质量是由种子不同特性综合而成的。在农业生产上，要求种子同时具有优良的品种特性和种子特性，即包括品种质量和播种质量两方面。品种质量是指与遗传特性有关的品质，可用真、纯两个字概括。播种质量是指种子播种后与田间出苗有关的质量，可用净、壮、饱、健、干、强 6 个字概括，要求种子净度高、健壮（发芽力和生活力高）、饱满、病虫感染率低、干燥、生命力强。

种子检验就是对种子的真实性和品种纯度、净度、发芽率、生活力、健康状况、水分和千粒重等进行检测。其中纯度、净度、发芽率和水分为必检指标。

种子是农业中重要的生产资料。种子质量的好坏将直接影响农业的成败。种子检验是确保种子质量的重要环节。

2．种子质量检测　　我国规定了品种纯度、种子净度、发芽力、水分四大质量指标的检验，对其他指标也有一些传统的检验标准，具体如下。

（1）品种品质检验　　对品种的真实性和纯度进行检验，分为田间检验和室内检验。

1）田间检验。

a）选择品种特征特性最明显的时期，如抽穗、开花或成熟期。

b）选取有代表性的若干点。

c）依据株高、株形、叶色、叶形、花色、穗形等，确定品种的真实性。

d）逐株鉴别记载本品种、异品种、异作物、杂草、染病株数，分别计算各成分的百分率。

2）室内检验。

a）真实性和品种纯度鉴定：种子真实性是指一批种子所属品种、种或属与文件（品种证书、标签等）是否相同，是否名副其实。品种纯度是指品种在特征特性方面典型一致的程度，用本品种的种子数占供检作物样品种子数的百分率表示。

b）品种鉴定的依据：根据不同品种的形态学特征、细胞遗传学性状和分子标记特征、解剖学特征、生理学特征、物理特性、化学特性和生化特性等方面的差异，可以鉴定品种。

c）真实性和纯度鉴定的监控途径和方法：针对影响杂交种纯度的因素，为了监控品种真实性和纯度，可以采用田间检验、室内检验及田间小区鉴定途径。田间检验是在种子田于作物生长期（苗期、花期、成熟期）进行的检验，以分析品种纯度为主。凡符合田间标准的种子田准予收获。这是控制种或品种真实性与纯度最基本、最有效的环节。由于种子在收获、脱粒、加工和贮藏过程中，难免机械混杂或人为混杂，因此尚需进行室内检测。在国外，作物种子真实性和品种纯度基本上通过种子认证体系控制，而蔬菜和花卉植物通常由各公司通过信誉和产品质量自行控制。

（2）纯度计算

$$品种纯度 = \frac{本品种粒数（重量）}{检验总粒数（重量）} \times 100\% \tag{8-1}$$

（3）净度分析　种子净度是指样品中除去杂质和其他植物种子后，留下的本作物净种子重量占样品总重量的百分率，具体讲是指样品中除去杂质和其他植物种子后留下本作物（种）净种子重量占分析样品总重量的百分率。通过对样品的分析，推断种子的组成情况，为种子清选分级提供依据，从而分离出净种子，为其他项目分析提供样品。

净度分析时将检验样品分为净种子、其他植物种子和杂质 3 种成分，并测定其百分率，同时测定其他植物种子的种类及数目。

1）净种子：从种类上看是指送验者所叙述种，包括该种的全部植物学变种和栽培品种；从构造上看是指完整的种子单位和大于原种子一半的破损种子单位。

2）其他植物种子：是指净种子以外的任何植物种类的种子单位，其鉴别标准与净种子标准基本相同。

3）杂质：除净种子和其他植物种子以外的所有种子单位、其他杂质及构造。

（4）发芽试验　种子发芽力是指种子在适宜条件下发芽并长成正常幼苗的能力，通常用发芽势和发芽率表示。发芽势是指发芽试验初期（规定日期内）正常发芽种子数占供试种子数的百分率。发芽率是指发芽试验终期（规定日期内）全部发芽种子数占供试种子数的百分率。发芽试验对种子经营和作物生产具有极为重要的意义。

方法步骤如下（标准法）。

a）准备发芽床：从净种子中数取一定数量的种子（小粒 100×4，大粒 50×4）。

b）置床：置于适宜条件下发芽（滤纸或砂）。

c）每天检查并在初期（3～5 天）进行鉴定计数。

d）末期（7～10 天）鉴定并记载正常幼苗数、不正常幼苗数、硬实数、新鲜不发芽数及腐烂霉变等死种子数。

$$发芽势 = \frac{初次计数的正常幼苗数}{供试种子数} \times 100\% \tag{8-2}$$

$$发芽率 = \frac{本次计数的正常幼苗数}{供试种子数} \times 100\% \tag{8-3}$$

（5）幼苗鉴定

1）正常幼苗的鉴定如下。

a）完整幼苗：主要构造如根、中轴、苗端子叶或芽鞘生长良好、完全、匀称、健康。

b）带有轻微缺陷的幼苗：主要构造有某种缺陷但能均衡生长，与完整幼苗相当。

c）次生感染的幼苗：被霉菌感染使主要构造发病或腐烂，但有证据表明病源不来自种子本身。

2）不正常幼苗的鉴定如下。

a）受损伤的幼苗：由外因引起幼苗构造残缺不全或严重损伤以致不能均衡生长者。

b）畸形或不匀称幼苗：由内因导致生理紊乱，幼苗细弱或主要构造畸形、不匀称者。

c）腐烂幼苗：由初生感染引起主要构造发病和腐烂并妨碍正常生长者。

（6）水分测定　　种子水分是指按规定程序把种子样品烘干所失去的重量占供检样品原始重量的百分率。目前最常用的种子水分测定方法是烘干减重法和电子水分仪速测法。一般正式报告需采用烘箱法进行测定，而在种子收购、调运、干燥加工等过程中则采用电子水分仪速测法测定。

种子含水量的标准法（烘干法）测定过程如下。

a）称取除去杂质的种子样品约 30g。

b）磨碎（油质种切碎）混匀。

c）分取磨碎样品 5g×2，分别置于烘至恒重的烘干盒内并准确称重。

d）将含样品的烘干盒放入（103±2）℃烘箱内。

e）烘干 8h 后取出置于干燥器中，冷却后称重。

f）结果计算，并核对允许误差（≤0.4%）。

$$种子含水量 = \frac{试样烘前重量 - 试样烘后重量}{试样烘前重量} \times 100\% \qquad (8-4)$$

（7）生活力测定　　种子生活力是指种子发芽的潜在能力或种胚所具有的生命力。在一个种子样品中全部有生命力的种子，应包括能发芽的种子和暂时不能发芽的休眠种子。

种子生活力测定方法有四唑染色法、甲烯蓝法、溴麝香草酚蓝法、红墨水染色法、软 X 射线造影法等。但正式列入种子检验规程的是四唑染色法（具体详见相关实验指导书）。

（8）健康测定　　健康测定主要是测定种子是否携带有病原菌（如真菌、细菌及病毒）、有害动物（如线虫及害虫）等健康状况。

种子健康测定方法主要有未经培养检查和培养后检查。健康测定所需要的最基本的仪器和试剂有显微镜、培养箱、近紫外灯、冷冻冰箱、高压消毒锅、玻璃培养皿、2,4-D 试剂等。健康测定结果以供检的样品重量中感染种子数的百分率或病原体数目表示。

（9）重量测定　　种子重量一般用千粒重或百粒重表示。千粒重通常是指自然干燥状态的 1000 粒种子的重量。新规程中是指国家标准规定水分的 1000 粒种子的重量，以克（g）为单位。

（10）包衣种子检验　将包衣种子直接进行发芽试验，观察幼苗的根和初生叶是否正常，或者脱去包衣物质进行发芽试验对比，用来判断包衣物质对种子发芽和幼苗生长的影响。国家新颁布的包衣种子标准中规定，须先用清水冲洗去包衣物质，再晾干后才能进行包衣种子发芽试验。丸粒化种子发芽试验可选用纸床、砂床或土壤床。试验证明以砂床为最好。

学习重点与难点

重点掌握引种应遵循的基本原则。

复习思考题

在播种以前应该如何进行种子纯度和净度的快速检测？

第九章 作物营养与施肥

作物生产系统是一个开放的生态系统，随着作物的收获及农产品的外运，原来系统内的物质和能量不断减少，如果不采取适当的措施，土壤肥力将逐年下降，系统最终也难以继续维持，更谈不上高产和稳产。施肥的主要任务就在于为作物生产提供必要的物质基础，因而是一项重要的农业技术措施。

施用肥料可以通过改善土壤环境条件来影响作物生长发育。所以应该通过外界环境条件改变来研究作物营养规律及肥料特性，从而进行科学的施肥。关于土壤的养分状况已在第五章中做过具体论述，本章主要讨论作物基本营养规律、肥料性质及合理施肥等问题。

第一节 作物生长必需的营养元素

一、作物必需元素

作物生长究竟需要些什么营养元素，研究人员曾对此进行过许多研究。目前公认的高等植物必需的营养元素共有 15 种，它们是碳（C）、氢（H）、氧（O）、氮（N）、磷（P）、钾（K）、钙（Ca）、镁（Mg）、硫（S）、铁（Fe）、硼（B）、锰（Mn）、铜（Cu）、锌（Zn）、钼（Mo）等。

所谓必需营养元素，即作物生活必不可少的元素，如果缺少了其中任何一种，作物就不能正常生长发育，不能完成其生活周期。经确定的必需营养元素应该同时符合以下 3 个条件：第一，当不供给这种元素时，作物便不能完成其生活周期，缺乏这种元素时，作物表现出特有的症状；第二，这种元素在作物生长发育中的作用，没有别的元素能够代替；第三，作物之所以必须吸收这种元素是由于它对作物起直接营养作用，而不是由于它间接改善了环境条件。从对植物体的化学分析中发现，地壳中所有化学元素几乎都能在植物体中找到。但是，除上述 15 种元素外，其他多数元素很可能是由于各种偶然机会进入植物体内的。还有一些元素，像硅（Si）、氯（Cl）、钠（Na）、钴（Co）、钒（V）等是某些作物必需的营养元素，但是否为所有作物所必需尚待确定。

一般把占植物体干重千分之几以上的必需营养元素叫大量元素，万分之几以下的叫微量元素。以上 15 种必需营养元素中，包含大量元素 9 种，即碳、氢、氧、氮、磷、钾、钙、镁和硫；微量元素 5 种，即硼、锰、铜、锌和钼；必需营养元素铁居于二者之间，有人认为其应属于大量元素，也有人则将其归于微量元素，其实质是中等含量元素。

（一）土壤与施肥供应元素

在这些必需营养元素中，碳、氢、氧 3 种元素通常要占植物体干重的 90%以上，作物是从空气和水中获得它们的。氮素只占植物体干重的 1.5%左右，除豆科作物可以通过根瘤菌从空气中固定一定的氮素外，非豆科作物主要从土壤中吸取氮素。其余必需营养元素均包含在仅占植物体干重 5%左右的灰分之中，它们都来自土壤。来源于空气和水中的元素碳、氢、氧，虽然作物需要量较大，但比较容易获得，取自土壤中的微量元素因作物需要量较少，也比较容易满足作物的要求；而氮、磷、钾 3 种元素，作物需要量较多，但土壤中供应得较少，往往需要以肥料形式加以补充，通常称之为肥料三要素。

（二）营养元素遵循的规律

需要指出的是，虽然各种作物都需要以上各种营养元素，但不同作物，或者同一种作物在不同的生育期，所需要的养分也是有差别的，甚至个别作物还需要特殊的养分。例如，水稻需要较多的硅，豆科植物固氮时需要微量的钴。这些特性都属于植物营养的个性，即营养的特殊性。在进行作物施肥时，要充分考虑到这一点。

二、营养元素的生理功能

必需营养元素在作物体内的生理功能有 3 个：①细胞结构物质的组成成分；②作物生命活动的调节者，参与酶的活动；③起电化学作用，即平衡离子浓度、稳定胶体和中和电荷等。大量元素同时具备上述 2～3 个作用，大多数微量元素只有酶促功能。

作物缺乏任何一种必需元素或某一营养元素过量，生理代谢就会发生障碍，从而在外形上表现出一定的症状，这就是营养元素不平衡。由营养元素缺乏导致的生理代谢障碍现象称为缺素症。根据形态、生理、生化变化，判断作物的营养状况，称为营养诊断。作物营养诊断的常用方法大致有形态诊断、化学诊断和酶学诊断。

（一）氮

作物需要多种营养元素，而氮素尤为重要。氮是作物体内许多重要有机化合物的组分。例如，蛋白质、核酸、叶绿素、酶、维生素、生物碱和一些激素等都含有氮。氮也是遗传物质的基础。作物氮营养充足时，植株叶片大而鲜绿，光合作用旺盛，叶片功能期延长，分枝（分蘖）多，营养体健壮，产量高。

从作物幼苗到成熟期的任何生长阶段都可能出现氮素的缺乏症状，表现如下。

苗期：由于细胞分裂减慢，苗期植株生长受阻而显得矮小、瘦弱，叶片薄而小。禾本科作物表现为分蘖少，茎秆细长；双子叶作物则表现为分枝少。

后期：若继续缺氮，禾本科作物则表现为穗短小，穗粒数少，籽粒不饱满，并易出现早衰而导致产量下降。作物缺氮的显著特征是植株下部叶片首先退绿黄化，然后逐渐向上部叶片扩展。

作物缺氮不仅影响产量，而且会使产品品质明显下降。供氮不足致使作物产品中的蛋白质含量减少，维生素和必需氨基酸的含量也相应地减少。

（二）磷

作物体的含磷量相差很大，为干物质重的 0.2%～1.1%，而大多数作物的含量在 0.3%～0.4%，其中大部分是有机态磷，约占全磷量的 85%。油料作物含磷量高于豆科作物；豆科作物高于谷类作物；生育前期的幼苗含磷量高于后期老熟的秸秆；幼嫩器官中的含磷量高于衰老器官，繁殖器官高于营养器官，种子高于叶片，叶片高于根系，根系高于茎秆等。

磷的营养生理功能主要表现在它是大分子物质的结构组分，又是多种重要化合物如核酸、磷脂、核苷酸、腺苷三磷酸（ATP）等的组分，同时参与体内的碳水化合物代谢、氮代谢和脂肪代谢等，磷也能提高作物的抗逆性和适应能力。

作物缺磷的症状常首先出现在老叶上。植株缺磷初期，下部叶片呈反常暗绿色或紫红色，叶狭长而直立，继而植株矮小，呈簇生状态。缺磷作物根系不发达，影响地上部生长。

（三）钾

许多作物所需钾量都很大，钾在作物体内的含量仅次于氮。作物缺钾时，下部叶的尖端及边缘出现典型的缺绿斑点，斑点的中心部分随即死去；这些斑点逐渐扩大，并且干枯，变为棕色；叶片中心部分的绿色变深，枯死的组织往往脱落，以致叶片出现残缺。在叶片枯死斑点出现以前，叶片向下卷曲。作物前期缺钾时，生长缓慢的情况不会马上表现出来，而大多是在生长旺盛的中期表现出来的。一般作物体内的含钾量占干物质重的 0.3%～5.5%，有些作物含钾量比含氮量高。钾在作物体内不形成稳定的化合物，而呈离子状态存在。至今尚未在作物体内发现任何含钾的有机化合物。钾的营养生理功能为促进光合作用和提高二氧化碳的同化率，促进光合作用产物的运输和蛋白质合成，影响细胞渗透调节作用，影响作物的气孔运动与渗透压、压力势，激活酶的活性，增强作物的抗逆性。此外，钾营养对作物品质有重要影响。

（四）硼

硼在单子叶植物和双子叶植物中的浓度通常分别为 6～18mg/kg 和 20～60mg/kg。大多数作物成熟叶片组织中硼浓度在 20mg/kg 以上就足够了。

硼在作物分生组织的发育和生长中起重要作用，尤其是在分生组织新细胞的发育，花粉管的稳定性和花粉的萌动及其生长、正常受粉、坐果和结籽，糖类、淀粉、氮和磷转运，氨基酸和蛋白质合成，豆科植物结瘤，调节碳水化合物代谢等方面。我国油菜产区发生的"花而不实"就与植株缺硼有关。

缺硼植株首先表现在新的嫩叶基部退淡，然后叶子在基部折断，有的第二次再生，有清楚的折印；严重缺硼时，茎尖生长点生长受抑制坏死或畸形扭曲，嫩叶芽未开展时就从基部坏死，生长停滞。叶片生长受阻，根系明显瘦小。生殖器官发育受阻，结实率低，果实小、畸形，缺硼导致种子和果实减产，严重时有可能绝收。

（五）锌

锌在作物干物质中正常含量为 25～150mg/kg，低于 20mg/kg 则表现缺锌症状，叶片中锌水平超过 400mg/kg 会发生毒害。锌在作物体内参与多种酶的活动，但不能确定锌在其中究竟是功能性、结构性还是调节性辅助因子。锌参与生长素代谢、色胺代谢、色氨酸合成酶等酶系统或代谢过程；也在脱氢酶、磷酸二酯酶、碳酸酐酶（存在于叶绿体中）、过氧化物歧化酶中构成核心螯合物，促进合成细胞色素 c；同时在细胞代谢过程中起稳定核糖体的作用。

作物缺锌时，植物下部的叶片缺绿，出现不规则的枯斑，植株生长缓慢，节间短，植株失绿，生长受抑制，尤其是节间生长严重受阻，并表现出叶片的脉间失绿或白化症状。

（六）锰

锰在植株中的正常浓度一般为 20～500mg/kg。通常植株地上部锰的水平在 15～25mg/kg 时则表现缺锰。锰参与光合作用，特别是氧释放；也参与氧化还原过程、脱羧和水解反应。锰能在许多磷酸化反应和功能基团转移反应中代替镁。在大多数酶系统中，镁与锰能同样有效地促进酶转变。

缺锰症状首先在幼叶出现，叶色失绿，但叶脉及叶脉附近仍保持绿色，叶片外观呈绿色纱网状，似缺镁症状，但缺镁首先发生在下部叶。缺锰使植株矮化，颜色淡绿，组织坏死。

在田间条件下，明显的缺锰症状不易见到。这可能与锰缺乏常跟土壤碱性有关，因为这种土壤有利于作物根黑腐病的发生，当作物感染了根黑腐病后，同时也隐蔽了锰素缺乏的病症。

第二节　作物营养诊断及缺素症

土壤为作物生长提供了支撑条件，同时也是作物吸收养分的场所。但是自然土壤往往难以满足作物生长发育所需要的营养条件，为补充土壤养分，必须施肥以营造良好的营养条件。了解作物生长发育所需的营养元素的种类和数量、各种营养元素的作用，可在此基础上通过施肥手段为作物提供充足的养分，创造良好的营养条件，从而达到提高作物产量和改善产品品质的目的。

绿色作物从外界环境中吸取其生长发育所需的养分，并用以维持其生命活动，称为营养。作物体所需的化学元素称为营养元素。营养元素转变为细胞物质或能源物质的过程（合成与分解）称为新陈代谢。

（一）作物必需的矿质营养元素

在本章第一节已经讲过，迄今为止，确认的作物必需矿质元素有 15 种，具体有大量元素、中量元素和微量元素之分。

作物对氮、磷、钾的需要量较多，而土壤又往往不能满足作物的需要，需要用肥料形式加以补充，故称它们为"肥料三要素"。

（二）作物必需营养元素的功能

各种必需营养元素在作物体内都有各自的生理功能。

（1）作物机体的构成成分　　作物体内的各种碳水化合物，像糖类、淀粉、纤维素等都是由碳、氢、氧 3 种元素构成的。蛋白质、核酸、叶绿素等物质，除包含碳、氢、氧外，还有氮、磷、硫、镁等元素。

例如，氮素对作物生长发育的影响十分明显。当氮素充足时，作物可以合成较多的蛋白质和叶绿素，叶面积增长较快，能够促进光合作用，加速作物生长发育。作物苗期缺氮，一般表现为生长缓慢，植株矮小，叶片薄而小，叶色缺绿发黄，禾本科作物还表现出分蘖较少。作物生长后期严重缺氮时则表现为穗短小，籽粒不饱满，双子叶作物一般表现为分枝少，易早衰。

（2）促进作物体内新陈代谢作用　　铁、锰、硼、铜、锌、钼等微量元素和大量元素中的氮、磷等，主要是作为酶或辅酶的组分，或存在于维生素、生长素中，从而调节作物体的新陈代谢作用。例如，糖、淀粉、油脂的合成过程及其在作物体内的运转，其中间产物就需要与磷酸生成磷酸酯。如果苗期缺磷，则碳水化合物在作物体内转移受阻，糖在叶中累积形成花青素，会使幼苗呈紫红色。

（3）对作物体生命活动起特殊作用　　钾元素不是作物体内有机化合物的成分，而是以离子状态存在于作物汁液之中，或吸附在原生质胶体的表面，以酶活化剂的形式广泛存在并影响作物的生长和代谢，对提高作物产量、改善产品品质和增加作物抗性起着重要的作用。例如，钾能增强光合作用，促进碳水化合物的代谢，当钾充足时，单糖向合成蔗糖、淀粉的方向进行，因此糖料作物和薯类作物施用钾肥后，其产量和质量都会有所提高。钾促进的碳水化合物代谢过程中产生的有机酸，可作为氨的受体而形成氨基酸及合成蛋白质，因而能增加籽粒中的蛋白质含量，改善谷类作物品质。由于钾对碳、氮代谢的促进作用，当钾肥供应充足时，会使作物茎叶中纤维增多，细胞壁增厚，植株内可溶性氨基酸和单糖的积累减少，因而植株生长健壮，抗倒伏及抗病虫的能力也随之增强。

（三）作物营养的阶段性

作物的整个生育期中有不同的营养阶段。不同营养阶段所吸收的营养有明显的差异，作物大体上有两个重要的营养阶段。

（1）作物的营养临界期　　在作物的一生中，常有一个对养分的需要量虽然不多但很迫切的时期，这个时期称为作物的营养临界期。当在营养临界期缺乏作物所需要的养分时，作物的生长发育就会受到很大影响，此后即使供给这些养分，也往往难以弥补营养损失。

不同作物，其营养临界期也有所不同。表 9-1 是一些作物的营养临界期。即使是同一作物，对不同种类的养分来说，其临界期也会不完全相同。但一般来说，氮素的需肥临界期多出现在营养生长转变为生殖生长的时期；磷素的需肥临界期出现在幼苗期。

表 9-1　一些作物的营养临界期（引自李建民和王宏富，2010）

元素	作物	营养临界期	元素	作物	营养临界期
氮素	小麦、水稻	幼穗分化期	磷素	玉米、油菜	5 叶期
	棉花	现铃期	钾素	水稻	分蘖至幼穗分化期
	玉米	穗分化期		玉米	吐丝期
磷素	小麦、水稻	3 叶期			

（2）养分最大效率期　　在作物的一生中，有一个对养分需求量和吸收速度都很大的时期，这时的施肥作用最明显，增产效果也往往最好，这一时期称为作物的养分最大效率期。作物的养分最大效率期往往都在作物生长最旺盛的中期，此时作物吸收养分的能力最强，表现出的生长速度也最快。例如，小麦在拔节至抽穗期，玉米在大喇叭口至抽雄期，棉花在盛花至结铃期等。但有些作物的养分最大效率期也因养分不同而异。例如，甘薯生长初期，氮营养的效果较好，而块根膨大时，磷、钾营养的效果较好。

（四）营养元素不平衡导致的作物生理性病害及其诊断和治疗

1. 生理性病害的概念　　作物生理性病害是由非生物因素即不良环境条件、营养不良、有毒物质污染等引起的非传染性病害。例如，营养元素的缺乏，水分的不足或过量，低温的冻害和高温的灼病，肥料、农药使用不合理，或废水、废气造成的药害、毒害等。这类病害没有病原物的侵染，不能在作物个体间互相传染，一般情况下，当致病因素消失后就不再发展。作物生理性病害具有突发性、普遍性、散发性、无病征的特点。

2. 作物的营养元素不平衡　　主要是作物生长环境条件缺乏一种或多种养分，特别是不注意中微量元素补充，或者是肥料偏施等带来的营养缺乏或营养不平衡给作物带来的生长不良等病害。例如，新叶和基干不长，植株下部叶片下垂，叶色发淡，是缺氮肥导致的，应在生长季节中增加施氮肥数量和次数；植株孕蕾少，不开花只徒长叶片、枝茎，瓦盆上出现青苔等现象，是氮肥过多造成的，应减少施肥次数和数量；在孕蕾期忌用氮肥，应多施磷、钾肥。

缺磷、钾及其他微量元素，也会使花卉失绿、枯萎。盆土表层和花盆边缘有白色结晶，植株叶片萎缩、腐烂、脱落，是施肥过量造成的。例如，小叶病常发生于桃、苹果、柑橘等作物上，发病可由土壤中锌元素缺乏或处于不可溶状态，不能为作物吸收利用所引起。在极度锌饥饿状态下，桃树会出现叶片退绿、叶脉间黄绿相间、顶端小叶成簇、叶柄短细并早脱，苹果会出现小叶病、节间缩短、叶片狭小不展、叶缘向上、质脆硬。砂砾土或碱地常因养分流失或锌元素转化为不溶性状态，不能为作物吸收利用，故发生得较普遍。作物在酸性土及有机质丰富的土壤上种植时发病少。

3．作物常见缺素症状

（1）氮　　缺氮时植株黄、瘦、矮小，分蘖少，叶片狭窄直立，呈黄绿色，基部叶片（老叶）变黄，干燥时呈褐色。根系生长不良，出现早衰现象。穗型小，穗粒少。若果蔬缺氮则表现为果型小、果实少、果皮硬等现象。

（2）磷　　缺磷时出苗延迟或不长次生根，不分蘖或少分蘖，茎短而细，叶呈红色或紫色，干燥时暗绿。基部叶片变黄，开花期推迟，穗小、粒少，千粒重降低。

（3）钾　　缺钾时首先功能叶会发病，病斑界线清楚，叶尖边缘先焦枯，后出现斑点，症状随生育期的推迟而加重，以致枯死，整个叶片似烧焦状，根系不发达，易倒伏，抽穗及成熟期提前，灌浆不充分，穗小、粒少，影响产量和品质。钾在作物体内流动性较大，作物生长后期需钾量较大。

（4）钙　　缺钙时顶部幼嫩器官先发病，芽尖先枯死，如大白菜的"干烧心"、番茄的脐腐病都由缺钙引起，高温或氮过量容易造成缺钙。

（5）镁　　缺镁时叶片变黄，有时杂色，叶脉仍绿，而叶脉间变黄，有时呈紫色，出现坏死斑点。严重时呈枯焦灼烧头，果穗尖端呈空粒。

（6）硫　　硫在作物体内不易移动，缺乏时幼叶先发病，叶脉与叶肉缺绿，失绿均一，叶色浅，一般不发白。上部叶片坚硬下卷，最后可见大的不规则枯斑，叶片变黄，茎、叶脉、叶柄变紫，叶尖、叶缘干枯，叶脉间有小紫斑。硫过剩时，首先表现在作物变为暗黄色或暗红色，继而叶片中部或叶缘受害，并在老叶上形成水渍状斑块，最后形成白色坏死斑点。

（7）铁　　缺铁时，症状先在顶部幼叶出现，一般开始时幼叶发黄，脉间失绿，呈清晰的网纹状，严重时整个叶片（尤其是幼叶）呈淡黄色，出现白化现象。

（8）硼　　缺硼时，顶部幼嫩组织先发病，顶芽生长停止并逐步枯死；茎叶变粗、脆，开花结果不正常。例如，油菜、大豆等作物缺硼时会发生"花而不实"；小麦缺硼也会出现"穗而不实"。

（9）锌　　缺锌时，老叶及顶部叶变小，有不规则的棕色干枯斑，叶柄向下卷，整个叶片呈螺旋状，严重时整个叶片枯萎。锌过量会导致缺铁而失绿。

（10）铜　　缺铜时叶色改变，呈白色并失掉韧性。铜过剩时会引起中毒，植株生长减慢，后因缺铁而失绿，发枝少，小根变粗、发暗。

（11）锰　　缺锰时，老龄叶呈苍白色，以后幼叶也为苍白色，黄叶上有特殊的网状绿色叶脉，后在苍白区可见枯萎，失绿症状不如缺铁严重。锰中毒时常见失绿，叶绿素分布不均。

（12）钼　　缺钼时番茄小叶叶脉间出现浅绿色至黄色斑驳，叶缘向上卷曲呈喷口，最小的叶片叶脉失绿，顶部小叶的叶缘黄色区干枯，最后整个叶片枯萎。钼中毒时叶片变为金黄色。

4．作物生理性病害的形成原因

1）营养液配方及营养液配制中的不慎操作而造成的营养元素的不足或过量。

2）作物根系选择性吸收所造成的营养失调。

3）离子间的拮抗作用引起的营养失调。

4）pH 的变化引起的营养失调。

5．植物营养诊断的定义　　植物营养诊断是指根据植物形态、生理、生化等指标并结合土壤分析判断植物营养元素丰缺状况的方法（或技术）。最早的诊断方法是根据植物的叶色、植株发育程度及缺素和元素毒害的症状等形态方法判断植物的营养状况，随后，外形诊断与土壤、植物养分含量分析相结合，逐步奠定了由定性走向定量诊断的基础。20 世纪 40 年代，植物营养诊断形成一门独立的技术科学并用于生产。70 年代以来，随着植物营养诊断手段的多样化及分析技术的日趋成熟，出现了诊断施肥综合法（DRIS），使营养诊断由原来单一元素的诊断走向多元素的综合诊断，大大提高了诊断的准确率；酶学诊断的应用也使诊断时期提早，从而提高了营养诊断的价值。营养诊断的出发点是确定植物产量的形成与植物体或某一器官、组织内营养元素含量之间的关系。

6．植物营养诊断的方法　　当植物组织内某种营养元素处于缺乏状况，即含量低于养分临界值（植物正常生长时体内必须保持的养分数量）时，植物产量随营养元素的增加而迅速增多；当植物体内养分含量达到养分临界值时，植物产量即达到最高点；超过临界值时，植物产量可以维持在最高水平上，但超过临界值的那部分营养元素对产量不起作用，这部分养分的吸收为过量吸收；而当作物体内养分含量大大超过养分临界值时，植物产量不增加，而是有所下降，即发生营养元素的过量毒害。为了诊断植物体内营养元素的含量状况，通常采用以下几种方法。

（1）**形态诊断法**　　通过观察植物外部形态的某些异常特征来判断其体内营养元素不足或过量的方法。主要凭视觉进行症状判断，方便、简单、易行。但植物因营养失调而表现出的外部形态症状不具有特异性，同一类型的症状可能由几种不同元素失调引起，因缺乏同种元素而在不同植物体上表现出的症状也会有较大的差异，因此还需要进一步诊断。

（2）**化学诊断法**　　借助化学分析手段对植株、叶片及其组织液中营养元素的含量进行测定，并与由试验确定的养分临界值相比较，从而判断营养元素的丰缺情况。其成败的关键取决于养分临界值的精确性和取样的代表性。由于同一植物器官在不同生育期的化学成分及含量差异较大，应用此法时必须对采样时期和采样部位做出统一规定，然后进行比较。

（3）**酶诊断法**　　又称生物化学诊断法，通过对植物体内某些酶活性的测定，间接地判断植物体内某营养元素的亏缺情况。例如，对碳酸酐酶活性的测定，能判断植物是否缺锌，因为锌含量不足时这种酶的活性将明显减弱。此法灵敏度高，酶作用引起的变化早于外表形态的变化，可适用于诊断早期的潜在营养缺乏。显微化学法、组织解剖法及电子探针法等也开始被应用于植物营养诊断。

7．作物生理性病害的防治措施

（1）**缺氮**　　叶面喷洒 0.25%～0.50%尿素液或营养液，其中加入适量的硝酸钙或硝酸钾。

（2）**缺磷**　　营养液中加入适量的磷酸二氢钾，或叶面喷洒 0.2%～1.0%磷酸二氢钾。

（3）缺钾　　叶面喷洒 2%硫酸钾或向营养液中加入适量的硫酸钾。

（4）缺镁　　叶面喷洒大量的 2%硫酸镁或少量的 10%硫酸镁，或向营养液中加入适量的硫酸镁。

（5）缺锌　　叶面喷洒 0.1%～0.5%硫酸锌或直接将其加入营养液中。

（6）缺钙　　叶面喷洒 0.75%～1.0%硝酸钙或 0.4%氯化钙，也可向营养液中加入适量的硝酸钙。

（7）缺铁　　每 3～4 天叶面喷洒 0.02%～0.05%螯合铁（EDTA-Fe）1 次，连续3～4 次，或直接将其加入营养液中。

（8）缺硫　　于营养液中加入适量的硫酸盐，以硫酸钾较为安全。

（9）缺铜　　叶面喷洒 0.1%～0.2%硫酸铜溶液加 0.5%水化石灰，效果好。

（10）缺钼　　叶面喷洒 0.07%～0.1%钼酸铵或钼酸钠溶液，也可直接将其加入营养液中。

（11）缺硼　　叶面喷洒 0.1%～0.25%硼砂溶液或直接将其加入营养液中。

第三节　施肥的基本原理

作物生产系统是一个开放的生态系统，在形成产品器官的同时，还连年从土壤中吸收大量的矿质养分。随着作物产品的不断输出，原系统内的物质和能量不断减少。合理施肥是根据作物生长发育及产量形成的需求，由人工方法向作物生产系统补充物质及能量，增强作物对不良环境的抵抗能力，改善土壤的理化性状，培肥和改良土壤，使农业可持续发展，不断地提高作物产量和品质，是作物生产的一项重要的基本技术措施。但如果施肥不当也能造成土壤和大气的化学污染、生物污染和物理污染，使地下水、江湖水体富营养化。因此，在施肥的同时应注意保护环境，防止肥料对周边环境的污染。

一、养分归还学说

养分归还学说是由德国化学家、现代农业化学的倡导者李比希（1803～1873 年）提出的，其定义为"植物从土壤中吸收养分，每次收获必从土壤中带走某些养分，使土壤中养分减少，土壤贫瘠化。要维持土壤地力和作物产量，就需要归还回植物生长带走的养分"。

种植作物每年带走大量的土壤养分，土壤虽然是一个巨大的养分库，但并不是取之不尽、用之不竭的，必须通过施肥的方式，把某些作物带走的养分"归还"于土壤，才能保持土壤有足够的养分供应容量和强度。

我国每年将大量的化肥投入农田，主要是以氮、磷两大营养元素为主，而钾素和微量养分元素归还不足。养分归还学说对合理施肥至今仍有比较深远的指导意义，但也具有局限性，它对养分消耗的估计只局限于磷、钾元素，而豆科植物能够自养，就不用再补充土壤的氮素了。总之，归还是正确的，但也需要考虑现实情况。

二、最小养分律

最小养分律是指植物的生长受相对含量最少的养分所支配的定律。1843 年，李比希在其所著的《化学在农业和生理上的应用》（第三版）一书中提出了"最小养分律"。这一理论认为：作物产量主要受土壤中相对含量最少的养分所控制，作物产量的高低主要取决于最小养分补充的程度，最小养分是限制作物产量的主要因子，如不补充最小养分，其他养分投入再多也无法提高作物产量。例如，氮供给不充足时，即使多施磷和其他肥料，作物产量也不会增加。

最小养分律与"木桶理论"类似，作物产量相当于木桶的容量，如同木桶容量的大小取决于最短木块的高度，作物产量水平取决于最小养分所能提供量的高低。根据这个基本原理，我们只有对最小养分进行针对性补充，才能够取得更大的产量，以最小的投入换取最大的收益。土壤测试、平衡施肥的目的，就是增加短板投入，减少长板投入，使"木桶"的每块板子能够同样高低，取得最好的经济效益。

三、限制因子律

限制因子律是最小养分律的扩展和引申。影响作物生长的因素（因子）中除养分以外，还有土壤物理性质（质地、结构、水分、通气性等）、气候（气温、光照、风、雨、雪、霜等）和农业技术。这些因素都可以成为作物正常生长的限制因子，当某一生长因子不足时，增加其他因子不能使作物生长量增加，直到补足该因子时，作物生长量才能继续增长。这一定律是由英国人布赖克曼在最小养分律的基础上提出的。

四、报酬递减律

肥料效应的报酬递减律学说：施肥在低产田会使作物增产，产生高的经济收益。在一定条件下，向一定面积土地中投施肥料，首先是随着肥料的投入，作物产量增加，并且投入与产出成正比，报酬量也增加，但随着肥料投入量的增加，报酬增大到极值以后则会逐步降低，如果施肥过量，还会导致减产，经济效益减少。可见，施肥量是有限度的，只有合理的施肥量（也称最佳施肥量），才能取得较高的施肥效益。

1）增施肥料的增产量×产品单价＞增施肥料量×肥料单价，此时增施化肥经济上是有利的，既增产又增收。

2）增施肥料的增产量×产品单价＝增施肥料量×肥料单价，此时增施肥料的总收益量高，可称为最佳施肥量。

3）如果达到最佳施肥量后，再增施肥料，则其增施肥料的增产量×产品单价＜增施肥料量×肥料单价，此时增施肥料会使作物略有增产，甚至达到最高产量，但增施肥料反而赔本，不盈利，使总收益下降。

4）达到最高产量后，增施肥料则会导致减产。

五、有机肥料在农业生产中的作用

有机肥料与化学肥料不同，在农业生产中起着重要作用，主要有以下几个方面。

（一）提供作物所需的各种矿质养分和有机养分

有机肥料在土壤中不断矿化的过程中，能持续较长时间供给作物必需的多种营养元素，同时还可供给多种活性物质，如氨基酸、核糖核酸、胡敏酸和各种酶等。尤其是在家畜、家禽粪中酶活性特别高，是土壤酶活性的几十到几百倍。其既能使植物获得营养，又能刺激作物生长，还能增强土壤微生物活动，提高土壤养分的有效性。在有机肥料分解过程中，会产生大量的二氧化碳供作物进行碳的同化，植物的光合作用强度在一定的二氧化碳浓度范围内，随着二氧化碳含量的增加呈直线上升。据北京、福建等地的试验证明，增加二氧化碳的浓度能使作物增产 10%以上。有机肥料中含有丰富的碳源，对促进作物生长、提高产量有重要意义。

（二）改善土壤理化性质，提高土壤肥力

有机肥料进入土壤后，经微生物分解，会合成新的腐殖质，它能与土壤中的黏土及钙离子结合，形成有机无机复合体，促进土壤中水稳性团粒结构的形成，从而可以协调土壤中水、肥、气、热的矛盾，降低土壤容重，改善土壤的黏结性和黏着性，使土壤的耕性变好。

由于腐殖质疏松多孔，其黏着力和黏结力比黏土小，比砂土大，因而既可以提高黏性土壤的疏松度和通气性，又可改变砂土的松散状态。腐殖质的颜色较深，可以提高土壤的吸热能力，改善土壤的热状况，腐殖质疏松多孔、吸水蓄水力强，可以提高土壤的保水能力。

腐殖质分子的羟基、酚式羟基或醇式羟基在水中能解离出 H^+，使腐殖质带负电荷，故能吸附大量的阳离子，与土壤溶液中的阳离子进行交换，因而可以提高土壤的保肥能力。由上可知，施用有机肥料能有效地培肥土壤，有利于高产和稳产。

（三）增加作物产量，改善农产品品质

单一施用化肥或养分配比不当，均会降低产品质量。实践证明，有机肥料与化学肥料配合施用能提高产品品质，如提高小麦和玉米籽粒中蛋白质含量。配合施用比单施化肥相比，小麦蛋白质含量提高 1%，面筋提高 2.3%，籽粒全氮提高 0.19%。中国农业科学院土壤肥料研究所（现中国农业科学院农业资源与区划研究所）的研究表明，不合理、过多地追施氮肥会使蔬菜体内的硝酸盐含量明显增加，特别是白菜、菠菜和生菜的可食部分，硝酸盐高达 1000μg/g，最高者可达 1700μg/g，而厩肥区仅为 200～500μg/g，最低仅几十 μg/g；对于番茄和菜花类，采用有机无机肥配合，可使维生素 C 的含量提高 16.6～20.0μg/g。

（四）补给和更新土壤有机质

土壤有机质是衡量肥力水平的主要标志之一，是土壤肥力的物质基础。施用有机肥料可以：①不断补充被消耗的有机肥料。单靠化学肥料的话，土壤结构很快就会遭到破坏而板结。②不断提高土壤有机质含量。我国大部分地区土壤有机质含量都比较低，除东北黑土有机质含量较高，可达 2.5%～7.5%外，华北、西北地区大部分低于 1%，华中、华南一带水田有机质含量稍高，达 1.5%～3.5%。此外，旱地地区很少能达到 2%以上；有机质含量在 0.5%以下的耕地目前还占我国现有耕地面积的 10.6%。③不断更新土壤有机质。有机肥料转化的土壤有机质约占土壤有机质年形成量的 2/3，可见要补充有机肥料才能不断更新土壤有机质。显然，施用有机肥料对提高土壤肥力非常重要。

（五）提高微生物和酶活性

在农田生态系统的能量转化和物质循环过程中，微生物是生态系统的构成要素之一，并对土壤的养分及其他性质有多方面的影响，而微生物生命活动所需要的能量主要是由有机物质提供的。经常向土壤施用有机肥料，既可维持和促进土壤微生物的繁衍，又可充分利用各种有机杂物，让其参与生态系统循环，对于保持土壤肥力和良好的生态环境都起着重要的作用。

（六）减轻环境污染，净化环境

有机废弃物中含有大量的病菌和虫卵，若不及时处理会传播病菌，使地下水中铵态、硝态和可溶性有机态氮浓度增高，以及地表与地下水富营养化，造成环境质量恶化，甚至危及生物的生存。因此，合理利用这些有机肥料，既可减轻环境污染，又可减少化肥投入，一举两得，有机肥料还能吸附和螯合有毒的金属阳离子如铜离子、铅离子，增加砷离子的固定。

由此可见，有机肥料的作用是化学肥料不能完全代替的，尤其是在增加土壤有机质、培肥土壤方面，更是化学肥料所不及的。因此，不仅在化学肥料不足时应该积存和施用有机肥料，而且在有充足的化学肥料时，也不能忽视有机肥料的施用。

第四节　营养与施肥

一、施肥的基本原则

施肥效果受多种环境因素的影响，必须根据作物需肥特性、收获产品种类、土壤肥力、气候特点、肥料种类和特性确定施肥时间、数量、方法和各种肥料的配比，需要根据施肥规律及具体环境条件来综合考虑、合理施肥。

（一）环境条件对施肥的影响

（1）温度　　温度能影响作物根系吸收养分的能力和土壤养分的有效性。一般在 6～38℃内，升高温度能促进肥料的分解，加快作物代谢过程，提高作物根系对养分的吸收。温度太低或超过适宜温度时，作物代谢会受到影响，水分和养分吸收减少。作物吸收养分的最适温度因作物而异，水稻最适温度在 30℃左右，麦类在 25℃左右，棉花为 28～30℃，马铃薯为 20℃，玉米为 25～30℃，烟草为 22℃。在最适根际土温，吸收养料也最多。

（2）土壤通气性　　在生产条件下，旱田同水田相比，土壤的通气状况有很大差别。一般旱田通气良好，而水田通气较差，水田土壤通气不良对水稻吸收养分、土壤中养分的有效性和毒害物质的积累都有很大的影响。因此，在水稻田间管理中，可以采用科学的水浆管理，即前期浅水勤灌，中期注意排水晒田，后期干、湿交替，其目的在于以水调肥，排水促根，或按水稻需肥规律，以水控制或促进根系对养分的吸收。

（3）土壤酸碱度　　土壤的 pH 直接影响根系对阴、阳离子的吸收。一般 pH 在 5～7，阳离子吸收得最多。

（4）土壤水分状况　　土壤水分是化肥溶解和有机肥料矿化的必要条件，养分通过扩散与质流的方式向根表迁移及根系对养分的吸收都必须有水。应用示踪原子研究表明，在生草灰化土上，冬小麦对硝酸钾和硫酸铵中氮的利用率，湿润年份为 43%～50%，干旱年份为 34%。在水分、养分适宜的条件下，大麦对肥料氮的利用率可达50%～60%。

（5）根部溶液的离子组成　　作物根系从土壤溶液中吸收养分，还要受土壤溶液中离子组成的影响，离子的理化性状（离子半径和价数）不仅直接影响离子在作物根自由空间中的迁移速率，而且决定着离子跨膜运输的速率。这些离子间的相互作用对根系吸收的影响是极其复杂的，主要表现为离子间的互相协同与拮抗作用。

吸收同价离子的速率与离子半径之间通常呈负相关。离子能与细胞膜组分中带电荷的磷脂、硫酸酯和蛋白质等相互作用。其相互作用的强弱顺序为：不带电荷的分子＜一价的阴、阳离子＜二价的阴、阳离子＜三价的阴、阳离子。相反，吸收速率常常依此顺序递减。此外，水化离子的直径随化合价的增加而加大。由于离子和其他溶质在很多情况下是逆浓度梯度的累积，因此需要直接或间接地消耗能量。在不进行光合作用的细胞和组织中（包括根），能量的主要来源是呼吸作用。因此，所有影响呼吸作用的因子也都可能影响离子的累积。例如，去掉水稻茎基部叶片或采用遮荫的办法减少对根部碳水化合物的供应，都能降低根的呼吸强度，使根系吸收 ^{32}P 的速率明显降低。

离子间的对抗作用是指在溶液中某一离子的存在抑制另一离子吸收的现象。培养试验证明，在阳离子中，K^+、Rb^+ 与 Cs^+ 之间，Ca^{2+}、Sr^{2+} 与 Ba^{2+} 之间；在阴离子中，如 Cl^-、Br^- 与 I^- 之间等，都有对抗作用。上述这些离子具有相同的电荷或者近似的化学性质。它们彼此之间或者竞争载体结合位点，或者竞争电荷。例如，在向日葵培养试验中，随着镁浓度的增加，向日葵的含镁量也增加，而钠、钙的含量减少。增加镁浓度对钾的吸收基本无影响，阳离子的吸收总量也几乎相等，这一现象称为非竞争性拮抗作用。

离子间的相助作用是指在溶液中某一离子的存在有利于根系对另一些离子的吸收。这种作用主要表现在阴离子与阳离子之间，以及阳离子与阳离子之间。研究表明，钙的存在能促进铵、钾和铷的吸收，镁、锶、镭、铝在低浓度时也有助于钙的吸收。

（二）提高肥效的有效途径

（1）根据土壤条件合理分配与施用肥料　　土壤条件既是进行肥料区划和分配的必要前提，也是确定肥料品种及其施用技术（包括施用量）的依据。由于土壤类型不同，肥力等级有差别，因此为了发挥单位肥料的最大增产效果和最高经济效益，首先要将肥料重点分配在中、低等肥力地区。对氮肥来说，氨水、碳酸氢铵、石灰氮和硝酸钙宜施在酸性土壤上。硫酸铵和氯化铵宜分配在中性及碱性土壤上，并注意深施覆土。在盐碱地上不宜分配氯化铵。尿素适宜于一切土壤。铵态氮肥宜分配在水稻地区，并深施在还原层中。硝态氮肥宜施在旱地上，不宜分配在雨量偏多的地区或水稻地区，也不宜在多雨季节施用。对于磷肥来说，黏性重旱地、烂泥还原水田、新垦荒地、酸性红黄壤及有机肥不足的土壤，有效磷含量较低，施用磷肥能获得较显著的增产效果，且经济效益较好。对于钾肥来说，质地粗的砂性土施用钾肥的效果比黏土高，但钾肥在砂性土壤上的肥效不能持久。因此，砂性土应适当增加施钾次数。黏性强的土壤对钾的固定作用较强，要想使钾肥有明显的肥效，应适当增加钾肥的施用量。

（2）根据作物营养特性合理分配和施用肥料　　不同作物对肥料的选择不同，就算是同一作物，但由于品种不同，其耐肥能力和各个生育期的施肥效果也不一样，所以必须根据不同作物的营养特性合理分配和施用肥料。例如，棉花、油菜、叶菜类、茶、果树等的需氮量较多，水稻、小麦、玉米次之，而豆科作物利用空气中游离态氮的能力较强，对氮肥的需求就没有上述作物那么迫切。因此，应将氮肥重点分配在经济作物和粮食作物上，而豆科作物则可酌情少施。对磷的反应，豆科绿肥、豆科作物、油菜、肥田萝卜、荞麦等非常敏感，玉米、番茄、马铃薯、芝麻中等，小麦、谷子、水稻等对磷的反应较差，凡在对磷敏感的"喜磷作物"多数土壤上使用磷肥后，一般都有增产效果。对于钾肥来说，不同作物对施用钾肥有不同的反应。禾本科作物和豆科作物在对钾的利用能力上有明显差别。禾本科作物吸收钾的能力比较强，能吸收晶层间的钾，因此对禾本科作物施用钾肥的肥效没有豆科作物那样显著。

（3）养分配合施用能提高肥效　　将有机肥与氮、磷、钾配合施用，能显著提高肥效。作物对各种养分按一定比例吸收，因此，土壤中各种营养元素应有适当的比例。作物体内许多含磷化合物，如核酸、核蛋白、磷脂及某些酶等，都是既含有氮又含有磷，并需钾参与作用才能形成的化合物。因此，氮、磷、钾等配合施用，有利于各种营养元素的平衡，改善作物的整个营养状况，增进作物的产量与品质。

（4）进行合理的轮作倒茬　　轮作是种植制度中一种传统的种植方式，它遵照作物间互利与互生的关系，通过不同作物茬口间的合理搭配，依据当地的自然条件及社会需求，制订合理的作物轮换种植顺序，保证不同作物在轮作周期内有顺序地进行轮换种植。因此，理论上，轮作可以充分利用不同作物对各种养分需求间的差异，最大限度地发挥作物间的互利互补作用，减少其竞争性，均衡利用土壤资源，实现持续增产稳产。

（三）作物的营养发育期特性

不同作物或同一种作物的不同器官对营养元素的吸收具有选择性。一般来说，谷类作物需要较多的氮、磷营养；糖料作物和薯类作物需要较多的磷、钾营养；豆科作物因与根瘤菌共生，能利用根瘤菌固定土壤中的氮素，不需大量施用氮肥。

作物不同生育时期所需营养元素的种类、数量、比例都不相同（表9-2）。

表 9-2 主要作物不同生育时期养分吸收占全生育期养分吸收总量的比例（%）（引自曹卫星，2001）

作物	生育时期	N	P	K
冬小麦	越冬期	14.87	9.07	6.95
	返青期	2.17	2.04	3.41
	拔节期	23.64	17.73	29.75
	挑旗期	17.40	25.74	36.08
	开花期	13.89	37.91	23.81
	乳熟期	20.31	—	—
	成熟期	7.72	7.46	—
春玉米	苗期	0.25	0.08	0.25
	拔节期	9.04	4.21	10.89
	抽雄期	34.38	19.48	35.60
	授粉期	32.11	28.45	49.75
	乳熟期	14.78	23.77	0.54
	成熟期	9.44	24.01	2.87
水稻	秧苗期	0.50	0.26	0.40
	分蘖期	23.15	10.58	16.95
	拔节期	51.40	58.03	59.75
	抽穗期	12.31	19.66	16.92
	成熟期	12.63	11.47	5.99
棉花	出苗至现蕾期	8.27	5.10	4.24
	现蕾至开花期	27.70	22.00	20.40
	开花至吐穗期	64.60	72.90	75.40

一般生长前期吸收营养的数量、强度均较低，但存在营养临界期。作物生长的旺盛期，生长量大，需养分多，是作物的养分最大效率期。在作物营养临界期和养分最大效率期需及时补充作物所需养分，能取得施肥的最佳效果。

二、肥料种类

肥料种类很多，按其来源可分为农家肥料和商品肥料；按其化学组成可分为有机肥料和无机肥料；按其化学性质可分为酸性肥料、中性肥料和碱性肥料；按所含营养元素成分可分为氮肥、磷肥、钾肥、镁肥、锌肥；按肥效快慢可分为速效性肥料和迟效性肥料；按其元素成分可分为单一肥料和复合肥料；按肥料形态可分为固体肥料、液态肥料和气态肥料；按积攒的方法可分为堆肥、沤肥、沼气发酵肥。但一般分为有机肥料、无机肥料和微生物肥料 3 类。

（一）有机肥料

有机肥料又称农家肥料，是农村中就地取材、就地积存的自然肥料的总称。其包括人畜粪尿、厩肥、堆肥、沼气池肥、沤肥、泥杂肥、泥炭、饼肥、绿肥、青草、秸秆等。有机肥料种类多，其共同点是含有数量不等的有机质。有机肥料来源广，成本低，便于就地取材，能增加土壤有机质含量。土壤微生物的生命活动需要的能源主要来自土壤有机质，经常施用有机肥料，可维持和促进土壤微生物的活动，保持土壤肥力和良好的生态环境。有机肥料的养分含量全面，养分释放慢，肥效稳且时间长。有机质分解时产生的有机酸，能够促进土壤中难溶性磷酸盐的转化，提高磷的有效性，也能促进含钾、钙、硅等矿物质的有效性。有机质分解形成腐殖质、细胞胶质、多糖和糖醛等高分子化合物，可改良土壤理化性状。

有机肥料可使土壤中的无机黏粒结合形成水稳性团粒结构，提高土壤肥力，改良土壤；适合各种作物和土壤，常用作基肥与无机肥料一起施用，可以取长补短，缓急相济，提高肥效。

绿肥除具有有机肥的一般特点外，还有特殊作用。绿肥多为豆科作物，能固定土壤及空气中的游离氮；根系发达，入土较深，可吸收深层养分；适应性强，可种植在农田和荒山坡地，减少水土流失。

有机肥料一般作基肥，需经腐熟后才能使用，在耕地前施入土壤。经腐熟的或速效的有机肥料如人粪尿、饼肥也可用作追肥和种肥。

（二）无机肥料

无机肥料又称化学肥料。根据无机肥料中所含的主要成分，可将其分为氮肥、磷肥、钾肥、微量元素肥料和复合肥等。无机肥料易溶于水，养分含量高，肥效快，持续时间短，能被作物直接吸收利用，可与有机肥料配合或单独用作基肥，也可作追肥、种肥和叶面喷肥施用。

（1）氮肥　　在化学肥料中品种最多，可分为 3 类，即铵态氮肥、硝态氮肥和酰胺态氮肥。铵态氮肥包括液体氨、碳酸氢铵、硫酸铵和氯化铵等。施入土壤中形成铵离子，与土壤胶粒上的离子代换形成代换养分，肥效较硝态氮长，但遇碱性物质后分解而释放氨气，会造成氮素损失。硝态氮肥包括硝酸铵、硝酸钙等。将其施入土壤中，氮素以硝态氮的形式存在，不易被土壤胶粒吸附，因此，不能用于水田，也不宜作基肥和种肥。在通气不良的条件下，易反硝化而使氮素损失。酰胺态氮肥主要有尿素，与前两者不同，尿素施入土壤中后一般需要经微生物的作用转化成铵态氮后才能被作物吸收利用，此类肥料要提前一周施用。尿素在转化之前，易溶于土壤溶液中，不易被吸附，随水分流失。因此，在水田中施用后，不宜立刻灌水；在旱田施用，也要注意深埋和覆土，防止转化为碳酸铵后挥发损失。

（2）磷肥　　随着氮肥施用量的增多，作物产量大幅度提高，磷肥效果逐渐明显。磷肥的原料是磷矿石，磷矿石因加工方法不同，磷肥产品也不同。一般按磷酸盐的溶解性质将磷肥分为 3 类，即水溶性磷肥、弱酸溶性磷肥和难溶性磷肥。水溶性磷肥的主要化学成分为磷酸二氢盐，多为磷酸一钙（磷酸二氢钙），它易被作物吸收，肥效快，在土壤中不稳定，易转化为弱酸溶性磷酸盐，甚至进一步变为难溶性磷酸盐。且磷在土壤中的移动性很小，一般不超过 $1\sim3cm$。因此，提高水溶性磷肥肥效的关键是，一方面减少肥料与土壤颗粒的接触；另一方面应将肥料施于根系集中的土层。为达到这一目的，生产上常采用集中施用、与有机肥混用、制成颗粒和根外追肥等方法。弱酸溶性磷肥包括沉淀磷肥、钙镁磷肥、钢渣磷肥等，主要化学成分是磷酸氢钙。它不溶于水，能被弱酸溶解，逐渐被作物吸收，肥效缓慢、持久，适合作基肥，在石灰性土壤中易转化为难溶性盐。难溶性磷肥的主要代表是磷矿粉，由磷矿石粉碎制成，其特点是肥效慢。发挥其肥效的关键是创造酸性条件，增加其溶解度，或施在吸磷较强的作物，如豆类、荞麦等土壤中。

（3）钾肥　　随着氮、磷肥用量的增加和产量的提高，许多地方钾肥肥效显著。钾肥的主要品种是氯化钾和硫酸钾。二者均易溶于水，是速效肥料，施入土壤中以离子状态存在，能直接被作物吸收利用或形成代换性钾。钾在土壤中移动性小，宜施于根系密集的土层。在砂地可采用分次施用，防止肥料损失。氯化钾的价格低，但有些作物忌氯，如烟草、马铃薯、甜菜等，只能施用硫酸钾。

（4）微量元素肥料　　主要包括硼、锌、铝肥等。对硼敏感的作物有豆科、十字花科、甜菜、麻类、小麦、玉米、水稻和棉花等，常用的硼肥有硼砂、硼酸和硼泥。对锌敏感的作物有玉米、水稻、棉花、亚麻、甜菜和大豆等，常用的锌肥有硫酸锌和氯化锌。豆科作物对钼肥比较敏感，常用的钼肥有钼酸铵、钼酸钠。小麦、玉米、谷子、棉花、花生等作物对锰敏感，常用的锰肥有硫酸锰、氯化锰等。对铜敏感的作物有小麦、大麦、燕麦等，主要的铜肥有硫酸铜、铜矿渣等。

（5）复合肥　　含有两种以上的营养元素。一般是氮磷钾复合或加多种微量元素。复合肥种类很多，为了方便，常用肥料所含三要素的有效成分来命名。复合肥的有效成分含量高，物理性状好，包装、运输和施用费用低，但其养分含量固定，难以满足不同土壤、作物的需求差异。为了满足某种作物的养分需要或达到某种目的，近年研制和应用推广了专用复合肥；为了保证作物在整个生育期都会获得相应的养分供应，减少养分损失，提高肥料利用率，减少施肥用工和劳动强度，研制和推广应用了缓释肥和长效肥。

（三）微生物肥料

微生物肥料是以微生物生命活动获得的特定肥料效应的制品，又称为微生物菌肥。制品中的活微生物起关键作用，常用的有根瘤菌、固氮菌、抗生菌、磷细菌和钾细菌等。这种肥料中并不含营养元素，而是通过微生物的生命活动，增加土壤营养元素，促进作物对营养元素的吸收，增进土壤肥力，刺激根系生长，抑制有害微生物的活动。例如，各种联合或共生的固氮微生物肥料可增加土壤氮素的来源；多种分解磷、钾矿物的微生物，可以将土壤中难溶的磷、钾溶解出来，转变为作物能吸收利用的磷、钾元素。根瘤菌肥可以制造和协助作物吸收营养，将空气中的氮素转化成氨供豆科作物利用。有些微生物肥料还可增强植物抗病和抗旱能力。微生物肥料节约能源，不污染环境，将会在未来的农业生产中起重要作用。由于各种微生物作用方式不同，施用时应注意与有机、无机肥料配合，创造适合微生物生活的环境，才能充分发挥肥料效果。例如，根瘤菌与豆科作物固氮，需要一定的营养条件，其中对磷、钾、钼、硼等营养元素比较敏感，配合施用这些化学肥料可提高根瘤菌的增产效果。

三、施肥技术

作物所需的营养元素除由施肥供给外，还可从土壤中吸收，所施用肥料的养分当季只有其中的一部分被作物吸收利用，其利用率因肥料种类、气候条件、土壤保肥力和栽培条件等的不同而异。在作物生产中，如果不采取合理的施肥技术，往往会造成施肥不当而达不到施肥的应有效果，肥料利用率下降，甚至造成肥害。因而，国内外都比较重视肥料施用技术的改进和提高。随着科学技术的发展，特别是农业化学的发展，新的测定仪器和技术的出现，肥料品种和施肥新技术的开发，许多国家提高了施肥技术的现代化水平。测土施肥技术得到了迅速发展，成为一项常规的农业技术措施，已获得明显的社会、经济效益。我国已有几千万公顷农田在推广、实施各种配方施肥技术，使作物获得丰收，取得了良好的经济效益。

（一）推荐施肥技术

推荐施肥技术分为土壤测试和植物营养诊断两个相互关联，又各有特色的技术系统，一个以土壤分析测试为主，另一个以植株分析诊断为主进行推荐施肥。

（1）土壤测试　　土壤测试技术分为 3 类。一是北美、西欧国家采用的土壤养分丰缺指标法，其特点是用合适的提取剂提取土壤有效养分，根据作物相对产量水平把土壤有效养分含量划分成不同等级，再按不同等级提出推荐施肥量；二是苏联、东欧各国采用的养分平衡法，其特点是按照作物产量需要的养分数量，用土壤养分含量和肥料进行平衡，另外，再补充一部分肥料培肥地力；三是日本采用的土壤诊断法，根据作物高产所需地力水平提出高产土壤养分吸收量补施肥料，不使地力下降。以上 3 种类型测土施肥技术只是大体的划分，每一类型还可细分出一些方法上不同的技术系统，各系统之间在方法上也有不少相互渗透的地方。在使用上应根据我国的国情，发展具有我国特色的测土施肥技术。

（2）植物营养诊断　　包括作物生长诊断（或称形态诊断）和组织分析营养诊断。作物生长诊断是根据作物的生育状态、长势、长相、叶色进行诊断。缺素诊断和生育诊断是生长诊断的两种主要方法。缺素诊断是通过作物表现出的植株症状判断作物是否缺乏某种元素。叶色诊断是缺素诊断的发展，主要应用于植株氮素营养状况的判别。其在水稻、小麦等作物上应用得较多，通过专用的叶色卡与植株叶色进行比较确定是否需要使用氮肥。生育诊断是根据作物群体的长势、长相和生育进程，决定栽培管理的时机。例如，水稻、小麦等作物应用叶片与其他器官的同伸关系，以叶龄为形态指标，判断是否需要肥水管理措施。这种诊断手段可用于肥水措施时机的选择，用量的多少还需要结合经验或测土施肥来确定。

组织分析营养诊断是对来自特定部位、特定生育阶段的植株样品体内某一养分元素测定其含量，也可称为植物组织分析。植物组织分析的结果可用临界值法、标准值法、综合诊断施肥法（DRIS 法）确定是否需要施用该元素。此外，淀粉碘试法可以诊断水稻体内氮素的状况，决定水稻氮肥的施用。

（二）施肥量的确定

确定合理的施肥量是一个比较复杂的问题。最可靠的方法是进行田间试验，结合测土和作物诊断综合决策。目前，我国施肥量估算方法较多，诸如目标产量施肥法、肥料效应函数估算法、土壤有效养分系数法、土壤肥力指标法、土壤有效养分临界值法等，应用较多的是前两种。

（1）目标产量施肥法　根据作物的单产水平对养分的需要量、土壤养分的供给量、所施肥料的养分含量及其利用率等因素进行估测。一般可用下式计算。

$$肥料需要量(kg)=\frac{作物总吸收量(kg)-土壤养分供应量(kg)}{肥料中该养分含量(\%)\times 肥料利用率(\%)} \tag{9-1}$$

$$作物的总吸收量(kg)=目标产量\times 每千克产品养分需要量 \tag{9-2}$$

生产每千克产品的养分需要量可通过测定获得，表9-3所列资料可供参考。

表9-3　不同作物形成100kg经济产量所需养分的量（kg）（引自浙江农业大学，1991）

作物	收获物	从土壤中吸收氮、磷、钾的量		
		N	P_2O_5	K_2O
水稻	稻谷	2.10~2.40	1.25	3.13
冬小麦	籽粒	3.00	1.25	2.50
春小麦	籽粒	3.00	1.00	2.50
大麦	籽粒	2.70	0.90	2.20
荞麦	籽粒	3.30	1.60	4.30
玉米	籽粒	2.57	0.86	2.14
谷子	籽粒	2.50	1.25	1.75
高粱	籽粒	2.60	1.30	3.00
甘薯	块根	0.35	0.18	0.55
马铃薯	块根	0.50	0.20	1.06
大豆	豆粒	7.20	1.80	4.00
豌豆	豆粒	3.10	0.86	2.86
花生	荚果	6.80	0.30	3.80
棉花	籽棉	5.00	1.80	4.00
油菜	菜籽	5.80	2.50	4.30
芝麻	籽粒	8.20	2.07	4.41
烟草	鲜叶	4.10	0.70	1.10
大麻	纤维	8.00	2.30	5.00
甜菜	块根	0.40	0.15	0.60

目前各种土壤测试方法还难以测出土壤对作物供应养分的绝对数量，土壤养分供应量参数不能直接采用土壤养分测试值，一般是由田间无肥区作物产量推算，从作物产

量与吸肥量关系中求得土壤养分利用系数。浙江省农业科学院、上海市农业科学院、辽宁省农业科学院用 ^{15}N 标记土壤 N 和湖北省用 ^{32}P 标记土壤 P 的试验表明，水稻所吸收氮的 59%～84%、磷的 58%～83%来自土壤。

肥料的当季利用率受肥料种类、作物、土壤、栽培技术等的影响，需要根据本地区的试验数据提出。我国当季肥料利用率的大致范围为：氮肥 30%～60%，磷肥 10%～25%，钾肥 40%～70%。影响化肥利用率的还有化肥用量本身，随着化肥用量的增加，化肥的利用率是下降的，在推荐施肥中应加以考虑。

（2）肥料效应函数估算法　　通过田间试验，配置出一元、二元或多元肥料效应回归方程，描述施肥量与产量的关系，利用回归方程式计算出代表性地块不同目标值最大相应的施肥量。大量研究结果表明，肥料的增产效应一般呈二次曲线趋势。当土壤养分含量严重不足，作物某种营养元素缺乏时，起初增施该养分的目标值（产量、产值、品质等）为递增。但超过一定的限度后，增施单位剂量养分的目标增量便开始递减，当其递减为零时，作物生产目标值达到最大值。此时，再增加肥料量则导致产量及效益的降低。借助于导数或其他数学方法求最大值的原理，得到不同优化目标（产量、产值、品质等）的最佳施肥量。

（三）施肥方法

合理的施肥应该能不断提高土壤肥力，改善土壤理化性状，满足作物对各种养分的需求，降低成本，产量高，品质好，经济效益高。为此，必须研究作物的吸肥特性和吸肥规律。根系是作物吸收养分的主要器官，施肥的主要方式为土壤施肥。把肥料施入土中，作物根系从土壤中吸收养分供其生长发育。后来发现叶面也能吸收养分，进行叶面施肥也能得到好的效果。

1. 土壤施肥

（1）施肥时期　　作物施肥时期的确定要根据作物的营养特性和不同肥料的特性决定，可将施肥时期分为基肥、种肥和追肥。近年来，随着缓释技术的发展和缓释肥料的研制应用，一次性施肥成为现实。

基肥是播种（或移栽）前结合土壤耕作过程施用的肥料。它的目的是供给作物整个生育期需要的养分，并为作物生长发育创造良好的土壤条件，有培肥改土的作用。所用的肥料有各种有机肥，全部或大部分磷、钾肥和一部分氮肥。施用的方法一般是在耕地前撒在土壤表面，或沿犁沟施入土中。

种肥也叫口肥，是在播种时施在种下、种旁的肥料。种肥的作用主要是供给作物苗期营养，促进苗期生产，满足幼苗阶段需肥临界期对养分的需要，并能改善种床的理化性质和提高微生物活性。作种肥的肥料必须具有速效性、易溶解等特点。常用的种肥肥料有腐熟良好的优质有机肥料和化学肥料中的磷酸二铵、专用种肥、微量元素肥料等。由于种肥施在种子附近或与种子混拌，施用不当容易烧种和烧苗。因此，要严格控制用量。碳酸氢铵、尿素等氮肥不宜与种子直接接触。施用方法可根据具体情况，选择条施、穴施或拌种。在施用量上，种肥用量不宜过大，氮肥不得超过 75kg/hm²，过磷酸钙不得超过 150kg/hm²，有机肥量不可超过 22 500kg/hm²。

追肥是作物生长期施用的肥料，它的目的是补充作物生长期土壤养分供应的不足。一般以追施氮肥为主，要求深施覆土，深度达 6～8cm，可明显减少氮肥的损失，提高肥效。在土壤水分不足，或不能深追肥的情况下，应在追肥后随即浇水。追肥的用量应根据土壤肥力、基肥数量和作物生长情况确定。仍以小麦为例，巧施追肥是获得小麦高产的重要措施。追肥的时间宜早，多在冬前追施，常有"年外不如年里"的说法。大都习惯追施氮肥，但当基肥未施磷肥和钾肥，且土壤供磷、钾又处于不足的状况时，应适当追施磷肥和钾肥。对供肥充足的麦田，切忌过量追施氮肥，且追肥时间不宜偏晚，否则易引起贪青晚熟，招致减产。

（2）施肥位置　　要使营养元素能被作物容易吸收，选择合理的施肥位置对提高肥效有重要作用。最佳施肥位置因作物种类、土壤性质、肥料种类不同而异。例如，氮素易在土中移动，钾次之，磷不易移动且距离短，所以磷、钾必须施在近根部，氮肥可施在较远的地方。施肥位置依施肥的面积可分为 3 种。撒施是将肥料均匀撒播在田中，使全田肥料均匀。撒施肥料不易被幼苗根部吸收，磷钾肥又易受土壤固定，一般用于水稻追肥，旱作物要在雨前或结合灌水进行。条施是以机械或人工将肥料以条状施于土中，条施使土壤与肥料的接触范围小，肥料被土壤固定得少，用肥经济，是最适宜的施肥方法，缺点是在作物生育后期施肥，田间作业不便。在作物或种子旁的土壤中，用点状方式施肥，称为穴施。穴施肥料利用率最高，但用工多，一般经济价值高、作物需肥量大、避免条施开沟损伤根系时可采用穴施。把化肥开沟条施或点施于表土下 10～20cm 深处，称为深层施肥。深层施肥主要是针对化肥表施肥效利用率低而改进的施肥方法，对氮肥和磷肥的施用要采用此法，氮素利用率提高1 倍左右。

2. 叶面施肥　　叶面施肥又称根外追肥，是把化学肥料配成一定浓度的溶液，借助于喷洒器械将肥料溶液喷洒在作物叶面。此法施肥养分吸收迅速，肥料用量少，利用率高，效果优于土壤施肥。最初仅限于微量元素如铜、锌、锰及生长素等的施用，后也用于尿素、过磷酸钙或磷酸二氢钾等的施用。一般是在作物生长后期，根系吸收能力变差或因病虫害根部受损、吸收能力下降时，以叶面施肥代替土壤施肥。但叶面施肥一次不能施用大量肥料，浓度不能太高。因此，叶面施肥只能作为一种辅助性追肥措施。作物苗期，叶片不繁茂，无法施用。雨季不宜采用，否则会被雨水冲淋，不能发挥施肥效果。叶面施肥应在晴天露水初干时进行，尿素浓度 1%～2%，过磷酸钙或磷酸二氢钾 2%～3%进行叶面喷施。喷施在生理活动旺盛的新叶上，较撒播在老叶上的效果好。喷施时以叶片上下表面湿润均匀，不成水滴下落为宜。为加强肥料的附着力，提高液体肥料的利用率，可加入黏附剂。为节省施肥、喷药的用工，喷肥与喷农药结合进行，施肥时结合治病虫，效果较好。

作物合理施肥应以有机肥料为主，化肥为辅；因土、因作物、因肥分期追肥；以深施为主，做好分层施肥；各种肥料合理配合施用。肥料能否配合施用可参考表 9-4。

表 9-4 常用化学肥料混合施用一览表

肥料种类	氨水	尿素	碳酸氢铵	硫酸铵	氯化铵	磷酸铵	硝酸铵	硝酸盐	过磷酸钙	钙镁磷肥	磷矿粉	氯化钾	石灰、草木灰	粪尿肥	厩肥、堆肥
氨水	√	√	√	×	√	○	√	√	○	×	×	○	×	○	√
尿素	√	√	○	√	√	√	×	○	√	√	√	√	×	○	√
碳酸氢铵	√	○	√	○	○	○	○	○	○	×	○	○	×	×	√
硫酸铵	×	√	○	√	√	√	○	○	○	×	○	√	×	√	√
氯化铵	√	√	○	√	√	√	○	○	○	×	○	√	×	√	√
磷酸铵	○	√	○	√	√	√	√	○	√	○	√	√	×	○	√
硝酸铵	√	×	○	√	√	√	√	√	○	×	○	○	×	○	√
硝酸盐	√	○	○	○	○	√	√	○	○	○	○	○	○	○	√
过磷酸钙	○	√	○	○	√	√	○	○	√	×	○	○	×	○	√
钙镁磷肥	×	√	×	×	×	○	×	×	×	√	√	√	√	√	√
磷矿粉	×	√	○	○	√	○	○	○	○	√	√	○	×	√	√
氯化钾	○	√	○	√	√	○	○	○	○	√	○	√	○	○	√
石灰、草木灰	×	×	×	×	×	×	×	○	×	×	×	×	√	×	√
粪尿肥	○	○	×	√	√	√	○	○	√	√	√	○	√	×	√
厩肥、堆肥	√	√	√	√	√	√	√	√	√	√	√	√	√	√	√

注:"√"表示可以混合;"○"表示随混随施用;"×"表示不可以混合

学习重点与难点

重点掌握作物施肥的基本原理与外界环境对作物养分吸收的影响。

复习思考题

1. 简述有机肥料在农业生产中的地位及其作用。
2. 简述作物营养诊断与缺素症的表观。

第十章 种植制度

种植业是农业生产的基础，农业生产的根本目的是生产出高产、优质的农副产品，满足社会不断发展的需求，同时要兼顾提高经济效益和保护生态环境。当前，我国农业存在着人多耕地少、资源紧缺、生态环境恶化、农村经济落后、农民收入低等问题。解决这些问题对于维持农业的可持续发展、保护资源和环境具有重要意义，种植制度主要探讨一定地区如何进行作物布局，如何选择合适的种植方式和配套的种植技术，如何对种植业系统进行整体优化等，以提高种植业系统的生产力等问题。

第一节 种植制度与作物布局

一、种植制度的概念与意义

种植制度是指一个地区或生产单位的作物布局和种植方式的总称。例如，南方水田的油菜—稻—稻的种植制度，它既反映了水稻、油菜为主的作物组成，又体现了一年三熟制、油菜与双季稻轮换和单作的种植方式。

一个合理的种植制度，应该体现当地生产条件下作物种植的优化方案。它应该兼顾到以下几个方面：能够合理利用当地自然资源与社会经济资源；持续增产、稳产并提高经济效益；培肥地力，保护资源，维持农田生态平衡；协调国家、地方和农户之间对农产品的需求关系；促进畜牧业及林业、渔业、副业等的全面发展；协调种植业内部各种作物的关系，如粮食作物与经济作物的关系、夏粮与秋粮的关系、主粮与辅助粮的关系、饲料绿肥作物的安排等。在生产实际中，上述各个方面不可能都同时得到满足，但应该存在一个相对较优的方案，这一方案就是合理的种植制度。如果种植制度不合理，则会引起生产部门之间、作物与环境之间、生产部门与销售部门之间的不协调，或者产生资源利用不合理与生产环境遭受破坏、高产量低收入、降低农田生产效率等情况。所以，在农业生产中，合理的种植制度具有重要的战略意义。

二、种植制度的类型

种植制度可从作物构成、降水与灌溉程度、农田利用程度等角度进行分类如下。

（一）按作物构成分

按作物构成，可将其分为以粮食作物、经济作物为主的，以饲料作物为主的，或以多年生作物为主的种植制度等。也有混合的，如粮饲并重、粮草兼有的种植制度等。

（二）按降水与灌溉程度分

半干旱地区旱作种植制度，主要分布在中国的西北、欧洲部分草原地带、美国大平原西北部、印度南部、非洲半干旱热带等地区，主要作物有小麦、高粱、黍粟等，以一年一熟为主；半湿润地区或湿润地区无灌溉种植制度，普遍分布在欧、美、亚、非各洲雨量较多而又无灌溉条件的地区，除旱地作物外，还有水稻；灌溉旱地种植制度，主要分布于中国、印度、埃及等国，主要作物有小麦、玉米、棉花、水稻及牧草，特点是集约化程度较高，在生长季节长的地方常为一年二熟和三熟；水田种植制度，主要分布于东南亚、中国，以种植水稻为主。

（三）按农田的利用程度分

撂荒制，耕地利用率很低，一般少于 1/3 的耕地种植作物，大于 2/3 的耕地长期弃荒以恢复地力，主要分布于热带亚洲和拉丁美洲，约占世界耕地的 20%；休闲制，耕地中有 1/3～2/3 种植作物，其他 1/3～2/3 留作休闲，主要分布于半干旱草原地带，如澳大利亚、中国西北部、俄罗斯草原地带、美国大平原北部等；连年种植制，耕地利用率明显提高，休闲已减少至耕地的 1/3 以下，或全年耕地均种植作物，多为一年一熟或实现轮作，这是目前世界上主要的种植制度，广泛分布于欧洲、美国、中国、东南亚等地；多熟制，同一块田地上一年内同时或先后种植两种或两种以上的作物，主要在人多地少、生长季节长、水肥条件好的地方应用，如中国的东南部、埃及、印度，以及东南亚的一些地区。

三、我国种植制度的特点

我国幅员辽阔，自然资源和社会经济条件十分复杂，种植制度的主要特点是：人多耕地少，土地利用率高，全国土地平均复种指数由 20 世纪 80 年代初期的 139%上升到 90 年代末期的 158%，是世界上复种面积最多的国家；作物组成中以粮食作物为主，经济作物次之，饲料作物、多年生牧草所占比例极低；种植方式多种多样，单作与间套作、轮作与连作均有分布，连作换茬比较灵活，定型、定区式轮作极少。

从自然条件来看，秦岭淮河以南是以水稻为主的一年二熟或三熟制；华北灌溉地大多是以小麦为主的一年二熟制，旱地以玉米、高粱、谷子、甘薯等旱粮为主的一年一熟或二年二熟制；东北、西北则以小麦、高粱一年一熟为主；自然降水少于 300mm 的地方，只能实行灌溉种植，一年一熟或二熟。

四、种植制度的功能

种植制度作为全面组织种植业生产的制度，其推广在农业生产中起着重要的作用。其功能具体表现如下。

（一）技术功能

种植制度具有较强的应用技术特征，它与研究某一作物的具体栽培技术不同，它侧重于全面持续增产稳产高效技术体系与环节，涉及作物与气候、作物与土壤、作物与作物、作物生产与资源投入等方面的组合技术。种植制度的技术功能是种植制度的主体，包括作物的因地制宜合理布局技术、复种技术、间套作立体种植技术、轮作连作技术等。与单项技术不同，种植制度技术体系往往带有较强的综合性、地区性、多目标性，因而它在生产上所起的作用更大。我国在种植制度的技术方面积累了丰富的经验与科研成果，某些领域如多熟种植在世界上也有重要地位。今后，还要进一步使传统技术与农业现代化、商品化有机结合起来，在农业生产中发挥作用。

（二）宏观布局功能

宏观布局是对一个单位的土地资源利用与种植业生产进行全面安排。根据当地自然和社会经济条件，制订合理规划土地利用布局、作物结构与配置、熟制布局、养地对策及种植制度分区布局的优化方案。要求统筹兼顾、主次分明，既从当前的实际需要出发，也要考虑长远目标的需要。宏观布局功能的主要意义：①有利于妥善处理各类矛盾，减少片面性。②有利于协调利用各种资源和投入，包括自然资源、劳力资源和经济条件，以及物资、资金、科技等方面的投入。③有利于统筹安排国家、地方、集体与农民之间的利益，调整城乡与工农之间的关系，促进农业与国民经济协调发展。

五、建立合理种植制度的原则

（一）合理利用农业资源，提高光能利用率

农业资源大体分为两个基本类型，即自然资源和社会资源。自然资源包括气候资源如太阳能、温度、大气等，水资源如自然降水、地表水、地下水等，土地资源，生物资源如动植物、微生物等；社会资源包括劳畜力、农机具、农用物资、资金、交通、电力和技术等。农业资源按贮藏性能也可分为贮藏性资源如种子（苗）、肥料、农药、农膜、燃油、机具等和流失性资源如太阳光、热辐射、劳畜力等。

无论自然资源或是社会资源，在一定时限或地域内均存在数量上的上限，如每年降水、光、热等气候资源。因此，合理的种植制度在资源利用上应充分而经济有效，使有限的资源发挥最大的生产潜力。农业中的生物种群，土壤中的有机肥、矿质营养等资源，人、畜力及气候资源均属于可更新资源。然而，农业资源的可更新性不是必然的，在资源可供开发的潜力范围内，只有合理利用资源，才能保持生物、土地、气候等资源的可更新性，否则会适得其反。因此，合理的种植制度一定要合理利用农业资源，协调好农、林、牧、渔之间的关系，不宜农耕的土地应退耕还林、还牧，以增强自然资源的自我更新能力，为农业生产建立良好的生态环境。对于投入农业生产的化肥、农药、机具、塑料制品、化石燃料，以及附属于工业原料的生产资料等物化的社会资源，不能循环往复长期使用，是不可更新资源，但却具有贮藏性能。这类资源的大量使用，不仅会增加农业生产成本，还会加剧资源的消耗，导致资源的枯竭。对这类资源应选择最佳时期和数量，做到有效利用。生产上作物对太阳能的转化效率是很低的，一般只有0.1%~1.0%，与理论值5%左右相比，存在着巨大潜力。在南方地区，采用麦—稻—稻三熟制，光能利用率也只有 2.8%，若光能利用率达 5%，在四川攀枝花，水稻产量可达 42 000kg/hm^2，小麦产量可达 30 000kg/hm^2，可见提高光能利用率对提高作物产量的潜力巨大。

提高光能利用率的主要途径有：①适当延长作物的光合时间，如选用生育期较长的品种，进行复种和合理的肥水管理等；②扩大受光叶面积指数，如进行合理间、套种植，合理密植等；③提高作物的光合能力，如选用高光效作物或品种，进行合理密植和合理肥水管理等；④减少光合产物的无效消耗，如进行适期播种，防止作物病、虫、草、鼠害等；⑤促进光合产物的运转和分配，提高收获指数等。

（二）用地养地相结合，提高土地利用率

（1）概念　　用地就是利用土地种植作物，生产农产品的过程。养地就是培养地力，不断保持、恢复和提高土壤肥力，使土壤具有良好的肥力条件，协调水、肥、气、热，没有或较少有土壤感染的不利于作物生长的有害因素。用地养地相结合就是指在用地过程中积极地培养和提高地力，使用地与养地相协调，不断提高用养水平，使之处于动态平衡状态。

（2）提高土地利用率的途径　　用地与养地相结合是建立合理耕作制度的基本原则。用地过程中地力的损耗途径主要有：作物产品输出带走土壤营养物质；土壤耕作促进有机质的消耗；土壤侵蚀严重损坏地力。通过作物自身的养地机制和人类的农事活动，可以达到培肥地力的目的。提高土地利用率的途径有：增加投入，提高土地综合生产能力；提高单位播种面积的产量；实行多熟种植，提高复种指数；因地种植，合理布局作物；保护耕地，维持土地的持续生产能力。

（三）协调社会需要，提高经济效益

种植制度合理与否不仅影响到作物生产自身的效益，而且会对整个农业生产甚至区域经济产生决定性影响。因此，在制定种植制度时，应综合分析社会各方面对农产品的需求状况，确立与资源相适宜的种植业生产方案，尽可能实现作物生产的全面、持续增产增效，同时为养殖业等后续生产部门发展奠定基础。要按照资源类型及分布，本着"宜农则农，宜林则林，宜牧则牧"的原则，使农田、森林、草地、水面占有比例得当，以发挥当地的资源优势，满足各方面的需要；合理配置作物，实行轮作、间作、套种及复种等，避免作物单一种植，减少作物生产风险，提高经济效益。

六、作物布局的含义和重要性

作物布局是由一个地区或生产单位作物结构及其配置决定的。其中，作物结构是指作物种类、品种、面积及占有的比例等，配置是指作物种类及品种在区域或田块上的分布。作物布局实际上要解决的是一个地区或生产单位种什么、种多少及种在哪里等种植业生产中的重要决策问题。这里的作物范畴一般包括粮食作物、工业原料作物、饲料作物、绿肥作物、蔬菜瓜果及药材等作物。作物布局既可以指各种作物类型的布局，也可以指各作物的品种布局。作物布局在农业生产上有很重要的意义。

（一）作物布局是种植业较佳方案的体现

一个合理的作物布局方案应该综合平衡气候、土壤等自然环境因子，以及市场、政策、交通等各种社会因素。根据社会需要与资源的可能条件，统筹兼顾，以满足个人、集体、国家的需要，充分合理地利用土地等自然与社会资源，因地制宜、扬长避短，通过最小的消耗获得最大的经济效益、社会效益和生态效益。

（二）作物布局是农业生产布局的中心环节

农业生产布局是指种植业、畜牧业、林业、渔业、加工业等各部门生产的结构及在地域上的分布。种植业是整个大农业的重要组成部分，在我国农业生产中一直占有较大的比例，是农民家庭收入的重要来源。作物布局是种植制度的基础，因此它也是农业生产布局的中心环节。作物布局合理与否，关系到能否发挥当地的资源优势、提高资源的利用率，能否有利于农、林、牧、副、渔各业的协调和全面发展，以及环境保护与改善等农业发展的战略部署问题。作物布局是一项牵动农业生产全局的重要战略性措施。

（三）作物布局是农业区划的主要依据与组成部分

农业区划是根据农业生产的地域分异规律，划分农业区，对农业发展进行分区研究。它包括农业自然条件区划、农业部门区划（如种植业区划、林业区划等）、农业技术区划（如化肥化区划、农业机械化区划等）及综合农业区划等。种植业区划是各种区划的主体，同时又是在作物布局的基础上开展的。

合理的作物布局是栽培制度的基础，它制约着复种指数的高低，复种、间套作的方式，以及轮作与连作的安排。布局合理，有利于解决作物争地、争肥、争水、争劳力的矛盾，用地与养地相结合，实现各种作物持续增产，提高劳动生产率。反之，布局不合理，往往会使生产处于被动状态，造成劳力、季节紧张，水肥条件跟不上，前后茬口不衔接，用地与养地发生矛盾，最后降低作物产量，影响一年甚至多年的生产发展。

七、决定作物布局的因素

决定作物布局的因素很多，主要有作物的生态适应性、农产品的社会需求及其价格因素和社会发展水平3个方面。

（一）作物的生态适应性

作物的生态适应性是指作物对一定环境条件的适应程度。作物起源于野生植物，在其长期的形成和演化过程中，逐步获得了对周围环境条件的适应能力。因此，作物的生态适应性是系统发育的结果，具有很高的遗传力。

影响作物生长的环境条件主要是气候、土壤等自然条件，包括温、光、水、气、土壤等，作物的生态适应性实际上是对这些因素的适应程度。由于每一种作物都只能在一定的条件范围内才能生存和繁殖，因此作物的生态适应性强弱实际上表现的是作物对其生长发育所需的环境条件的忍耐幅度或程度。忍耐幅度越宽，严格程度越低，则生态适应性越广，相反则越窄。不同的作物，其生态适应性强弱是有区别的。有的作物遗传资源丰富，生态适应性很强。例如，小麦在热带、亚热带和温带都能种植，其分布区域很广；而甘蔗、椰子等作物适应性较弱，大多只能在多雨的热带种植，其分布区域就很有限。最适宜于某种作物生长的区域称为该作物的生态最适宜区。

在一个生产单位或区域，自然条件是相对一致的。在这种特定的生态环境条件下，虽然通常有多种作物能够生存和繁殖，但各种作物的生长、繁殖能力及生产力是不同的。生长繁殖最好、生产力最高的作物，就是对该生态环境条件适应性最好的作物。作物布局的基本原则就是要实现因地种植，即根据生态环境条件的特点，将那些生态适应性相对较好的作物组合在一起，形成一个优化的作物布局方案。

（二）农产品的社会需求及其价格因素

农业生产的主要目的是满足社会对农产品的需求，农产品的社会需求又是农业生产不断发展的原动力。农产品的社会需求可分为两部分：一是自给性的需求，即生产者本身对粮食、饲料、燃料、肥源、种子等的需要；二是市场对农产品的需求，包括国家和地方政府定购的粮食及各种经济作物产品，农民自主出售的商品粮及其他农产品。在一些发达国家，农产品主要是以商品的形式供应市场。在我国由于农业社会的社会结构，劳动力主要集中于农村，耕地又相对分散平均，因此农产品中的粮食主要是满足生产者的自给性需求，粮食的商品粮比例一般为 35%左右，完全以商品形式出售或上缴的主要是经济作物。

农产品的社会需求，是国家和各级地方政府决定农业政策的重要依据。我国人多地少、粮食长期紧缺，因此国家和地方必须优先发展粮食生产，满足整个社会对粮食的需求，这样就决定了我国必须是以粮食作物为主的作物布局。

（三）社会发展水平

社会发展水平包括经济、交通、信息、科技等多方面的因素。例如，与西方发达国家相比，我国经济水平较低，交通、信息等产业落后，因而生产区域性分工和专业化生产现象尚不太明显，"小而全"的作物布局仍在全国农村占有优势，并且这种局面还将延续一个相当长的时期。这种作物布局有一定的优点，主要是可以在自给性经济的条件下充分保障供给，有利于全年均衡地利用劳力等社会资源，并可增加生产与收入的稳定性和减小风险等。但其不利方面也是显而易见的，作物布局"小而全"、面面俱到，就很难进行专业化生产，因而影响技术水平的提高和产业化进程，农产品的商品率低，扩大再生产慢。随着我国农业生产的发展和农产品的日益丰富，作物生产区域化、专业化将是一个不可避免的过程，特别是对于一些商品性较强的经济作物而言尤其如此。农业科学技术的发展也能在较大程度上改变作物布局。新品种和地膜覆盖技术的推广，水稻、玉米种植区域的北移和向高寒山区的扩种，有效地增加了水稻、玉米的种植面积。

八、作物合理布局的原则

合理的作物布局，应当以客观的自然条件和社会经济条件为依据，按照自然规律和经济规律来制定。因此，合理的作物布局必须遵循以下原则。

（一）统筹兼顾，全面安排

根据国家计划和当地的具体情况，确定种植作物的面积比例，处理好粮食生产与多种经营的关系，特别是主要作物的种植面积和比例，既要保证粮食生产，又要发展多种经济作物，做到社会效益和经济效益兼顾。

（二）根据作物的特性，因地因时种植，发挥自然优势

各种作物在其系统发育过程中，都形成了一定的自然生态条件的适应性。作物布局应考虑到作物的地域性和季节性。一个生产单位的土壤、地形可能是多样的。例如，南方低山丘陵地区，上部由于雨水冲刷，水土流失，肥水缺乏，一般不宜作为耕地，应宜林则林，宜牧则牧；中部坡地水肥条件较好，土层较厚，宜种植早熟或较耐旱的作物，如早玉米、花生等；坡下部分土层深厚，比较肥沃，为良好耕地，宜多种植棉花、玉米、小麦等，有水利灌溉的辟为水田，种植水稻。因此，应根据不同作物的要求和不同地区的特点，把作物种植在最适宜的自然环境中，发挥自然优势，以获得最佳的产量和品质效果。

（三）适应生产条件，缓和劳畜力、水肥矛盾

合理的作物布局，必须与当地的劳畜力、水肥条件和农业机械化程度等相适应，以充分发挥生产条件的作用。作物种类的合理安排和品种的合理搭配，可以调节忙闲，错开季节，合理利用水肥和劳畜力，不违农时，保证作物高产。

（四）坚持用地与养地相结合，保持农田生态平衡

作物布局必须考虑用地与养地相结合，根据各种作物对土壤肥力的影响，把耗地作物与养地作物合理轮作，并建立相应的耕作、施肥、管理制度，保持农田生态平衡，使各种作物能够持续高产。

（五）坚持农牧结合、农林结合、种加结合，实现农业全面发展

要考虑农业全面发展，应以种植业或养殖业为主，多业配合，组成适合该地区的合理的农业生态系统。充分发挥资源优势和经济优势，提高农业整体的经济效益。

九、作物布局的步骤与内容

（一）确定产品的需要类型

产品的需要类型包括自给性需要与商品性需要两大部分，要了解其需求的种类和数量，以及它们的市场价格、对外贸易、交通运输、加工贮藏等内容。

（二）调查环境条件

具体调查的内容，一是自然条件，包括：①热量条件，如$\geq 0℃$和$\geq 10℃$的积温、年平均温度、最冷月平均温度、最热月平均温度、冬季最低温度、无霜期；②水分条件，如年降水量与变率、各月降水量、干燥度、空气相对湿度、地表径流量、地下水储量、地下水位深度、水源及其水质；③光照条件，如全年与各月辐射量、年日照时数；④地貌，如海拔、大地形（山、丘陵、河谷、盆地、平面、高原）、小地形（平地、洼地、岗坡地）、坡度、坡向；⑤土地条件，如总面积，土地利用状况（农田、林地、草地、荒地等），耕地面积，水田、水浇地与旱地面积，人地比；⑥土壤条件，如土壤类型，土层厚度，平坦度，质地，土壤 pH，土壤有机质含量，氮、磷、钾养分含量，土壤水分状况，土地整治与水土流失状况；⑦植被，如乔木、灌木、草；⑧灾害，如旱、涝、病、虫害。二是生产条件，包括：①肥料条件，如肥料种类、数量，单位面积施肥水平，养分平衡；②能源条件，如燃油、电、煤、生物能源；③机械条件，如拖拉机和排灌机具等的数量与功率；④作物种类，如面积、产量、品种、栽培技术。三是社会经济和科学技术条件，包括：①现有种植制度和人口劳力；②畜牧业种类和数量；③收入状况，如总产值收入，每人每年纯收入，农、林、牧、副、渔各业产值与收入，粮食与多种经营收入；④市场，如国家收购、自由市场、外贸市场及其地理位置和交通；⑤价格，如各种农产品收购价格与市场价格，各种生产资料价格；⑥政策，如收购政策、奖励政策、商品流通政策、外贸政策；⑦科学技术水平和文化水平。

（三）作物生态适应性的确定

研究作物生态适应性的方法有：作物生物学特性与环境因素的平行分析法，地理播种法，地区间产量与产量变异系数比较法，产量、生长发育与生态因子的相关分析，生产力分析法等。通过研究对各种作物生态适应性进行区分。

（四）作物生态区、种植适宜区的划分与适生地的选择

在确定作物生态适应性的基础上，可以划分作物的生态区，从光、热、水、土等自然生态角度区分作物的生态最适宜区、适宜区、次适宜区与不适宜区。作物的生态区划是作物布局的内容之一，它提供了自然规律方面的可能范围。另外，为了生产应用的目的，单纯从自然角度划分或选择适宜生产地是不够的，必须在社会经济和科学技术条件相结合的基础上，进一步确定作物的生态经济区划或适宜种植地区的选择，这就要在光、热、水、土的基础上考虑水利、肥料、劳力、交通、工业等条件。

作物的生态经济适宜区可划分为 4 级：①最适宜区，光、热、水、土及水利、劳力等条件都很适宜，作物稳产高产、品质好、投资少而经济效益高。②适宜区，作物生态条件存在少量缺陷，但人为地采取某些措施（如灌溉、排水、改土、施肥）后容易弥补，作物生长与产量较好，产量变异系数小。投资有所增大，经济效益仍较好，但略低于最适宜区。③次适宜区，作物生态条件有较大缺陷，产量不够稳定，但通过人为措施可以弥补（如盐碱地植棉）或者投资较大，产量较低，但综合经济效益仍是有利的。④不适宜区，自然条件中有很多不足，技术措施难以改造，投资消费巨大，技术复杂，虽勉强可种，但产量、经济或生态上得不偿失。

（五）作物生产基地的确定

选定了适宜区和适生地，再结合历史生产状况和未来生产任务，大体上可以选出某种作物的集中产地，进一步选择商品生产基地。商品生产基地的条件是：有较大的生产规模，土地集中连片；生产技术条件较好，生态经济分区上属最适宜区或适宜区；生产水平较高；资源条件好，有较大的发展潜力，包括目前经济落后但发展有潜力的地区；作物产品的商品率较高。

（六）作物组成的确定

在单一的各个作物适宜区与适生地选择的基础上，确定各种作物间的比例数量关系，包括：①种植业在农业中的比例；②粮食作物与经济作物、饲料作物的比例；③春夏收作物与秋收作物的比例；④主导作物和辅助作物的比例；⑤禾谷类与豆类的比例。

（七）综合划分作物种植区划或配置

在确定作物结构（同时考虑到复种、轮作和种植方式）后，进一步要把它配置到各种类型土地上去，即拟定种植区划，在较小规模上（如农户）则直接进行作物在各块土地上的配置。为此，按照相似性和差异性的原则，尽可能地把相适应、相类似的作物划在一个种植区，规划出作物现状分布图与计划（或远景）分布图。

（八）可行性鉴定

将作物结构与配置的初步方案进行下列各项可行性鉴定：①是否能满足各方面需要；②自然资源是否得到了合理利用与保护；③经济收入是否合理；④肥料、土壤肥力、水、资金、劳力是否平衡；⑤加工贮藏、市场、贸易、交通等可行性；⑥科学技术、文化、教育、农民素质方面的可行性；⑦是否能促进农林牧、农工商综合发展等。

第二节　生态环境因素对作物布局的影响

对作物布局起重要作用的环境因素，包括自然因素如光、热、水、土壤、地貌等和社会经济、科学技术因素。在本书中重点阐述自然生态对作物布局的影响，同时也涉及社会经济与科学技术因素。

各个环境因素对作物的影响并不是孤立的，而是相互依存与联系的，某个因素发生变化，就会改变作物对其他因子的要求。例如，在美国玉米种植带，玉米在非灌溉条件下适应于 7 月 23℃左右的较低温度，但在灌溉条件下，却可分布于 28℃的地方。对各个因素讨论如下。

一、作物对光的适应性

太阳辐射是进行光合作用的能源，也是生命所需热量的能源。光指的是辐射光谱中植物可利用的可见光部分。光资源主要有 3 个指标：①光质（光谱成分），一般用辐射波长表示。植物在光合过程中能同化 0.4～0.7μm 波段的辐射能，称为有效光辐射（PAR）。②光量：是指光强度，即光通量及总量。一般用 cal/（cm^2·s）表示，也有的用 J/（cm^2·s）或 W/cm^2 表示。其换算系数是 1cal＝4.186J，1W＝1J/s。也可用照度（lx）表示光强。1cal/cm^2 相当于（7.0～8.0）×10^{4}lx（晴天为 7.2×10^{4}lx，阴天为 8.0×10^{4}lx）。③光时：是指光照时间，包括太阳实照时间与可照时间，可照时间即日出到日落的时间。

（一）光对作物生长发育的影响

（1）光与光合作用　　作物生长发育最终取决于作物在光合作用过程中的各种因素。其中光是最重要的因素之一，随着光强度的增加，光合作用产物也增加。

（2）光合作用与产量　　许多研究证明，作物生长早期的干物质生产力与所接受的辐射量或叶面积指数（LAI）成正比。最后的干重由所受的辐射量决定。但因生育后期为了维持性呼吸量的消耗，对总干重有一定的影响，因而光合作用与经济产量也不完全一致，后期的干重增加与 LAI 也不成正比。

（二）光与作物分布

从全球的大范围来看，光的分布决定了热量的分布，因而间接地对作物分布起了重要作用。若从较小范围来看（如一个国家、一个省），光对作物分布的直接影响就不如热量与水分显著。光所起的作用主要有以下 3 个方面。

（1）C$_4$、C$_3$ 作物的分布　　C$_4$ 作物包括玉米、高粱、甘蔗等，约占世界栽培作物面积的 30%，其中一半是玉米，其次是高粱与甘蔗。这些作物主要分布在辐射量强的热带或亚热带地区。它们的特点是光饱和点高、光合效率高、CO$_2$ 补偿点低（5～10ppm[①]）、水分利用效率高。但不适于弱光与低温地区，在后者条件下，它们的生产力可能还低于 C$_3$ 作物。C$_3$ 作物包括各种麦类、薯类、水稻、棉花、甜菜、蔬菜等，约占世界栽培作物面积的 70%。它们分布在世界各地，但以温带居多（如麦类），热带、亚热带也有（如水稻、花生等）。这些作物的特点是光饱和点低，光合效率相对较低，二氧化碳补偿点高（50ppm），在中低温条件下往往表现出比 C$_4$ 作物具有更广的适应性。

（2）光合作用与产量　　C$_4$ 作物的纯产量、平均作物生长率（单位面积土地上干重增加的速率，CGR）、净光合率、光能利用率都高于 C$_3$ 作物。玉米的光能利用率比大豆高一倍多，C$_4$ 作物的玉米、高粱的光合强度为 20～30mg CO$_2$/（dm^2·h），而水稻、大豆、甘薯等 C$_3$ 作物只有 10～18mg CO$_2$/（dm^2·h）。美国玉米平均亩产量 400kg 左右，而大豆只有 100～150kg。所以从纯生产量看，作物之间是有高低产之分的。表 10-1 显示了不同作物的光能利用率。

---

① 1ppm＝1μl/L

表 10-1 作物的光能利用率

作物		地点	纯生产量/ （t/hm²）	平均作物生长率/ （g/m²）	全生育天数	光能利用率/%
C₄作物	玉米	日本盐尤	26.5	20.7	128	2.18
	玉米	美国加利福尼亚州	13.9	23.0	61	
	高粱	美国加利福尼亚州	39.6	19.0	210	
	甘蔗	美国夏威夷	78.0	21.0	365	
	苏丹草	美国加利福尼亚州	29.8	18.0	160	
C₃作物	水稻	菲律宾	20.0	16.0	125	1.45
	水稻	日本福井	19.7	12.2	161	
	甜菜	美国加利福尼亚州	42.6	14.0	300	
	甜菜	日本加幌	22.9	13.1	175	1.57
	苜蓿	美国加利福尼亚州	32.5	13.0	250	
	甘薯	日本琦玉	14.0	8.7	160	
	大豆	日本盛岗	9.4	8.3	113	0.88
	大麦	日本琦玉	15.3	7.5	203	

在考虑作物结构时，不能只纯看生产量，还要看品质，如蛋白质、脂肪等高能产品及人畜发育所需的各种氨基酸、维生素的多少。随着人民生活的改善与商品化的要求，在提高产品产量的同时，要把品质作为作物结构的重要因素。不但讲究营养成分，而且要注意色、香、味及特殊偏好。

喜光与耐阴作物相比，一般耐阴作物的光饱和点与光补偿点低，而喜光作物则相反。水稻、小麦、棉花、大豆、谷子都是喜光的（表 10-2）。同时，不同作物、不同时期也有喜光程度大小的区别。

表 10-2 各种作物对光的反应

指标	水稻	小麦	玉米	高粱	甘薯	棉花	大豆
光合强度/ [mg CO₂/（dm²·h）]	22～48	30～35	60～80		20	35～45	20～45
光饱和点/万 lx	5	3～5	>10	>10	3		2～5
作物生长率/ [g/（m²·d）]	12～16		21～23	19	8.7		8.7

（3）短日照与长日照　在改变作物结构时常常引入其他地方的作物或品种，这时就需考虑到作物的光周期特点。例如，小麦在日长度超过 12h 条件下才能开花，所以称为长日照作物，类似的有大麦、燕麦、黑麦、苜蓿、三叶草、油菜、萝卜、甜菜等，多分布在北部，它们在赤道附近不开花。反之，有些作物在短于某种日长度界限下才能开花，称为短日照作物，如大豆、棉花、玉米、高粱、谷子、水稻、甘蔗、甘薯等许多品种，短日照植物多分布在南部或赤道附近。还有一类植物或品种对日照长短不敏感，

四季均可能开花，称为中性植物，如番茄、四季豆、黄瓜、菜豆及水稻、棉花、烟草等一些品种。

同一作物的不同类型或品种往往有不同的感光性。例如，水稻多数为短日照的，但比较起来，早稻的感光性不强，中稻居中，晚稻的感光性较强。长江流域多选用光敏感的粳稻作后季稻，以便及时成熟为冬作（小麦、油菜等）让路。但在华南，因生长季节长，后季稻就选用对光不敏感的籼稻，以便产量更多一些。有些作物的不同品种在光敏感性上有较大差别。

了解作物的光周期特性，对合理的作物布局和引种是有作用的。当长日照作物品种北移时，发育会提前，而南移时则生长期延迟，有的甚至不能开花结实。当短日照作物北移时，那里夏季日照较长，会使发育延迟，而南移则提早开花。

二、作物对温度的适应性

决定温度的主要因子是所接受到的太阳辐射的数量，影响辐射因而兼及温度的因素有：纬度、高度、季节、一天的时间和云量。一般纬度每增高 1°（约 111km），年平均温度下降 0.5～0.9℃；高原每上升 100m，年平均温度下降 0.5～0.6℃。除辐射以外，大气环流、洋流等也会对温度产生重要影响。

在研究作物布局时常用的温度指标有以下几种。

1）≥0℃活动积温（以下活动积温均简称积温）：喜凉作物生长的起止温度。

2）≥10℃积温：喜温作物的起止温度。

3）无霜期的长短。

4）某些界限温度：如冬月极端最低温平均在-22～-20℃为冬麦北界，最热月温度≥18℃为喜温作物分布下限，18～20℃为水稻抽穗所需温度下限等。

（一）温度对作物生长发育与分布的影响

（1）温度与作物生长　　温度每升高 10℃，可使生物的反应速率增加二三倍，当温度过高时（＞30℃），呼吸作用消耗多，酶活性下降，光合速率下降，容易发生早衰现象，甚至高温直接危害植物的某些器官或生理生化过程。从早晨起随着温度与光强的增加，各种作物光合速率迅速增加，但是当温度增加到大致 25～30℃时，尽管光强是增加的，但光合速率不升高。在作物生长早期（不缺水的情况下），叶子的扩展速度与温度呈直线相关。

（2）温度与产量　　干重或产量是随温度上升而增加的，但到一定范围，变化趋势是下降的。产量下降的重要原因是，随着温度升高，总光合作用并没有增加，但呼吸消耗显著增加，因而导致净光合作用的下降。另一个由高温而减少产量的重要原因是高温促进了成熟，减少了灌浆时间。

（3）不同作物对温度的反应不同　　喜温作物在适当高的温度下生长快，喜凉作物则反之。在一年中不同季节的情况也是这样，喜凉作物主要在春末夏初和秋末生长旺盛，但喜热作物则在 7～8 月生长旺盛。不同作物对温度的反应不同，在很大程度上取决于作物的分布。

（二）大田作物温度

不同作物所需的温度差别甚大，根据作物对温度的要求，将其划分为以下几种。

（1）喜凉作物　　要求积温少、无霜期短，可以忍耐冬春低温。一般需≥10℃积温 1500～2200℃，有的只需 900～1000℃。一般生长盛期适温为 15～20℃。喜凉作物在种植制度中起两方面的作用：一是在无霜期较短的北方或者南方山区作主导作物用；二是在暖温带或亚热带利用冬春季作复播或填闲作物用。喜凉作物又可分为喜凉耐寒型和喜凉耐霜型两种类型。

（2）喜温作物　　我国多数地区气候温暖，故喜温作物是农业生产中的主体。这类作物生长发育盛期的适温为 20～30℃，需要≥10℃积温 2000～3000℃，不耐霜。大致可分为温凉型（适宜生长温度为 20～28℃）、温暖型（适温为 25～30℃）和耐热型 3 类。

（3）亚热带作物和热带作物　　我国最主要的亚热带作物有 7 种，即茶、油茶、柑橘、油桐、马尾松、杉木和楠竹。一般这些作物需年平均温度在 15℃以上。冬季的极端最低温往往是它们向北推进的限制因素，这些作物绝大部分分布在我国秦岭淮河以南。

我国主要的热带作物是橡胶、油棕、椰子、可可。橡胶喜热，＞18℃开始生长，5℃左右即遭霜害。同时要求湿度高（＞75%），降水量＞1000mm。

不同积温地带作物的适应性：作物的分布并不只取决于温度，更不是只取决于积温。例如，昆明年平均温度 15.6℃，≥10℃积温为 4470℃，而南京相应为 15.5℃与4970℃。昆明四季如春，树木冬夏常绿，不能种双季稻，而南京却四季分明，寒暑显著，主要生长着落叶林，也可部分种植双季稻。原因是 7 月平均温度，昆明为 20.7℃，南京为27.4℃，而 1 月平均温度，昆明为 9.5℃，南京只有 2.3℃。

作物北限：作物北限主要反映了温度对作物分布的限制。世界上作物北限主要是：椰子、油棕等在赤道附近最宜，北限为北纬 15°～16°；西萨尔麻、可可、咖啡、香蕉、木薯、橡胶适温在热带，北限为北纬 19°～25°；甘薯、棉、甘蔗、花生、茶、柑橘，可种到亚热带，甚至暖温带，北限为北纬 35°～40°；大豆、稻、玉米还可推进到中纬度地区的北纬 45°～59°；而喜凉的小麦、大麦、马铃薯则可推进到北纬 63°～70°。

（三）木本植物的温度适应性

树木对温度的反应也是明显的。我国从北到南，从海拔低的平原到海拔高的高山，树木分布也是有规律的。

从果树看，温带主要是苹果、梨、桃、杏、葡萄、枣、柿、桑。开始发芽温度为5～10℃，开花适宜温度为 14～18℃（桑为 25～27℃）。开花时耐轻霜，苹果、桃、杏、梨为−1～4℃，葡萄、枣、柿为−2～−1℃，但在冬季休眠期间能耐−30～−25℃的低温。亚热带果树有柑橘、枇杷、甘蔗、香蕉等，忌冬季低温，甘蔗在 0℃即可能受冻，香蕉要求最冷月平均温度＞10℃。椰子、可可、咖啡则要求最冷月平均温度＞18℃。

三、作物对水分的适应性

与温度一样，水对作物布局起到了十分重要的作用，它不仅影响大范围的作物分布，也影响到较小范围内的布局差异。潜在蒸发蒸腾是指在全部覆盖与土壤水分充裕的情况下可能的蒸发加蒸腾量。它取决于辐射、温度、湿度与风速。湿润指数是指一个地区水分不足或剩余的指标。联合国教育、科学及文化组织规定湿润指数，<0.03 为极干旱；0.03～0.2 为干旱，只适于放牧养羊；0.2～0.5 为半干旱，其下限可养畜养牛，上限可进行旱作；0.5～0.75 为半湿润，适合旱作。

（一）水分对作物生育与分布的影响

水占植物体重量组成的 80%～90%，它是光合作用的原料并维持生理活动蒸腾的消耗。水分供应的程度决定了作物的生长发育，从而也决定了作物的分布。

（1）植物的旱生型、中生型与水生型　　能忍受大气和土壤干旱而维持生活状态，根系发达，往往不耐涝的属旱生型，如沙漠中的骆驼刺、梭梭等。适于长期在水中生活，不耐旱，有发达的通气组织，属水生型，如荷花、菱角、芦苇、香蒲、水稻。介于两者中间、适于生长在水旱适中土壤上的为中生型。栽培作物大部分为中生型，但也有耐旱与喜温之分。

（2）作物不同阶段需水的差异性　　决定作物分布的不仅仅是总体上的旱生、中生或水生，还要看作物对水分的敏感时期在什么阶段。一般来说，在生殖生长阶段，水分往往是关键期，不同作物反应也不相同。在安排作物布局时，应尽量使外界的降雨节奏与作物的需水节奏相吻合，尽量把水分临界期安排在降雨季节。棉花一生需水 600～1000mm，它并不是耐旱作物，但是它前期是耐旱的，中后期需水较多时在华北正好碰上雨季，所以可以在旱地种植。

（3）水分利用与产量（水分利用效率）　　我国西北是干旱缺水地区，滴水贵如油，但水分利用效率很低，许多地方要用 8～10mm 水才能生产 1kg 粮食，而在我国东部许多地方 1mm 降水就能生产 0.5～1kg 粮食，在华北旱地上，若施肥适当，1mm 降水可生产 1kg 粮食。为了合理地布局作物，就要设法提高水分利用效率。产量和蒸散量之间常为曲线关系，一般情况下，随着产量的增加，蒸散量增加，水分利用效率也增加。

$$\text{水分利用效率} = \frac{\text{产量}}{\text{所消耗水分}} \tag{10-1}$$

在作物生长前期以土壤蒸发为主，植物蒸腾很少，随着群体的扩大，蒸腾超过了蒸发。不同作物的水分利用效率是不同的，在作物布局上必须考虑这一因素。一般来讲，豆科作物消耗的水分多，水分利用系数低，玉米、高粱、粟黍等的水分利用系数则较高。

（二）作物的水旱适应性

1. 大田作物的水旱适应性　　我国大田作物主要可分为以下的水旱适应性。

（1）喜水耐涝型　　造成作物受渍涝的原因，主要是空气少、氧少，相反，CO_2 多，有机酸、硫化氢、氧化铁、甲烷等多，使根系中毒。抗涝耐涝的作物或有通气组织，或能忍受缺氧，成年植物木质化后，还原物质也不易进入根系。喜水耐涝作物中，最典型的是水稻，属于水生植物型。因为有通气组织，细胞间隙达 25%，喜淹水，我国年降水量 800mm 以上的地区才盛产水稻。双季稻则主要分布在降水量 1000mm 以上的地方。但即使对水稻来讲，水分也并不是越多越好，适当的晒田或水旱轮作对生长发育是有利的。此外，高粱、苘麻、高秆玉米等也有一定的耐涝能力。

（2）喜湿润型　　需水较多，喜土壤或空气湿度较高，如陆稻、燕麦、苘麻、黄麻、烟草（适宜空气湿度为 75%～95%）。许多叶菜根菜类也喜温润，适宜空气湿度为 75%～95%，如黄瓜、油菜、白菜、马铃薯。一些亚热带生长的作物不但喜温也喜湿润，如甘蔗、茶、柑橘、毛竹。茶适宜生长于雨量多于 1000mm、相对湿度 80%、多云雾的地方，大麻也喜湿润，但怕涝，故多分布于排水良好、肥沃的河滩地上。

（3）中间水分型　　许多大田作物，如小麦、玉米、棉花、大豆等均属于此类，它们既不耐旱也不耐涝。一般前期耐旱，中后期需水多。例如，小麦、玉米苗期适于 50%～60%田间持水量的土壤水分，中后期则需 70%～80%田间持水量的土壤水分，它们在干旱少雨地区虽然也可生长，但产量不高不稳。这类作物一般不耐涝，尤其是苗期怕涝，大豆稍好一些。小麦在我国南方碰上春雨连绵时，渍害严重，赤霉病猖狂，在北方因 6 月已收获，此时雨季尚未到来，故可避涝。

（4）耐旱怕涝型　　许多作物具有耐旱特性，如高粱、谷子、甘薯、黍、苜蓿、芝麻、花生、向日葵、黑豆、绿豆、蓖麻等，其抗旱主要有两种机制：一是通过小叶、角质、茸毛、气孔陷入皮内、直立叶、气孔少、肉质、发达根系等减少了蒸腾；二是增大细胞液浓度，使植物不易失水，细胞内有亲水胶体物质和多种糖类、脂肪，加强了固水、保水能力。中生植物渗透压一般为 7～8 个标准大气压[①]，旱生植物可达 40～60 个标准大气压。

（5）耐旱耐涝型　　有些作物既耐旱又耐涝，如高粱、田菁、草木樨。绿豆、黑豆在一定程度上也是如此。

（6）避旱涝型　　有些作物本身没有耐旱或抗涝能力，但可以躲避它。例如，谷子、荞麦、绿豆、一些饲料绿肥、萝卜、芜菁等短生作物，无雨时可以等雨播种，并在较短时间内完成生命史。

2. 树木的水分　　树木根深，生长期长，比表面积大，吸收的短波辐射多，因而蒸腾水分比一年生作物或草类要多，其蒸腾系数为 300～1000。因此，林地的空气温度比无林地提高 2%～10%，白天夏季气温比无林地低 1～3℃，夜间或冬季比无林地高 1℃。但也正因为如此，乔木主要分布于降雨多、湿润或土壤水丰富的地方，灌木的耐旱能力比较强。一般来说，维持一个稀疏的木本植被（矮松、柏林、栎林等）的生长，需 400mm 以上的降水量，而郁闭的针叶混交林则需 625mm 以上的降水量。一般来讲，在植被稀少地区增加森林覆盖率会减少溪流流量。根据各种树木对水分要求的程

---

① 1 标准大气压＝$1.013\,25×10^5$Pa

度,由少到多依次为旱生型、中旱生型、中生型、中湿生型、湿生型。对于水分的要求,不仅在不同属的树种有所不同,即使在同一属内各种或各变种之间也有不同。例如,胡杨、加杨能忍耐比较干旱的土壤,新疆戈壁滩的边缘就有许多胡杨,但黑杨、白杨对土壤湿度要求严格。同样是桦,毛桦主要生长在较湿的地方,而灰皮桦则在湿度较小的丘陵起伏地区也有生长。

我国树木的分布取决于水分与温度的综合,大致可分为寒温带针叶林、温带落叶阔叶林、亚热带常绿阔叶林、热带季雨林4种类型。

3. 草类的水分 适应性旱生草类是草原的主要成分,如针茅、羊茅等,其根系发达,叶面缩小,有茸毛、蜡质,利于抗旱。多分布于降水量 300~450mm 的地方。湿生草类茎长、叶大,根系不发达,如蕨类(阴生)、苔草、灯心草、芦苇、香蒲。中生草类介于前两者之间,叶片细薄扁平,光滑无茸毛,是草甸植被的主要植物,如猫尾草、三叶草、鸡脚草等,其中偏于旱中生的为鹅冠草、早熟禾、苜蓿,偏于湿中生的有看麦娘等。

牧草对水旱的适应性:所有栽培牧草都喜欢排水良好、肥沃、水分供应充足的土地,但是这类土地更适于栽培一般谷物或中耕作物,因为过潮湿土地常让给耐湿牧草,而降水量 <400mm 的干旱土地几乎是草类的天堂。草类可以分为耐湿型、耐旱型和不甚耐湿与耐旱型。

4. 作物干旱下限 因各地温度和年内雨量分配的不同,旱地农业的下限是不同的。大致在非洲为 250~500mm,伊朗为 300~350mm,中亚和阿拉伯半岛为 350~400mm。在年雨量分配不均的地方,作物干旱下限可达到 600mm。一般在 500mm 降水量处,休闲占 25%,如(按照轮作方式)休闲、小麦、羽扁豆、小麦;400mm 处休闲占 33%,如休闲、小麦、小麦;300mm 处休闲占 50%,如休闲、小麦;250mm 处休闲占 67%,如休闲、休闲、小麦。

四、作物对土肥的适应性

除光、热、水等气候因素外,地学因素(土壤母质、地貌、地下水)在很大程度上决定了作物的结构与配置,尤其在一个较小的气候区域内,作物布局在相当大程度上取决于土壤、肥料与地貌。评价一个地方土壤生产力的高低及作物的适应性,要综合考虑土层厚度、质地、肥料、pH、持水特性、地下水位及作物对肥料反应特点等。

(一)土层厚度

根据联合国粮食及农业组织(FAO)标准,对于多数多年生作物来讲,最佳土壤深度是 150cm 以上,临界值为 75~150cm;香蕉和油棕以 100cm 以上为最佳土壤厚度,150~160cm 为临界土壤厚度,块根作物要求土层深,一般为 75cm 以上,临界值为50~75cm;对于谷类作物来讲,50cm 以上的土壤深度可以认为最佳,25~50cm 为临界值。小麦、玉米、高粱等根系分布较深;豆类、谷糜、芝麻等较浅。因此,对于小麦、玉米、稻、棉、麻、甜菜等作物,土层应相对较厚,才有利于高产;豆类、谷糜、芝麻、饲料牧草、甘薯等相对可浅一些。一般平原土层厚,有利于深根作物的生长,山坡地土层较浅，宜于种植麦类、谷、牧草等浅根作物。山区的果树应选土层厚的山麓种植。

（二）土壤质地

质地是土壤物理性质的一个十分重要的特性，它会影响土壤水分有效率、氧气有效率、根系发育立足的有效率、透水速率、耕性，也会影响到土壤的保水保肥能力。大致为质地从粗至细，保水保肥能力增加而透水速率减少。土质太细、土粒太小（直径0.05～0.02mm 及以下），会使根毛生长受阻，禾本科植物根毛在土粒直径 0.02mm 以下生长不进去，豆科植物根毛就更粗些。土质太粗、土粒太大则保水保肥能力差，作物产量低而不稳，不同作物对土质有不同的要求与相对适应性。

多数作物要求的土质范围是壤土到砂土或黏土，但是在实际农业生产中，除受作物本身生长发育好坏的影响外，还要看当地的耕作、收成、经济价值、水热条件等多种因素。

（1）适砂性土壤型　砂性土壤的特点是质地疏松、总孔隙度小，但毛管孔隙度大，蓄水量大，蒸发量、温差也大。由于表面积小，因此保肥保水能力差，养分缺乏。在土中生长的果实或块茎块根作物，对砂性土有特殊适应性，如花生、甘薯、马铃薯等。

（2）适黏性土壤型　黏土的保肥保水能力强，但透水性、透气性等物理性质差，耕作难，会形成坷垃或大块。水稻适于黏土，小麦、玉米、高粱、大豆、小豆、豌豆、蚕豆也可以在偏黏的土壤上生长。

（3）适壤土型　多数作物不适于过砂、过黏的土壤而适于壤土，如小麦、玉米、谷子、棉花、大豆、亚麻等。

作物对土壤的适应性是相对的，因为有些作物对土质适应范围比较宽，或者当某一限制因素消除后可能适应性就会发生变化。如果能保住全苗的话，花生、棉花等在稍黏的土地上表现良好，尤其是后期不早衰。若把水分流失问题适当解决的话，砂土上种水稻也是可以的。

（三）酸碱度

我国南方多酸性土壤，北方多石灰性土壤和一部分盐渍化土壤，不同的酸碱度（pH）、碳酸钙含量、石灰类土壤所适种的作物不同。

对酸碱度的反应：适于在 pH5.5～6 的酸性土壤中生长的作物有荞麦、马铃薯、燕麦、甘薯、小花生、黑麦、油菜、烟草、芝麻、绿豆、豇豆、肥田萝卜、木薯、羽扇豆、杉木、茶、马尾松等。适于在 pH6.2～6.9 土壤中生长的作物有大麦、玉米、花生、油菜、豌豆、大豆、向日葵、亚麻、甜菜、棉花、水稻、高粱等。能够在 pH＞7.5土壤中生长的作物有苜蓿、棉花、甜菜、苕子、草木樨、高粱。

另外，作物对土壤中碳酸钙的敏感程度是不同的，能耐受高碳酸钙的作物有高粱、小麦、大麦、甘蔗、大豆、玉米、稻、甘薯、棉花、花生、谷子、菜豆等。对高碳酸钙敏感的作物有马铃薯、柑橘、香蕉等，烟草、木薯、茶、橡胶、可可、咖啡、油棕尤为敏感。

牧草中耐酸性土的作物有小糠草、杂三叶、鸭茅、加拿大早熟禾、黑麦等。中等需石灰类型的作物有猫尾草、白三叶、无芒雀麦、牛尾草、羊茅、肯塔基早熟禾。高度需石灰类型的作物有红三叶、草木樨、苜蓿。

（四）盐碱度

耐盐性较强的作物有向日葵、蓖麻、高粱、田菁、苜蓿、草木樨、苕子、紫穗槐、芦苇等。中等耐盐的作物有棉花、甜菜、油菜、黑麦、黑豆、葡萄。棉花在出苗后有较强的耐盐能力。适于在黄淮海平原盐渍化土地上造林的树种有刺槐、苦楝、乌桕、桑、榆、旱柳、加拿大杨、小叶杨、毛白杨等，其中以榆、旱柳的抗盐性较强。不耐盐或忌盐的作物有谷子、小麦、甘薯、燕麦、马铃薯、蚕豆等。在黄淮海盐碱地区，在涝渍盐渍化土壤上宜种植水稻、高粱、芦苇、枸杞子；在涝渍不严重的轻盐渍化土壤上宜种植大麦、小麦、黑豆、棉花等。在鲁北滨海盐碱地难以种树的地方，种植有些草类是可以的。豆科牧草中的苜蓿在含盐量<0.3%的土壤上生长良好，>0.3%处则可种草木樨，田菁耐盐也较强，沙打旺既耐旱又耐盐。禾本科牧草中无芒雀麦、冰草、羊草在含盐量<0.3%的壤土上生长良好，在 0.3%～0.5%含盐土地上（排水良好）可种披碱草、老芒麦、野大麦，碱茅则较适应低洼盐碱地（表10-3）。

表 10-3 几种主要作物的耐盐能力（%）

生长情况	作物								
	水稻	小麦	玉米	棉花	甜菜	向日葵	高粱	草木樨	谷糜
生长正常	<0.3	<0.3	<0.3	<0.35	<0.33	<0.4	<0.5	<0.4	0.2～0.35
受抑制	0.3～0.7	0.3～0.6	0.3～0.7	0.35～0.8	0.33～0.65	0.4～0.9	0.5～0.9	0.4～0.8	0.35～0.8
严重受害或死亡	>0.7	>0.6	>0.7	>0.8	>0.65	>0.9	>0.9	>0.8	>0.8

碱度：以饱和度（ESP）表示，它是土壤结构稳定与否的指标，它会对透水速度和通气性产生影响。具有膨胀性黏粒的土壤，在 ESP 大于 15%情况下，显出不良的物理性质。对碱度极端敏感的作物是柑橘，它在 ESP 2%～18%就会受到影响；敏感的作物是豆类，它们在 ESP 10%～20%就会减产；稻是中度耐碱作物，在 ESP 20%～40%时减产；小麦、大麦和棉花是耐碱作物，在 ESP 高达 40%时还可以生长，而且不致受到严重损伤。

（五）耐瘠性与耐肥性

哪些作物适于分布在瘠薄地上，哪些作物在肥地上，这是常遇到的布局问题。作物的耐瘠程度大小不同，其原因是：有的作物可共生固氮，如豆科植物大豆、绿豆、豌豆、蚕豆、豇豆、紫云英、苕子、草木樨、田菁、苜蓿、沙打旺等；高粱、向日葵、荞麦、黑麦等根系强大，可以在瘠薄的土壤上吸收尽可能多的养分（同时也消耗地力）。

有的作物根系并不强大，但吸肥能力大，如皮大麦、糜、粟等，有的作物根系小而地上部分也小，所以消耗的养分少。与粳稻相比，籼稻相对较耐瘠。

喜肥的作物一般根系强大、地上部分产量高或者经济价值高，如小麦、玉米、大麦、蔬菜、大麻、杂交稻等。玉米缺肥时往往形成空秆。小麦喜大量肥料，因为在冬季低温下，土壤养分释放得慢。喜肥性与耐肥性不完全相同，小麦、棉花、甘薯等是喜肥作物，但不耐肥，过多肥料（氮肥）则引起倒伏或徒长。豆科喜磷、钾，不喜过多氮肥。耐肥的作物有玉米、蔬菜等。

（六）保持肥力的持续性

各种作物（包括禾本科与豆科）对于沉淀元素（磷、砷、钙等）来讲都是消耗的，只是对于氮与碳才有消耗与增加之分，具体要看生产的部分归还到土壤中的多少而定。因此，根据作物对土壤养分消耗的程度与种类，可将其分为以下几种类型。

（1）富氮作物　主要是豆科作物。富氮作用显著的是多年生豆科牧草，如苜蓿、三叶草等，这是欧美各国实行农牧结合培肥地力的重要手段。这些作物的特点是固氮多，根冠比大。

（2）富碳耗氮作物　一般禾本科作物就属此类。它消耗土壤或肥料中较多的氮素，种植这些作物后，若不施氮肥的话，土壤氮平衡是负的。但是从碳素循环看，情况并不完全如此，禾本科作物在生长过程中固定了空气中大量的碳，通过根茬或秸秆可以把这些碳投入土壤中，因而有助于维持或增加土壤有机质的水平，如果秸秆不回田，只将收割后的根茬留在土壤中的话，碳平衡往往是负的，但在某些情况下也可能是正的。例如，印度农业研究所经过 9 年不施有机肥和秸秆还田，有机碳反而增加 22%。其原因是土壤中有机质的分解少于因根茬而增加的土壤有机质的积累。如果从系统观点来看，能够将禾本科作物的大量秸秆直接或间接（通过牲畜）还田的话，那么将有利于土壤有机质的增加。许多农田逐步变肥，就是通过这种循环来体现的。

（3）半养地作物　这是指有的作物虽不能固氮，但由于在物质循环系统中返回田地的物质较多，因而也在某种程度上减少了氮、磷、钾养分的消耗，或增加了土壤碳素。例如，人们从棉花、花生、油菜中取走的东西是纤维和油（主要是碳），其他的茎、叶、饼等副产品可以通过各种途径还田，起到了养地的作用。据分析，一块亩产75kg 油菜籽的田块，将所产的饼、茎秆、落叶、落花、角果皮及全部根系还田的话，每亩可以归还 6.8kg 氮。

五、作物对地势、地形的适应性

我国俗称"七山二水一分田"，地势地形十分复杂。在全国土地面积中平原占12%，盆地占 19%，丘陵占 10%，高原占 26%，山地占 33%，而在全国耕地中平地占52%，低洼地占 6%，山地丘陵占 42%。一般高山的海拔超过 3000m，相对高度在 1000m以上；中山相应为 1000～3000m 与 500～1000m；低山相应为 500～1000m 与 200～500m。海拔在 500m 以下，相对高度在 200m 以内且坡度不大的称为丘陵。地势地形差别影响了光、热、水、气、土、肥等生活因素的重新分配，因而影响了作物种植。

（一）地势对作物分布的影响

地势主要指海拔。随着地势的升高，温度降低。一般每上升 100m，温度下降 0.6℃。另外，一般随着高度的增加，雨量也随之增加，高山多云雾、阴湿，土壤有机质分解慢而易于积累，但在很高的山区，上升的气流已失去大量水分，因而降水反而减少。此外，太阳辐射随高度的增加而增加，青藏高原上高度上升 4000m，太阳辐射增加约 0.4cal/（cm^2·min）。

随着地势的变化，在作物结构上也出现了明显的垂直地带性：在我国北方，从低到高的作物分布规律大致是棉花、玉米、冬麦、谷糜、喜凉作物（油菜、豌豆、春小麦、青稞）、林地、草地、荒地。在南方的规律大致是双季稻三熟制、双季稻、果树、单季稻+麦（油菜）、亚热带作物（茶、竹、油茶杉）、常绿阔叶林、落叶阔叶林、草地。

在我国，在海拔 1700m 的地方（甘肃会宁）看到了玉米；1900～2000m 处还有谷糜（甘肃定西）；在西藏，青稞的上限是 4300m。

（二）地形对作物分布的影响

地形主要指地球表面的形状特征（又称地貌）。小于 1m 的起伏为小地形，1～10m 的起伏为中地形，而大于 10m 的起伏为大地形。地形（包括坡向、坡位和坡度）影响了光、热、水、气、土的重新分配。

（1）光、热 坡向影响了光、热。丘陵山区阳坡接受光辐射要高于阴坡，一般南坡所获得的辐射量比北坡多 1.6～2.3 倍，因而土温也高。坡度可分 6 个等级，<5°为平坦地，6°～15°为缓坡，16°～25°为斜坡，26°～35°为陡坡，36°～45°为急坡，>45°为险坡。北坡为 45°时，从 9 月中旬到次年 3 月底无直射光，有人测定，坡度向北倾斜 6°，光强要减少 50%，每向北倾斜 1°，热量等于向北移 100km。

不同类型地形也影响了冷空气径流的特征与无霜期的长短。在低山山顶或凸起的小丘冷空气是流出的，所以它比平地无霜期还要延长 20 天（高山则主要受地势影响，越高无霜期越短）。但在凹洼处辐射散热快，而且易积聚冷空气，地面空气温度随高度而升高，称为逆温。这里的霜期长，作物的霜害重。

（2）水 在丘陵山区的坡地上，阳坡干燥、北坡阴湿。水与光、热因素综合在一起，决定了作物的分布，北坡多为耐寒耐阴、喜温的作物，如马铃薯、蚕豆、豌豆、油菜、莜麦、甜菜、云杉、柏等耐阴喜凉喜湿作物。向南坡上部往往因为干旱，植被较差，多为短草，坡位下部则多喜阳与喜暖的作物，如玉米、高粱、谷糜、大豆、甘薯、棉等。树木则为喜阳的松、柳等，但在多雨湿润的南方，树木的生长在南坡反而优于北坡。在平原地区，农田小地形也有岗地、平地与洼地之分。虽然相对高度上只相差一两米或几十厘米，但作物结构有很大的不同。华北地区洼地多种耐涝或避涝的水稻、高粱、小麦、苘麻，平地主要种麦、玉米等，岗坡地则种棉花、甘薯、花生、豆类。在南方丘陵地区，由于水分再分配，形成了作物种植的差别。以广西丘陵为例，丘陵底部为烂泥田，排水困难，往往两年只能种一季稻，冬季呈荒芜或空闲状态，稍上部为最适宜种水稻的水田，多为双季稻，靠上自流水灌溉已困难，多为望天田，种单季稻或年内水旱轮作；再往上就种植旱地玉米、甘薯等作物。最上部则为林或草。

（3）土肥　在丘陵坡地上，山脊和上坡往往是凸形的，土层薄、干燥，中坡常是凹凸相间的复式坡面，土层稍厚、湿润，下坡常呈平直，水分养分增多。上坡水土流失严重，宜林、草生长，中下坡土层较厚，适宜于种植作物与果树。坡度越陡，水土与养分流失的情况越加剧，坡面越长，水的流速也越大。

第三节　复　　种

一、复种的概念与意义

（一）复种的概念

复种是指同一年内在同一块田地上种植或收获两茬或两茬以上作物的种植方式。它是一项在我国具有悠久历史的优良传统农业技术，通过时间上的集约化种植，显著提高了土地资源的利用率。复种方法有多种，可在上茬作物收获后，直接播种下茬作物，如小麦收获后接茬直播玉米，表示为小麦—玉米；也可在上茬作物收获前，将下茬作物套种在其株、行间（套作），如小麦收获前 10～20 天，在其预留套种行中播种玉米，表示为小麦/玉米。此外，还可以用移栽、上茬作物再生等方法实现复种，如再生稻、宿根蔗等。

（二）季节数

根据一年内同一田地上种植作物的季节数，把一年种植一季的作物称为一年一熟；一年种植两季的作物，称为一年两熟，如冬小麦—夏玉米；种植三季的作物称为一年三熟，如绿肥（小麦或油菜）—早稻—晚稻；两年内种植三季作物，称为两年三熟，如春玉米—冬小麦—夏甘薯、棉花、小麦/玉米（符号"、"表示年间作物接茬种植，"—"表示年内接茬种植，"/"表示套种）。

（三）复种指数

通常用复种指数来表示大面积耕地复种程度的高低，即一个地区或生产单位的全年作物收获总面积占耕地面积的百分比，计算公式为

$$复种指数 = \frac{全年作物收获总面积}{耕地面积} \times 100\% \qquad (10\text{-}2)$$

式中，"全年作物收获总面积"包括绿肥、青饲料作物的收获面积在内。根据式（10-2），也可计算粮田的复种指数及其他类型耕地的复种指数等。国际上通用的种植指数含义与复种指数相同。套作是复种的一种方式，计入复种指数，而间作、混作则不计。一年一熟的复种指数为 100%，一年两熟的复种指数为 200%，一年三熟的复种指数为 300%，两年三熟的复种指数为 150%。

（四）复种的意义

（1）扩大播种面积和提高单位面积年产量　我国人均耕地少，但自然条件较好，特别是南方各省一年四季均可生长作物。发展复种，提高土地利用率，是发展作物生产的一条重要途径，也可充分发挥现有耕地的增产潜力。

实践证明，只要因地制宜，合理推广多熟种植，提高复种指数，就能促进农业生产全面发展。今后我国人口还将增加，而耕地面积正逐年减少，实行合理复种与提高单产是解决人多地少矛盾的有效方法。

（2）调节土壤肥力　　采用用养结合的复种方式，在复种方式中安排一定比例的绿肥或豆科作物，增施肥料，可以补充和增加土壤有机质与氮素养料的含量，加速物质循环，维持农田的物质动态平衡。

（3）保持水土　　复种可以增加地面覆盖，减少地面径流、土壤冲刷和养分的流失。

（4）缓解作物争地、争时、争肥矛盾　　合理扩大复种面积，有利于粮、经、饲作物全面发展。例如，在棉区，实行麦（棉）套种，有利于解决粮棉争地矛盾。在水稻产区，冬季种植一定比例的小麦、油菜、绿肥，形成"肥—稻—稻""油—稻—稻""麦—稻—稻"等三熟种植，粮、油、肥均得到合理安排与发展，既能满足对油料作物的需要，又能满足对肥料的需要。

（5）有利于稳产　　我国是季风气候，在旱涝灾害频繁的地区，复种有利于全年产量互补。缓坡地上的复种还可以增加地面覆盖，减少水土流失。

二、复种的条件

一定的复种方式要与一定的自然条件、生产条件与技术水平相适应。影响复种的自然条件主要是热量和降水量，生产条件主要是人力、畜力、机械、水利设施、肥料等。

（一）热量

一个地区能否复种或复种程度的高低，当地的热量条件是决定因素。主要采用以下方法来确定。

（1）年平均气温法　　年平均气温可以粗略地表示一个地区的热量状况。在我国一般以年均温 8℃以下为一年一熟区，8～12℃为两年三熟区或套两熟区，12～16℃为一年两熟区，16～18℃以上为一年三熟区。

（2）积温法　　在我国以≥10℃积温为指标，低于 3000℃为一年一熟，3000～5000℃可以一年两熟，5000℃以上可以一年三熟。中国农业科学院农业气象研究所以≥0℃积温作指标，一熟区低于 4000℃，两熟区为 4000～5500℃，三熟区为 5500℃以上。

一个地区复种程度的高低及采取何种复种方式，除需了解当地积温外，还需了解不同作物完成一个生育期对积温的要求。一个作物品种具有大致恒定的积温值。例如，重庆地区≥0℃积温为 6518.4℃，稻麦两熟共需≥0℃积温 4800℃，加上农耗积温150℃，共 4950℃，还余 1568.4℃，还可以种植一季生育期短的作物，如蔬菜、马铃薯、秋甘薯等。水源条件好的可以发展再生稻。旱地麦—玉米—甘薯复种三熟共需≥

0℃积温为 7000℃，加上农耗 200℃为 7200℃，差 681.6℃。因此，重庆地区旱地只有通过套种，才能满足麦、玉、薯三熟种植。

（3）生长期法　以无霜期表示生长期，一般 140～150 天为一年一熟区，150～250 天为一年两熟区，250 天以上为一年三熟区。

在实际确定熟制时，为了稳妥起见，常将积温、生长期及界限温度结合起来考虑。例如，棉花需要≥10℃积温 4100℃，但昆明积温达到 4490℃也不能种植棉花，因棉花低于 20℃不能结铃，昆明最热月才仅有 19.8℃。

（二）水分

一个地区具备了增加复种的热量条件，能否复种就要看水分条件。水分包括灌溉水、地下水和降水。在缺乏灌溉条件的地区，首先要看降水总量能否满足复种方式的需求。复种使一年内种植作物的次数增加，耗水量相应增大。但因复种前后季作物有共同使用水分的时期，复种所需的总水分量往往少于组成这种复种方式的各作物所需水分之和。例如，小麦—玉米两熟需要 700～900mm 降水，水稻—小麦两熟需要 1000～1200mm 降水，长江流域双季稻需水 1130～1350mm。

降水总量充足，但若过分集中，则往往出现季节性干旱，影响复种程度和效果。在降水量不够和季节性干旱的地区，复种需要良好的灌溉条件作为保证。在一些干旱和半干旱地区，没有灌溉就没有农业，更谈不上复种了。所以搞好农田基本建设，兴修水利，是保证扩大复种的根本措施之一。我国降水量与复种的关系是：小于 600mm 为一熟区，600～800mm 为一熟、两熟区，800～1000mm 为两熟区，大于 1000mm 可以实现多种作物的一年两熟或三熟。若有灌溉条件，也可不受此限制。

（三）肥料

复种指数提高后，多种了作物，就要多施肥料，才能保证土壤养分平衡和高产多收。作物生长期间，根系从土壤中吸收大量养分，随着作物的收获，大部分养分被带离土壤。复种程度越高，种植的作物季数越多，土壤养分亏缺就越多，因此，土壤需要补充的养分也就越多。想要提高复种指数，除安排养地作物外，必须增施肥料，否则多种不能多收。

（四）人力、畜力与机械条件

复种是时间上的集约化生产，提高复种指数，必然增大人力、畜力和机具投入。南方多熟地区，一年有 2～3 次"双抢"，即收麦（油菜等）抢插水稻和抢种玉米等，收水稻和甘薯等抢栽油菜或抢种小麦，季节十分紧张，特别是四川丘陵区，在两季有余三季不足的情况下，必须抢种抢收，才能发展三熟制。

（五）技术条件

相应的技术条件包括品种、栽培耕作技术、复种间套技术等必须满足复种的要求。

（六）经济效益

在市场经济下，经济效益的高低往往成为复种方式成败的关键因素。种植业生产的目标已由过去的单纯追求产量转向重视质量和效益。生产上，一些粮食年产量较高，但经济效益较低的种植模式被逐步淘汰。只有那些产品适应社会需求，经济效益高的复种模式，才能稳定、自动地发展。复种提高经济效益的途径主要有两个方面：一是在复种方式中引入效益较高的作物，如蔬菜、瓜类、工业原料作物等；二是提高复种的集约化程度，即增加物质和技术投入，并降低成本，提高单位面积产量，增加收益。

三、熟制

所谓熟制，可以理解为某一地区或生产单位一年内多作的程度和类型。一般常以熟制命名种植制度，所以优势熟制也在一定程度上代表了某地的种植制度。在我国，复种程度的另一表示方式是熟制，它表示以年为单位的种植次数，如一年一熟、一年二熟、一年三熟等。对播种面积大于耕地面积的熟制，如后两种，统称为多熟制。

熟制的影响因素有很多，其中主要是受到当地热量因素的影响，通常是活动积温（一年内大于等于10℃的日均温的累加）来表达一地热量的高低。

（一）两年三熟

两年三熟是指在同一地块上两年内收获三季作物，是一年一熟与一年两熟的过渡类型。其主要分布于暖温带北部，一季有余两季不足，≥10℃积温在3000～3500℃的地区。目前，两年三熟主要分布在晋东南、豫西山区及鲁中南山区、陇东及渭北平原。其主要形式有：春玉米—冬小麦—夏大豆（夏甘薯）；冬小麦—夏大豆—冬小麦；春甘薯—小麦或大麦—夏芝麻或夏大豆或夏花生；小麦—小麦—夏玉米等。

（二）一年两熟

≥10℃积温3500～4500℃的暖温带是旱作一年两熟制的主要分布区域，如黄淮海平原、汾渭谷地。4500～5300℃的北亚热带是稻麦两熟的主要分布区域并兼有部分双季稻的分布，江淮丘陵平原、西南地区的旱地以麦（油菜、蚕豆、绿豆）—玉米、麦—甘薯、麦一年两熟为主。

（三）一年三熟

一年三熟主要是稻田三熟制，稻田三熟多是以双季稻为基础，主要分布在中亚热带以南的湿润气候区域，北亚热带有少量分布。冬作双季稻三熟制包括麦—稻—稻、油菜—稻—稻、蚕豆—稻—稻等形式，分布在上海、浙江、江西、湖南、湖北、皖南、苏南及华南各地区。小麦（或大麦、元麦）—双季稻，是双季稻三熟制的主要形式，主要分布于浙江杭嘉湖、宁绍地区、上海市，湖南、湖北、江西、福建、广东均有一定比例的种植。在三熟制地区，由于水源的限制，常采用两旱一水三熟制，如小麦—玉米—水稻（皖南、四川、苏南、湖南），小麦—大豆或花生—稻（福建、广东），小麦—稻—花生（福建、广东）。旱地三熟制，以南方丘陵旱地的油菜—芝麻（大豆）—甘薯和麦/玉/薯套作三熟为主要形式。

第四节 间、混、套作

一、单作

单作是指在同一块田地上种植一种作物的种植方式，也称为纯种、清种、净种。这种方式作物单一，群体结构单一，全田作物对环境条件的要求一致，生育期比较一致，利于田间统一种植、管理与机械化作业。作物生长发育过程中，个体之间只存在种内关系。

二、间作

间作是指在同一田地上在同一生长期内，分行或分带相间种植两种或两种以上作物的种植方式。所谓分带，是指间作作物成多行或占一定幅度的相间种植，形成带状，构成带状间作，如4行棉花间作4行甘薯，两行玉米间作3行大豆等。间作因为成行或成带种植，可以实行分别管理。特别是带状间作，较便于机械化或半机械化作业，与分行间作相比能够提高劳动生产率。

作物与多年生木本作物（植物）相间种植，也称为间作。木本植物包括林木、果树、桑树、茶树等；农作物包括粮食、经济、园艺、饲料、绿肥作物等。采用以农作物为主的间作，称为农林间作；以林（果）木为主，间作农作物，称为林（果）农间作。必须注意：林农间作、林菜间作时需要做到以短养长，没有共生的寄主病虫害。

三、混作

混作是指在同一块田地上，同期混合种植两种或两种以上作物的种植方式，也称为混种。混作和间作都是于同一生长期内由两种或两种以上的作物在田间构成复合群体，是集约利用空间的种植方式，也不计复种面积。但混作在田间分布不规则，不便于分别管理，要求混种作物的生态适应性要比较一致。例如，棉花与豆类作物混作，冬小麦与豆类作物混作等。

四、套作

套作是指在前季作物生长后期的株行间播种或移栽后季作物的种植方式，也称为套种。例如，小麦生长后期每隔3~4行小麦种1行玉米。与单作相比，它不仅能在作物共生期间充分利用空间，更重要的是能延长后作物对生长季节的利用程度，提高复种指数，提高年总产量。它主要是一种集约利用时间的种植方式。

套作和间作都有作物共生期，所不同的是，套作共生期短，每种作物的共生期都不超过其全生育期的一半。

总之，相对于单作而言，间、混、套作都是在同一块田地上由两种或两种以上的作物构成的复合群体，可以集约利用空间的种植方式。但与单作相比，复合群体内既有种内关系，也有种间关系，种植管理的技术性增强。

五、间、混、套作的意义

间、混、套作是我国传统精耕细作、集约种植的重要组成部分。大力发展间、混、套作，并与现代科学技术相结合，实行劳动密集、技术密集的集约生产，在有限的耕地上，显著提高单位面积上的土地生产力，是适合我国国情的。

（一）增产

合理的间、混、套作比单作具有增产的优越性。在单作的情况下，时间和土地都没有充分利用，太阳能、土壤中的水分和养分有一定的浪费，而间、混、套作能较充分利用这些资源，把它们转变为更多的作物产品。实行间、混、套作可以充分利用多余的劳力，扩大物质投入，与现代科学技术相结合，实行劳动集约、科技密集的集约生产，显著提高单位面积的土地生产力。

国际上采用土地当量比来反映间、混、套作的土地利用效益。土地当量比（LER），即为了获得与间、混、套作中各个作物同等的产量，所需各种作物单作面积之比的总和，其公式为

$$LER = \sum_{i=1}^{n} Y_i / Y_{il} \tag{10-3}$$

式中，Y_i 为单位面积内，间、混、套作中的 i 个作物的实际产量；Y_{il} 为该作物在同样单位面积上单作的产量；n 为间、混、套作的作物数。LER＞1，表示间、混、套作有利，LER＞1 的幅度愈高，增产效益愈大。目前，我国也已较广泛地采用土地当量比来表示间、混、套作的高产效益。

例如，玉米间作大豆，每公顷的产量分别为 5200kg 和 900kg，单作玉米与单作大豆每公顷的产量分别为 6000kg 和 1200kg，则

$$土地当量比 = \frac{间作玉米667m^2产量}{单作玉米667m^2产量} + \frac{间作大豆667m^2产量}{单作大豆667m^2产量} = \frac{5200}{6000} + \frac{900}{1200} = 1.617$$

（二）增效

合理的间、混、套作能够利用和发挥作物之间的有利关系，可以用较少的经济投入换取较多的产品输出。间、混、套作是目前许多地区发展立体种植、提高种植业效益的技术手段。许多地区都在过去的以粮、棉、油为主的传统种植模式的基础上，加入蔬菜、瓜果、药材等经济价值较高的作物及食用菌类、鱼虾蟹等物种进行间、混、套作，分层利用空间，互利共生，既保证了社会效益，又显著提高了单位面积上的经济效益。

（三）稳产增收

合理的间、混、套作能够利用复合群体内作物的不同特性，增强对灾害天气的抗

逆能力。例如，红壤旱地常见的玉米与大豆间作模式，经试验研究，相对于单作玉米和大豆，间作系统具有明显的减灾效应。具体表现为提高土壤含水量，增强系统的抗旱能力；增加天敌数量，减少病虫害发生；抑制农田杂草生长及危害。农林间作，如茶园间作三叶草，柑橘间作花生等，可以促进深层土壤水分向上层移动，提高水分利用效率，延缓和缩短干旱时间，提水保墒抗旱效果良好；并通过增加地面的覆盖度，减轻了土壤的水土流失。

为了保证间、混、套作高产出的生产力，需要进行培养与保护地力相结合，提高土地用养结合水平，维持农田生态系统平衡。

（四）协调作物争地之间的矛盾

间、混、套作在一定程度上可以调节粮食作物与棉、油、烟、菜、药材、绿肥、饲料等作物间的矛盾，促进多种作物全面发展。

第五节　轮作与连作

一、轮作

（一）轮作的概念

轮作是在同一田地上不同年度间按照一定的顺序轮换种植不同作物或不同的复种形式的种植方式。例如，一年一熟条件下的大豆—小麦—玉米三年轮作，这是在年间进行的单一作物的轮作。在一年多熟条件下既有年间的轮作，也有年内的换茬，如南方的绿肥—水稻—水稻—油菜—水稻—水稻—小麦—水稻—水稻轮作，这种轮作由不同的复种方式组成，称为复种轮作。在同一田地上有顺序地轮换种植水稻和旱田作物的种植方式称为水旱轮作，这种轮作对改善稻田的土壤理化性状，提高地力和肥效，以及在防治病、虫、草害等方面均有特殊的意义。在田地上轮换种植多年生牧草和大田作物的种植方式称为草田轮作。草田轮作的突出作用是能显著增加土壤有机质和氮素营养，改善土壤的物理性质。在水土流失地区，多年生牧草还可以有效地保持水土；在盐碱地区可降低土壤盐分含量。草田轮作还有利于农牧结合，增产增收。

（二）轮作在农业生产上的意义

1. 提高作物产量　　根据作物的生理生态特性，在轮作中前后作物协调搭配、茬口衔接紧密，既有利于充分利用土地、降水和光、热等自然资源，又有利于合理使用机具、肥料、农药、灌溉用水及资金等社会资源，还能错开农忙季节，均衡使用人力、畜力，做到不误农时和精细耕作。合理轮作还是经济、有效提高产量的一项重要农业技术措施。

2. 改善土壤理化性状　　植物在生长过程中不断向环境分泌其特有的化学物质。在连作情况下，这些化学物质大量累积，会对一些作物自身的生长发育产生强烈的抑制作用。另外，不同作物由于覆盖度、根系发育特点及生育期间的中耕程度的差异，对土壤结构和耕层构造的影响也有很大的不同。作物连作，会导致土壤结构和物理性状恶化，不利于同种作物继续生长。不同类型的作物轮换种植，能全面均衡地利用土中各种营养元素，充分发挥土壤的生产潜力。例如，稻、麦等各类作物对 N、P 和 Si 吸收得较多，对 Ca 吸收得少；豆类作物对 Ca、P 吸收得较多，吸收 Si 较少；烟草、薯类消耗 K 较多；小麦、甜菜、麻类作物只能利用土中可溶性磷，而豆类十字花科作物利用难溶性磷的能力强。深根与浅根作物轮换，能充分利用耕层及耕层以下土中的养分和水分，减少流失，节省肥料。绿肥和油料等作物以其残茬、落叶、根系等归还土中，直接增加土壤有机质，既用地又养地，豆科作物还有固氮作用。水旱轮作，能增加土壤非毛管孔隙，改善土壤通气条件，提高氧化还原电位，防止稻田次生潜育，促进有益的土壤微生物的繁殖，从而提高地力和肥效。

3. 减少病虫危害　　作物的病原菌一般都有一定的寄主，害虫也有一定的专食性或寡食性，在土壤中都有一定的生活年限。如果连续种植同种作物，通过土壤或寄主传播的病虫害必然会大量发生，如大豆包囊线虫病、棉花枯黄萎病、西瓜枯萎病、小麦全蚀病、甘薯黑斑病等，在连作情况下都将显著加重，使作物严重减产。抗病作物或非寄主作物与容易感染病害的作物实行定期轮作，可以消灭或减少病菌在土壤中的数量，从而减轻作物因病害所受的损失。种植抗病作物或非寄主作物时，病菌因没有寄主而减少或死亡。

4. 清除土壤有毒物质　　轮作能改善土壤微生态环境，消除有毒物质。某些作物根系分泌物及作物残余物分解的有毒物质能引起自身中毒，而对另一些作物又可能无害，甚至成为其能量、养料的来源。稻田长期淹水，土壤处于还原优势，往往产生 H_2S 等有毒物质，实行水旱轮作可以改变这一情况。轮作还可改善土壤微生物区系。据湖南省农业科学院分析，水旱轮作田土壤，有益的自生固氮菌、氨化细菌、硝化菌和纤维分解菌的数量均比连作田多，而有害的反消化菌则明显减少。

5. 减少田间杂草　　危害作物的杂草，其生长季节、生态条件及生长发育习性都与所伴生或寄生的作物相似，不易根除。作物长期连作，生态环境变化很小，有利于这些杂草的滋生，草害严重。实行轮作后，由于不同作物的生物学特性、耕作管理方式不同，能有效地消灭或抑制杂草。例如，大豆与甘薯轮换，菟丝子就因失去寄主而被消灭。

二、连作

（一）连作的概念

与轮作相反，连作是在同一田地上多年不变地种植相同作物或相同的复种方式的种植方式。而在同一田地上采用同一种复种方式连年种植的称为复种连作。

生产中把轮作中的前茬作物和后茬作物的轮换，通称为"换茬"，连作也叫"重茬"。

（二）连作危害

合理的轮作可以增产，而不适当的连作不仅减产，而且品质下降。导致作物连作受害的基本原因有生物的、化学的、物理的三个方面。

1. 生物因素　土壤生物学因素造成的作物连作障碍主要是伴生性和寄生性杂草危害加重、某些专一性病虫害蔓延加剧，以及土壤微生物种群、土壤酶活性的变化等。农田杂草危害作物主要是与作物争夺养分、水分，争夺空间，恶化生态环境，与作物共生期间更为突出。作物连作使伴生性和寄生性杂草对作物的危害累加效益突出，产量锐减，品质下降。病虫害的蔓延加剧是连作减产的第二个生物因素。小麦根腐病、玉米黑粉病、西瓜枯萎病等在连作情况下都将显著加重，使作物严重减产。

连作减产的第三个生物原因是长期连作下土壤微生物的种群数量和土壤酶活性的强烈变化。旱作水稻连作多年后，产量急剧下降，其重要原因是土壤中轮线虫和有关镰刀菌的种群密度陡增。大豆、玉米、向日葵等作物连作使根际真菌增加，细菌减少，导致减产。土壤酶在土壤中的数量不多，但作用甚大，它影响着土壤的供肥能力。有研究者认为，随着大豆连作年限的增加，土壤中磷酸酶、脲酶的生物活性显著降低，而且这两种关键酶的活性与土壤中可提供的速效氮、磷养分之间有显著的相关性。通过轮作可使这两种酶活性大大提高。因此，连作通过对土壤酶活性的影响间接地影响到作物的产量。

2. 化学因素　化学因素是指连作造成土壤化学性质发生改变而对作物生长不利，主要是营养物质的偏耗和有毒物质的积累。

（1）营养物质的偏耗　同种作物连年种植于同一块田地上，由于作物的吸肥特性决定了该作物吸收矿质养分元素的种类、数量和比例是相对稳定的，而且对其中少数元素有特殊的偏好，吸收量大。连续种植该种作物，势必造成土壤中这些元素的严重匮乏，造成土壤中养分比例的严重失调，作物生长发育受阻，产量下降。

（2）有毒物质的积累　植物在正常的生长活动中不断地向周围环境分泌其特有的化学物质，这种分泌物有 3 种主要来源，即活根、功能叶片和作物残体腐解过程中所产生的特有产物。这 3 部分的分泌物，对一些作物自身的生长发育具有强烈的抑制作用。有人从寄生于陆稻稻根上的棘壳孢霉菌上分离出一种粉红色有毒有机物，当这种物质浓度超过 10mg/L 时，会对陆稻产生毒害效应。大豆根系的分泌物对其自身根系的生长有强烈的阻碍作用。土壤中另一类有毒物质为还原性有毒物质，主要有 Fe、Mn 及还原性物质如 H_2S、有机酸等。我国南方稻区，常年实行早晚季双季稻连作，还原性有毒物质积累加强。这些有毒物质对水稻根系生长有明显的阻碍作用。

3. 物理因素　某些作物连作或复种连作，会导致土壤物理性状显著恶化，不利于同种作物的继续生长。例如，南方在长期推行双季连作稻的情况下，因为土壤淹水时间长，加上年年水耕，土壤大孔隙显著减少，容重增加，通气不良，土壤次生潜育化明显，严重影响了连作稻的正常生长。

但是，连作运作得当，也能取得较好的效果。首先，可多种适宜当地气候和土壤的作物，如棉花适宜于在亚热带的肥沃土壤种植，甘蔗适宜于在热带种植；其次，连作的作物单一，专业化程度高，成本较低，技术容易掌握，能获得较高的产量。

第六节 生 态 农 业

生态农业是以生态学原理为指导建立起的一种既有利于保护资源与环境，又能促进农业生产发展的农业生态环境，着眼于系统的整体功能，达到经济效益、社会效益、生态效益的三者统一。

用现代工业、现代科学技术和科学管理方法装备起来的农业称为现代农业。它的基本特征是：以机械作为作业的主要工具；石油电力成为主要能源；具备优良的农业基础设施；电子、激光、遥感、信息等高新技术广泛应用；建立在现代科技上的科研、推广体系完备；农工商一体化的服务体系完备；现代科学管理方法运用广泛。

一、现代生态农业及其特点

现代生态农业具有整体性、协调性、地域性，高效低成本，易于实现精准调控，能建立城乡互作的复合生态系统，用现代化物质循环方式和能量传递方式来改善人类赖以生存的环境为目的。概述起来表现在以下几方面。

（1）综合性 生态农业强调发挥农业生态系统的整体功能，以大农业为出发点，按"整体、协调、循环、再生"的原则，全面规划、调整和优化农业结构，使农、林、牧、副、渔各业和农村一、二、三产业综合发展，并使各业之间互相支持，相得益彰，提高综合生产能力。

（2）多样性 生态农业针对我国地域辽阔，各地自然条件、资源基础、经济与社会发展水平差异较大的情况，充分吸收我国传统农业的精华，结合现代科学技术，以多种生态模式、生态工程和丰富多彩的技术类型装备农业生产，使各区域都能扬长避短，充分发挥地区优势，各产业都根据社会需要与当地实际协调发展。

（3）高效性 生态农业通过物质循环和能量多层次综合利用及系列化深加工，实现经济增值，实行废弃物资源化利用，降低农业成本，提高效益，为农村大量剩余劳动力创造农业内部就业机会，保护农民从事农业的积极性。

（4）持续性 发展生态农业能够保护和改善生态环境，防治污染，维持生态平衡，提高农产品的安全性，变农业和农村经济的常规发展为持续发展，把环境建设同经济发展紧密结合起来，在最大限度地满足人们对农产品日益增长的需求的同时，提高生态系统的稳定性和持续性，增强农村发展后劲。

（5）整体性 一个生态系统内包括很多子系统，形成多层结构，按生态学和生态经济学规律，把种植业、养殖业、加工业和运销业组成综合农业经营体系，整体协调发展。

（6）协调性 生态农业重视系统的协调，包括生物之间、生物和非生物环境之间，并重视农村与城市的协调发展。

（7）地域性 按地域分布规律，因地制宜，分类指导，发挥各自优势。

（8）高效低成本 由于各子系统与环境之间比较协调，资源被充分利用，物质循环再生，实行多种经营，合理使用化肥、农药，使生态系统整体水平提高。

（9）精确调控　　根据市场需求对系统内生物品种结构、产品结构和产业结构进行调整。

（10）建立城乡互作的复合生态系统　　只有把城乡两者结合起来，才能实现良性生态循环。

（11）改善生态环境　　通过物质循环使废弃物得到利用，提高农村生态环境质量，使自然生态得到恢复、再生。

二、几种典型的现代生态农业生产模式

1."三位一体"模式　　"三位一体"即"猪—沼—果"，是适合我国南方地区的沼气生态农业模式。它是以沼气为纽带，在传统农业生产的基础上，与现代农业先进技术有机结合的一种农业生产实用技术体系。"猪—沼—果"农业生态模式是一个广义的概念，其中的"猪"可以是牛、鸡、羊等能为沼气池提供发酵原料的畜禽；"果"则指能用沼渣、沼液作为肥料的作物，如各种果树、花卉、蔬菜、花生、甘蔗、粮、菇、茶、药、烟等。因此有"猪—沼—果""猪—沼—茶""猪—沼—菜"等生态模式。它主要有以下几个特点。

1）利用沼气的纽带作用，将养殖业、种植业有机连接起来形成的农业生态系统，实现了物质及能量在系统内的合理流动，从而最大限度地降低了农业生产对系统外物质的需求，既降低了对农药、化肥等农业基本生产资料的需求，增强了系统自我维持的能力，同时也使得农业生产的成本显著下降。

2）这类模式的设计依据生态学、经济学、能量学原理，以农户土地资源为基础，以沼气为纽带，以太阳能为动力，以牧促沼，以沼促果，果牧结合，建立各生物种群互惠共生、食物链结构健全、能量流和物质流良性循环的生态果园系统，充分发挥果园内的光、热、气、水、土等环境因素的作用，从而实现无公害作物的产业化和农业的可持续发展。

3）在保证模式基本建设内容沼气、果园、猪舍的前提下，模式建设内容易于扩展，如可增加沼渣种蘑菇、养殖蚯蚓，果园内养鸡、养蛙等内容，可根据使用者的具体情况对模式建设内容进行丰富，从而最大限度地发挥模式的功能。

4）这些模式都具有便于建造、操作和管理的特点，与我国农村现有的经济基础和生产力水平相适应，从而使模式的大范围推广应用成为可能。

2."四位一体"模式　　沼气系统是新近发展起来的把可再生能源开发和有机农业相结合的生态模式。该系统由沼气池、畜圈、厕所和日光温室组成，故名"四位一体"。这种模式的理论基础是环境学、经济学和系统工程原理。"四位一体"模式的推广已经为增加能源供应、提高农民收入和改善生活环境做出了很大贡献（图10-1）。

沼气池是连接种植、养殖、生产及生活的核心纽带，人畜粪便进入沼气池发酵生产沼气沼肥，沼气燃烧产生的二氧化碳气肥促进了温室内果蔬的增产，沼渣、沼液是上好的肥料，可减少化肥和农药的使用；日光温室是基本框架和主体结构，可分别为沼气池、畜（禽）圈（舍）提供良好的光照温度，为畜禽生长提供适宜的环境，猪舍不仅为沼气池提供原料，而且畜禽呼吸也有利于温室增温；厕所则为沼气池提供人粪尿发酵原料。"四位一体"模式有以下几方面的优点。

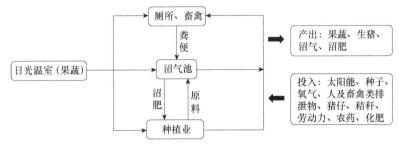

图 10-1　"四位一体"模式图

（1）多业结合，集约经营　　通过模式单元之间的连接和组合，把动物、植物、微生物结合起来，加强了物质循环利用，使养殖业与种植业通过沼气纽带作用紧密联系在一起，形成一个完整的生产循环体系。这种循环体系能够高度利用有限的土地、劳力、时间、饲料、资金等，从而实现集约化经营，进而获得良好的经济、社会和生态效益。

（2）合理利用资源，使资源增值　　该生态模式实现了对土地、空间、能源、动物粪便等农业生产资源最大限度的开发利用，从而使得资源实现了增值。

（3）物质循环，相互转化，多级利用　　该生态模式充分利用了太阳能，使太阳能转化为热能，又转化为生物能，实现合理利用，通过沼气发酵，以无公害、无污染的肥料施于蔬菜和农作物，使土地增加了有机质，粮食增产，秸秆还田，并转化为饲料，达到用能与节能并进。

（4）保护和改善自然环境与卫生条件　　该生态模式把人、畜、禽、作物联系起来，进行第二步处理，实现了规划合理、整齐、卫生，从而保护了环境，同时通过沼气发酵，消灭了病菌。粪便中含有大量的病原体，它可以通过多种途径污染水体、大气、土壤和植物，直接或间接地影响着人体健康。沼气发酵处理粪便使粪便无害化，改变了农村粪便、垃圾任意堆放的状况，消灭了蚊蝇的滋生场地，切断了病原体的传播途径。因此，沼气发酵处理粪便，净化了环境，减少了疾病，大大改善了农村的卫生状况。

（5）有利于开发农村智力资源，提高农民素质　　该生态农业模式是技术性很强的农业综合型生产方式，是改革传统农业生产模式，实现农业由单一粮食生产向综合多种经营方面转化的有效途径。因此，推广应用该生态模式，极大地增强了农民的科技意识和技术水平，提高了农民的素质。

（6）社会效益、经济效益、生态效益提高　　高度利用时间，不受季节、气候限制，在新的生态环境中，生物获得了适于生长的气候条件，改变了北方地区一季有余、二季不足的局面，使冬季农闲变农忙；高度利用劳动力资源，该生态模式是以自家庭院为基地，家庭妇女、闲散劳力、男女老少都可从事生产；缩短了养殖时间，延长了作物的生长期，养殖业和种植业经济效益较高。

3. "五位一体"高效生态农业模式　　依据生态学、生态经济学原理和系统工程学的方法，以土地资源为基础，以太阳能为动力，以沼气为纽带，将日光温室、猪圈、厕所、沼气池、蔬菜全封闭在一起形成了"五位一体"高效生态农业模式（图 10-2）。该模式中，猪粪尿、人粪尿在发酵池发酵产生沼气。沼气用作照明、炊事、取暖，沼渣、沼液用作蔬菜的有机肥或猪饲料。猪的呼吸、有机物发酵及沼气燃烧为蔬菜提供二氧化碳气肥，促进光合作用。

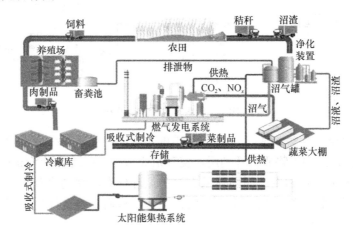

图 10-2 "五位一体"高效生态农业模式图

在同一个日光温室内，实现产气、积肥同步，种植、养殖并举。充分利用生物能和太阳能，建立起种、养、治密切配合的良性循环生态系统。该模式被推广后，取得了显著的经济效益和社会效益。

沼气池起着连接养殖与种植、生活用能与生产用肥的纽带作用。在果园或农户住宅前后建沼气发酵池，既可提供照明、做饭所需燃料，又可解决人、畜粪便随地排放造成的各种病虫害滋生问题，改善了农村生态环境。同时，沼气池发酵后的沼液可用于果树叶面喷肥、打药、喂猪，沼渣可用于果园施肥，从而达到改善环境、利用能源、促进生产、提高生活水平的目的。太阳能猪舍是实现以牧促沼、以沼促果、果牧结合的前提。利用太阳能养猪，解决了猪和沼气池的越冬问题，提高了猪的生长率和沼气池的产气率。集水系统是收集和储蓄地表径流、雨、雪等水资源的集水场、水窖等设施。它包括与果园配套的收集和贮蓄水窖等设施，除沼气池、园内喷药及人畜生活用水外，还可弥补关键时期果园滴灌、穴灌用水，防止关键时期缺水对果树生长发育的影响。

学习重点与难点

掌握间、混、套作的种植方法，以及轮作与连作的优点和缺点。

复习思考题

1. 不同的地域如何制定适宜的种植制度与作物布局？
2. 试述我国"五位一体"高效生态农业模式的特点及应用。

第十一章　作物的生长发育及其产量、品质形成

第一节　作物的生长发育

一、生长和发育的概念

在作物生育过程中，生长和发育是两个不同范畴的概念。生长是指作物个体、器官、组织和细胞在体积、重量和数量上的增加。其是一个不可逆的数量化过程。例如，营养器官（根、茎、叶）的生长，通常用大小、长短、粗细、轻重和多少来表示。这些量的增长是不可逆的，从宏观来看，包括作物群体或群落的各种数量增长；从微观看，包括作物的各种器官、组织、细胞的数目及细胞各种内含物的增长。这种量变过程是通过细胞分裂和伸长来完成的，它既包括了营养体的生长，也包括了生殖体的生长。

发育是指作物细胞、组织和器官的分化形成过程；也就是作物发生了形态、结构和功能上的本质性变化。其是一个可逆的质变过程，如幼穗分化、花芽分化、维管束发育及气孔分化等。在作物的发育过程中，不仅有量的增长，还不断地形成形态、结构、功能都不同的各种器官，其变化以细胞或组织的变化为基础。这种由同一受精卵或遗传上同质的细胞转变为形态、机能及化学构成上异质的细胞的过程，称为分化——发生质的飞跃。从器官水平来看，其分化实际上就是新器官的形成。作物一生的分化，从形态和生理上可分为两个阶段，即营养器官发生和生殖器官发生。营养器官发生阶段主要是分化根、茎、叶等营养器官，其分化比较简单。而生殖器官发生阶段虽然还有营养器官的生长，但主要以生殖器官的分化占优势，分化也较前一阶段复杂。由营养器官发生阶段转到生殖器官发生阶段，这一质变过程就称为作物的发育。不同的作物要满足其各自特定的光、温等环境条件，才能完成这一质变过程。对于禾谷类、豆类等以果实或种子为主要产品的作物来说，作物的发育能否顺利进行直接关系到产品的数量和质量。因此，这一质变是作物发育过程中最重要的转变。

在作物生命活动周期中，生长和发育是交互进行的，分化、发育是生长的前提。没有根、茎、叶的分化，就不会有根、茎、叶的生长；没有发芽的分化，就没有开花结实。而生长又是分化、发育的基础。没有相伴的生长，分化、发育也就不能正常地进行下去；没有必要的营养器官的生长，没有根吸收水分、养分，没有叶制造光合产物，就不可能有发芽分化。生长和发育是同时进行的，互为促进。例如，叶的长、宽、厚、重的增加称为生长，而叶脉、气孔等组织和细胞的分化称为发育。作物的生长和分化、发育协调发展，就能全面发挥品种潜力，取得高产、优质、低耗的效果。

二、营养生长与生殖生长的关系及其调控

营养生长是指作物的根是由种子胚根长成的。种子萌发时，胚根的分生组织细胞分裂、生长，使根不断增长，其中生长最快的是根的伸长区。

当作物生长到一定时期以后，便开始分化形成花芽，以后开花、授粉、受精、结果（实），形成种子。作物的花、果实、种子等生殖器官的发育依赖于生长。营养生长与生殖生长之间相互依存，相互制约。营养生长为生殖生长提供所需养分，生殖生长为植株营养生长提供条件，营养生长与生殖生长存在养分的竞争，当营养生长过旺时，则生殖生长受到抑制，当生殖生长过旺时，则营养生长不良。

幼苗经过一段时间的生长以后，成为一株具有根、茎、叶三种营养器官的植株。植株生长发育到一定阶段，开始形成花芽，标志着生殖生长已经开始。对于一年生作物和二年生作物来说，在植株长出生殖器官后，营养生长就逐渐减慢甚至停止。对于多年生作物而言，当达到开花年龄以后，营养器官和生殖器官每年需要不断发育完善。

在生产实践中，可采用各种农业技术措施，如施肥、灌溉、摘心、整枝、去除老叶、疏花、疏果及拔除无效分蘖等方法来调节营养生长和生殖生长，具体表现为：①抑制生殖发育以促进营养生长；②抑制生殖发育以促进生殖生长；③抑制营养生长以促进生殖生长；④抑制过度消耗营养物质以促进正常的营养生长。通过以上4方面的调控来达到农业生产高产、优质的目标。

三、作物生长的规律

作物的一生一般要经过种子萌发、植株生长、开花、结果到整株死亡的整个过程。通常进行播种的作物生长的4个过程是种子发芽、抽生叶片、抽放花蕾和结果实。如果是没有种子的作物就只有靠分株和扦插等措施进行繁殖，所以它们的生长发育过程是分株、幼苗成长、开花、结果。

（一）发芽

通过种子繁殖的作物萌发的过程为：胚胎在种子内部等待（一年或数十年），直到外部条件适宜，便开始分解种子的外壳或种皮。种子收到水和热量以后，种胚酶类开始活跃，种子才能发芽。玉米等单子叶作物种子有一个非常坚韧的种皮，需要在播种之前浸泡在水中。种子开始生长以后便开始吸收水分，引发种子内的细胞分裂和酶的合成。通常在几天之内，种皮破裂，幼苗从种皮伸出并继续向下（长胚根）和向上（长胚芽）生长。

（二）生根

作物在萌芽后，胚根首先伸入土中形成主根，然后下胚轴伸长，将子叶和胚芽推出土面，这种幼苗的子叶是出土的。幼苗在子叶下的一部分主轴是由下胚轴伸长而成的。随着枝条和子叶向上生长，主根和较小的根毛也将开始生长。为了使作物继续生长，必须有一定营养成分的土壤或水。作物可以在土壤或水中生长，只要能够获得作物

生长所需的营养就能够正常生长。

（三）展叶和开花

种子发芽以后当展出 7 片真叶时就进入苗期，随着时间的不断推移展出新的叶片。叶芽首先萌发生长，进入 5 月以后温度条件适宜时花芽不断萌动，随着作物的不断生长，逐渐进入开花期，经历初花期、盛花期、落花期并逐渐步入结果期。

四、作物发育的规律

作物学上把作物出苗到成熟期间经历的整个过程（即作物的一生），称为作物的全生育期，而作物的某一生育时期则是指作物一生中其外部形态上呈现显著变化的若干时期。生育时期的划分并不完全统一。例如，禾谷类可以分为出苗期、分蘖期、拔节期、孕穗期、抽穗期、开花期、成熟期。

（1）含义不同　作物的生育时期是指作物在生长发育过程中，它的外部形态呈现出显著性变化的时期。作物生育期一般是指作物从播种到种子成熟所经历的时间。

（2）时间不同　作物生育时期的持续时间，是以这一生育时期开始期到下一生育时期开始期来计算的。作物生育期的时间是从播种到种子成熟所经历的时间。

作物的整个生育期又可分为以生长根、茎、叶等营养器官为主的营养生长期和以分化形成花、果实、种子等生殖器官为主的生殖生长期。例如，谷类作物在幼穗分化开始以前属于营养生长期；幼穗分化开始到抽穗，属于营养生长和生殖生长并进时期；抽穗以后属于生殖生长期。在上述两个生长期中，根据作物外部形态发生的变化，又可进一步划分为若干个生育时期。

（一）生育期

（1）生育期的长短及其影响条件　作物全生育期的长短，主要是由作物的遗传性和所处的环境条件决定的。同一作物的生育期长短因品种而异，有早、中、晚熟之分。早熟品种生长发育快，主茎节数少，叶片少，成熟早，生育期较短；晚熟品种生长发育缓慢，主茎节数多，叶片多，成熟迟，生育期较长；中熟品种在各种性状上均介于二者之间。在相同的环境条件下，各个品种的生育期长短是相当稳定的。

作物生育期的长短也受环境条件的影响。在气候条件中，光照、温度所起的作用最大。作物在不同地区栽培，由于温度、光照的差异，生育期也发生变化。例如，水稻是喜温的短日照作物，对温度和日照长短的反应敏感。当从南方向北方引种时，由于纬度增高，生长季节的白天长，温度又较低，一般生育期长；反之，从北方向南方引种，由于纬度较低，白天较短，温度较高，生育期缩短。相同的品种在不同的海拔种植，因温、光条件不同，生育期也会发生变化。在北方，短日照作物推迟播种，可大大地缩短生育期。

栽培措施对生育期也有很大的影响。作物生长在肥沃的土地上，或施氮较多，由于土壤碳氮比低，水分适宜，茎叶常常生长过旺，成熟延迟，生育期延长。土壤若缺少氮素，碳氮比高，则生育期缩短。

（2）生育期与产量 一般来说，早熟品种单株生产力低，晚熟品种单株生产力高。但这并不是绝对的。在相同的种植密度下，早熟品种与晚熟品种相比处于不利地位：主茎形成的叶片较少，面积也小，以至于最大叶面积指数和光合势都达不到该品种最适宜的量。因此，早熟品种不可能表现出本身预期的产量，在产量上必然低于晚熟品种。因此，在对熟期不同的品种进行对比试验时，必须将它们种植在可比较的条件下。可比较的条件是指早、晚熟品种群体都达到其最适宜的叶面积指数。这意味着，早熟品种应比晚熟品种密植一些。密植密度一般与叶面积指数成反比。

（二）生育时期的划分

在作物的一生中，其外部形态特征总是呈现出若干次显著的变化，根据这些变化，可以划分为若干个生育时期。目前，各种作物的生育时期划分方法不完全统一。以下是几种主要作物的生育时期的划分，见表 11-1。

表 11-1　各类作物通用的生育时期划分（引自李存东，2007）

作物种类	生育时期
禾谷类	出苗期、分蘖期、拔节期、孕穗期、抽穗期、开花期、成熟期
豆类	出苗期、开花期、结荚期、成熟期
棉花	出苗期、真叶期、现蕾期、开花期、吐絮期
油菜	出苗期、现蕾期、抽薹期、开花期、成熟期
黄麻、红麻	出苗期、真叶期、现蕾期、开花期、结果期
甘薯	出苗期、采苗期、栽插期、还苗期、分枝期、封垄期、落蕾期、收获期
马铃薯	出苗期、现蕾期、开花期、结薯期、薯块发育最速期、成熟期、收获期
甘蔗	发芽期、分蘖期、蔗茎伸长期、工艺成熟期

为了更详细地进行记载，还可将个别生育时期划分得更细一些。例如，开花期可细分为始花、盛花、终花 3 期，成熟期又可再分为乳熟期、蜡熟期、完熟期等。

当前对生育时期的含义有两种不同的解释：一种是把各个生育时期视为作物全田出现形态显著变化的植株达到规定百分率的日期；另一种是把各个生育时期看成形态出现变化后持续的一段时间，并以该时期开始期至下一生育时期开始期的天数计。

五、作物器官的建成

（一）种子萌发

作物学上的种子是指由胚珠受精后发育而成的有性繁殖器官。作物生产上的种子泛指用于播种繁殖下一代的播种材料。它包括作物学上的 3 类器官：由胚珠发育而成的种子，如豆类、麻类、棉花、油菜等的种子；由子房发育而成的果实，如稻、麦、玉米、高粱、谷子的颖果；进行无性繁殖的根、茎等，如甘薯的块根、马铃薯的块茎、甘蔗的茎节等。大多数作物是依靠种子（包括果实）进行繁殖的。

1．种子的休眠及其解除　　作物的种子在适宜的环境条件下仍不能正常萌发，这一现象称为种子的休眠。休眠时作物对不良环境尤其是寒冷和干旱的抵抗力较强。

种子休眠的原因有：①种皮厚，透气差。由于种皮厚或构造致密，水分和氧气不易进入种子内，种子内的二氧化碳也不易排出，使种子处于休眠状态，如豆科作物中的蚕豆、绿豆等种子。②胚未发育完全。有些作物的种子在脱离母体时，胚的发育尚不完全，这些种子须经过一段时间储藏，待胚完全发育后才能发芽，如人参、银杏的种子。③后熟作用未完成。有些作物的种子收获后，需经历一定的时间才能完成生理上的成熟，这一过程叫作后熟作用，如茶、黄瓜、棉花及小麦等的种子。种子经后熟作用后，吸水量增加，酶活性增强，呼吸作用加强，抑制种子萌发的物质含量下降或转化成其他物质。④抑制物质的存在。种子在成熟过程中，产生一些抑制种子萌发的化学物质（如有机酸、生物碱、酚类、醛类等），这些化学物质有的存在于果实的汁液中（如番茄、黄瓜、西瓜等），有的存在于种子内（如桃、杏、李和苹果等）。抑制种子萌发最主要的化学物质是脱落酸。

为适期播种，促进种子提早萌发，应采取相应措施解除休眠。对于种皮厚、渗透性差的种子，可采取机械摩擦、加温或强酸等处理方法。因胚发育不完全和后熟作用引起休眠的种子，常采用层积法、变温处理和激素处理等方法解除其休眠。作物常采用晒种或化学药剂处理等方法，促进种子后熟完成。对于由抑制物质引起休眠的种子，可采用水浸泡、冲洗、低温等方法解除其休眠。当作物因过早发芽而出现损失时，可采取措施适当延长休眠期。例如，马铃薯在储藏期间，常用 2%～5%萘乙酸甲酯抑制发芽。

2．种子萌发的环境条件

（1）温度　　一般来说，原产于高纬度地区的作物，种子萌发需要的温度较低；而原产于低纬度地区的作物，种子萌发需要的温度较高。种子萌发对温度的要求表现出三基点，即最高温度、最低温度和最适温度（表 11-2），在一定温度范围内，随温度升高，种子萌发的速度加快。其原因是温度适当升高，可加快酶促反应，加强种子吸水，促进气体交换及物质的运输和转化。当温度低于最低温度时，呼吸弱，种子发芽缓慢，消耗的有机物质多，苗细弱，易受病菌危害和烂种。但温度过高会使苗长得细长而柔弱。低温是影响春播种子正常萌发的主要因素。春播作物要做到早出苗、出壮苗，必须消除低温的影响。故常采用火炕、温床、地膜覆盖等措施进行育苗移栽，使播期提前并能培育壮苗。

表 11-2　不同作物种子萌发对温度的要求（℃）（引自杨文钰，2002）

作物种类	最低温度	最适温度	最高温度
小麦	3～5	15～31	30～43
大麦	3～5	19～27	30～40
油菜	3～5	20～25	30～40
水稻	10～12	30～37	40～42
玉米	8～10	32～35	40～44
棉花	10～13	25～32	38～40

续表

作物种类	最低温度	最适温度	最高温度
大豆	9	15~25	35~40
花生	12~15	25~27	40~45
苎麻	6~8	20~25	—
黄麻	14~15	25~28	—
烟草	7.5~10	25~28	30~35

（2）水分　　种子吸水后，首先，种皮膨胀软化，有利于氧气透入和二氧化碳排出，加强细胞呼吸和新陈代谢。有了水分供给，储藏的营养物质在酶的作用下分解加快而转运到胚中，供胚发育，种皮软化以后，在胚和胚乳的生长力作用下易破裂，利于胚根、胚芽突破种皮。

因为蛋白质亲水性较强，一般含蛋白质多的种子（如大豆种子），萌发时吸水量较大；含淀粉多的种子（如玉米种子、水稻种子、小麦种子），萌发时吸水量小；含脂肪较多的种子（如油菜种子），萌发时吸水量介于两者之间。

（3）氧气　　种子萌发时要有充足的氧气供应，才能保证有氧呼吸正常进行，以提供所需的能量，缺氧时种子进行无氧呼吸，消耗了有机物质，同时还会积累过多的乙醇使种子中毒，不能正常萌发。花生、棉花、大豆等含脂肪较多的种子萌发时需氧较多。作物种子在空气中含氧量大于11%就可以正常萌发，氧气含量小于5%时种子不能萌发。土壤板结或水分过多都会造成土壤缺氧。作物播前整地等耕作措施可以增加土壤的通透性，从而促进种子萌发。

3. 单子叶作物种子和双子叶作物种子的区别　　单子叶作物种子的结构包括：①果皮和种皮，紧贴在一起，不容易分开，有保护种子内部结构的作用。②胚乳，贮藏着营养物质。③胚芽，生有幼叶的部分，将来发育成茎和叶。④胚根，在与胚芽相对的一端，将来发育成根。⑤胚轴，连接胚芽和胚根的部分，将来发育成连接根和茎的部位。⑥子叶，单子叶植物成熟胚只有一片子叶，如小麦、百合等。种子萌发时，它将胚乳里的营养物质转运给胚芽、胚轴、胚根，如玉米（图11-1）。

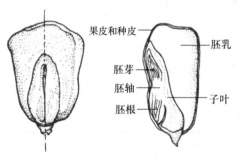

图11-1　单子叶作物玉米种子的外形和结构

双子叶作物种子的结构包括：①种皮，坚韧，保护种子内部结构。②子叶，双子叶植物成熟胚只有两片子叶，贮藏着营养物质。③胚芽，生有幼叶的部分，将来发育成茎和叶。④胚根，在与胚芽相对的一端，将来发育成根。⑤胚轴，连接胚芽和胚根的部分，将来发育成连接根和茎的部位。双子叶作物大豆种子的外形和结构如图11-2所示。

4. 种子萌发的过程

（1）吸水膨胀　种子内含有的亲水性物质如蛋白质、淀粉、纤维素等，具有吸胀作用，能与水分子结合。水分进入细胞后，有机物逐渐变成溶胶状态，种子慢慢膨胀，这是一个物理过程。

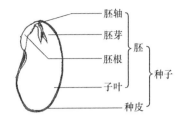

图 11-2　双子叶作物大豆种子的外形和结构

（2）萌动　种子吸水膨胀后，在酶的催化下，胚乳和子叶中储藏的养分分解转化，淀粉转化为葡萄糖，脂肪先转化为甘油和脂肪酸以后再转化为糖，蛋白质转化为氨基酸。这些可溶性的物质被运送到胚部供其吸收利用，一部分用于呼吸消耗，另一部分用于构成新细胞，使胚生长，这是一个生化过程。当胚细胞数量不断增多、体积不断增大，顶破种皮时，称为萌动（又称露白）。

（3）发芽　种子萌动后胚根和胚芽继续生长，当胚根长度与种子长度相等，胚芽长度约为种子长度的 1/2 时，称为种子发芽。种子发芽后，继续生长的胚根和胚芽，逐步分化成根、茎、叶，长成能够独立生活的幼苗。在幼苗生长过程中，由于不同作物胚轴的生长状态不同，表现为子叶出土与不出土两种类型。子叶出土为在种子发芽后下胚轴伸长将子叶送出土面，如棉花、大豆、油菜、芝麻等；子叶不出土为上胚轴或中胚轴伸长将胚芽及胚芽鞘带出土面，子叶留在土中，如水稻、小麦、蚕豆、豌豆。种子发芽时下胚轴伸长将子叶及胚芽推向土表，在子叶出土见光后，下胚轴则停止生长而上胚轴开始生长，称为子叶半出土作物，如花生。

种子的萌发（图 11-3）分为吸水膨胀、萌动和发芽 3 个阶段，包括从吸水膨胀开始至胚根、胚芽出现之间复杂的生理生化变化。有些作物的种子成熟时就具备发芽能力。相反，有些作物的新鲜种子虽具有生活力，在适宜的环境条件下却不能发芽，这种现象称作休眠。

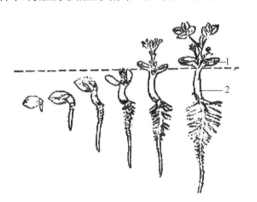

图 11-3　花生种子的萌发过程（引自李存东，2007）

1. 上胚轴；2. 下胚轴

（二）根的生长

根是作物的六大器官之一，是作物的营养器官，通常位于地表下面，负责吸收土壤里面的水分及溶解于其中的无机盐，并且具有支持、繁殖、贮存并合成有机物质的作用。

1. 作物的根系　作物的根系由初生根、次生根和不定根组成。作物的根系可分为两类：一类是单子叶作物的根，属于须根系。例如，禾谷类作物的须根系由种子根和节根组成。另一类是双子叶作物的根，属于直根系。例如，向日葵、豆类、麻类、棉花、花生、油菜的根系由一条发达的主根和各级侧根构成。

（1）须根系　单子叶作物如禾谷类作物的根系属于须根系。它由初生根（种子根或胚根）和茎节上发生的次生根（节根等）组成。种子萌发时，先长出 1 条初生根，随着幼苗的生长，基部茎节上长出次生根。次生根是发生在地下接近土表的茎节上的，又叫节根；因为其数目不定，所以又叫不定根；它的出生顺序是自芽鞘节开始，渐次由下位节移向上位节，节根在茎节上呈轮生状态。当拔节以后，多数作物的茎节不再生出节根，但有些作物（如玉米、高粱、谷子）则在近地面茎节上常发生一轮或数轮较粗的节根，称为支持根，又叫气生根，这些根入土以后，对植株抗倒伏和吸收水分、养分都有一定的作用，还具有合成氨基酸的作用（图 11-4）。

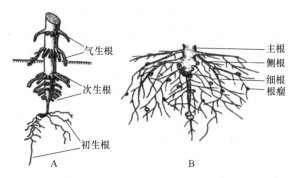

图 11-4　玉米（A）和大豆（B）的根系（引自李建民和王宏富，2010）

（2）直根系　　双子叶作物如豆类、棉花、麻类、油菜等的根系属于直根系。它由一条发达的主根和各级侧根构成。主根由胚根不断伸长形成，逐步分化长出侧根，主根较发达，侧根逐级变细，形成直根系（图 11-4）。

2. 作物根系对养分的吸收　　作物的根系是吸收水分和养分的主要器官，并对地上部起固定和支撑作用。作物根系对养分的吸收，会造成根表面及其周围（根际）养分的浓度变低，而根际外的养分浓度高，两者之间的浓度差可使根际外的养分向根际迁移，称为扩散。这是养分向根系运送的主要途径。

养分到达根系表面后如何进入根内，又可分为两种情况：一种称为主动吸收，这是养分离子穿过质膜进入细胞的过程。这一过程具有选择性，可以逆浓度梯度进入细胞，即作物吸收根系外的养分是根据自身的需要选择，养分可以由细胞外浓度低的溶液中进入细胞内浓度高的细胞质中，这是一个耗能过程。另一种称为被动吸收，这是土壤溶液中的养分通过细胞间的空隙扩散进入根系的过程，不具有上述主动吸收的特点。

（三）茎的生长

茎是作物体中轴部分，呈直立或匍匐状态，茎上生有分枝，分枝顶端具有分生细胞，进行顶端生长。茎一般分化成短的节和长的节间两部分。茎具有输导营养物质和水分及支持叶、花和果实固定在一定空间的作用。有的茎还具有光合作用、贮藏营养物质和繁殖的功能。

1. 茎的分枝　　茎的分枝是普遍现象，能够增加作物的体积，充分地利用阳光和外界物质，有利于繁殖后代。各种作物分枝有一定的规律。

（1）二叉分枝　这是比较原始的分枝方式，分枝时顶端分生组织平分为两半，每半各形成一小枝，并且在一定时间又进行同样的分枝。苔藓和蕨类属于这种分枝方式。

（2）单轴分枝　顶芽不断向上生长，成为粗壮主干，各级分枝由下向上依次细短，树冠呈尖塔形。多见于裸子作物如松杉类的柏、杉、水杉、银杉，以及部分被子作物如杨树、山毛榉等。

（3）合轴分枝　茎在生长时，顶芽生长迟缓，或者很早枯萎，或者为花芽，顶芽下面的腋芽迅速开展，代替顶芽的作用，如此反复交替进行，成为主干。

（4）假二叉分枝　叶对生的植株，顶端很早停止生长，开花以后，顶芽下面的两个侧芽同时迅速发育成两个侧枝，很像是两个叉状的分枝，称为假二叉分枝。

2．茎的生长方式　不同作物的茎在适应外界环境方面，有各自的生长方式，使叶能有空间展开，获得充分的阳光，制造营养物质，并完成繁殖后代的作用。主要有以下7种类型。

（1）直立茎　茎干垂直地面向上直立生长的称直立茎。大多数作物的茎是直立茎，在具有直立茎的作物中，可以是草质茎，也可以是木质茎。例如，向日葵就是草质直立茎，而榆树则是木质直立茎。

（2）缠绕茎　这种茎细长而柔软，不能直立，必须依靠其他物体才能向上生长，但它不具有特殊的攀缘结构，而是以茎的本身缠绕于它物上。

（3）攀缘茎　这种茎细长柔软，不能直立，唯有依赖其他物体作为支柱，以特有的结构攀缘其上才能生长。

（4）斜升茎　茎的质地、粗细不一，可为草本，也可为木本，植株幼时茎不完全呈直立状态，而是偏斜而上，但绝不横卧地面，随植株生长，茎的上部逐渐变直立，故长成后植株下部呈弧曲状，上部呈直立状。

（5）斜倚茎　茎通常为草质，基部斜倚地面，但不完全卧倒，上部有向上生长的倾向，但绝不直立，整个植株呈现近地面生长向四周扩展的状态。

（6）平卧茎　茎通常为草质而细长，在近地表的基部即分枝，平卧地面向四周蔓延生长，但节间不甚发达，节上通常不长不定根，故植株蔓延的距离不大，如地锦、蒺藜等。

（7）匍匐茎　通常主茎是直立茎，向上生长，而由主茎上的侧芽发育成的侧枝，就发育为匍匐茎。有些作物的茎本身就介于平卧和直立之间，植株矮小时，呈直立状态，植株长高大不能直立时则斜升甚至平卧，如酢浆草。

3．茎的分类　按照茎的变态来分，其有茎卷须、茎刺、根茎、块茎、鳞茎、球茎等。有些作物的茎在长期适应某种特殊的环境过程中，逐步改变了它原来的功能，同时也改变了原来的形态，比较稳定地长期保持下去，这种和一般形态不同的变化称为变态。有些变态的茎变化得非常奇特，以至在外形上几乎无从辨认。

4．茎的主要价值　多年生木本作物茎内，次生木质部占的体积最大，即木材。木材为建筑、采矿、交通运输及日常生活（如家具、柴炭）所不可缺少。此外，木材可以造纸和提炼各种化工产品，如松节油、松香、乙醇、活性炭和乙酸等，茎的外围部分（即韧皮部）可为纤维的来源，用于造纸、纺织等。有的作物树皮中的分泌结构可产生经济价值很高的物质，如橡胶、漆、杜仲胶等为工业原料或医药药材。一些变态茎，如马铃薯、葱、姜、蒜等为食用或调味品。

（四）叶的生长

叶的功能是进行光合作用合成有机物，并有蒸腾作用，提供根系从外界吸收水和矿质营养的动力。叶的主体是叶片，多呈片状，有较大的表面积，以适应接受光照和与外界进行气体交换及水分蒸散。叶的形状和结构因环境和功能的差异而有不同。

1. 叶的形态特征

（1）叶片　叶片的表皮由一层排列紧密、无色透明的细胞组成。表皮细胞外壁有角质层或蜡层，起保护作用。位于上下表皮之间的绿色薄壁组织称为叶肉，是叶进行光合作用的主要场所，其细胞内含有大量的叶绿体。大多数作物的叶片在枝上取横向的位置着生，叶片有上、下面之分。上面（近轴面、腹面）为受光的一面，呈深绿色。下面（远轴面、背面）为背光的一面，为淡绿色。因叶两面受光情况不同，两面内部的叶肉组织常有组织的分化，这种叶称为异面叶。

许多单子叶作物和部分双子叶作物的叶，在近乎直立的位置着生，叶两面受光均匀，因而内部的叶肉组织比较均一，没有明显的组织分化，这样的叶称为等面叶，如玉米、小麦、胡杨。

在异面叶中，近上表皮的叶肉组织细胞呈长柱形，排列紧密、整齐，其长轴常与叶表面垂直，呈现栅栏状，故称栅栏组织。栅栏组织细胞的层数，因作物种类而异，通常为 1~3 层。靠近下表皮的叶肉细胞含叶绿体较少，形状不规则，排列疏松，细胞间隙大而多，呈现海绵状，故称海绵组织。

（2）叶柄　叶柄是叶片与茎的联系部分，叶柄上端与叶片相连，下端着生在茎上。通常叶柄位于叶片的基部。少数作物的叶柄着生于叶片中央或略偏下方，称为盾状着生，如莲、千金藤。叶柄通常呈现为细圆柱形、扁平形或具沟槽。

（3）托叶　托叶是叶柄基部、两侧或腋部所着生的细小绿色或膜质片状物。托叶通常先于叶片长出，并于早期起着保护幼叶和芽的作用。托叶一般较细小，其形状、大小因作物种类不同而差异巨大。

在有些作物中，托叶的存在是短暂的，随着叶片的生长，托叶很快就脱落，仅留下一个不为人所注意的着生托叶的痕迹（托叶痕），称为托叶早落，如石楠的托叶。有些作物的托叶（如茜草、龙芽草）能伴随叶片在整个生长季节中存在，称为托叶宿存。

2. 叶的变态　叶是容易变化的器官，变态较多，主要有以下类型：①苞片和总苞，生于花下的变态叶，称为苞片。数目多而聚生在花序基部的苞片称为总苞。②叶刺，如仙人掌类肉质茎上的刺。③叶卷须，如豌豆羽状复叶先端的一些小叶片变成卷须。④叶状柄，有些作物的叶片完全退化，而叶柄变为扁平的叶状体代行叶的功能，如我国南方的台湾相思树。⑤鳞叶，在藕、荸荠地下茎的节上生有膜质干燥的鳞叶，为退化叶。在洋葱、百合鳞茎上的鳞叶肥厚多汁，含有丰富的储藏养料。

3. 叶的生长　作物的真叶起源于茎尖基部的叶原基。在茎尖分化成生殖器官之前，可不断分化出叶原基。叶原基经过顶端生长伸长，变为锥形的叶轴，分化出叶柄；

经边缘生长形成叶的雏形，再从叶尖开始向叶基部居间生长后长成一定形态的叶。

叶的一生经历分化、伸长、功能、衰老 4 个时期。能制造和输出大量光合产物的时期称为功能期，一般是指叶片定型后至全叶二分之一变黄的时期。栽培条件对叶片功能期的长短影响很大，适当的肥水管理、适宜的密度可延长叶片的功能期。

（五）花的发育

营养生长至一定阶段，茎的顶端分生组织转向分化形成花原基，然后形成花的各个部分，经有性生殖过程，产生果实与种子。禾谷类作物穗的分化过程为：生长锥伸长、穗轴节片或枝梗分化、颖花分化、雌雄蕊分化、生殖细胞减数分裂四分体形成、花粉粒充实。双子叶作物花芽的分化过程为：花萼形成、花冠和雌雄蕊形成、花粉母细胞和胚囊母细胞形成、胚囊母细胞和花粉母细胞减数分裂形成四分体、胚囊和花粉粒成熟。作物生殖器官的分化顺序是由外向内分化，直至性细胞成熟。

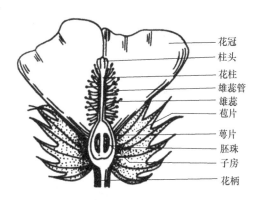

图 11-5　棉花的花结构
（引自李建民和王宏富，2010）

1. 花的组成与基本结构　双子叶作物的花多为典型花，由花柄、花托、花被、雄蕊群和雌蕊群 5 部分组成（图 11-5）。

花柄是着生花的小枝，花柄的顶端部分为花托。花被着生于花托边缘或外围，有保护和传送花粉的作用。多数作物的花被有内外两轮，外轮多为绿色的花萼，由数个萼片组成；内轮多为颜色鲜艳的花冠，由数片花瓣组成。雄蕊群由一定数目的雄蕊组成，多数作物的雄蕊分化成花药和花丝两部分，花药内产生花粉。雌蕊群是一朵花中一至多枚雌蕊的总称。组成雌蕊的单位称为心皮，一枚雌蕊可由一至数个心皮构成，多个心皮可联合或分离。雌蕊一般分为柱头、花柱和子房 3 部分。柱头位于顶端，可接受花粉。花柱连接柱头和子房。子房是雌蕊基部膨大的部分，着生于花托上。子房内有数量不等的子房室，其数目与心皮数相等。子房室内心皮腹缝线或中轴处着生 1 至数个胚珠，由珠被、珠心、胚囊等组成。成熟的胚囊中有 8 个核 7 个细胞，即 1 个卵细胞、2 个助细胞、1 个中央细胞（含 2 个极核）、3 个反足细胞。

禾谷类作物的花序统称为穗，常由小穗排成穗状（小麦、黑麦、大麦）、肉穗状（玉米的雌穗）、圆锥状（稻、燕麦、高粱、粟和黍）等形式；穗由小穗和小花组成，每个小穗由两片护颖、一个或多个小花构成，每个小花内有内颖和外颖（稃）各 1 片，雄蕊 3 个或 6 个（稻），外稃与内稃中有 2 小薄片，称为鳞被或浆片；柱头常为羽毛状，小花授粉后发育成籽粒。同一花序上的花，开放顺序因作物而不同：由下而上开花的有油菜、花生和无限结荚习性的大豆等；中部先开花，然后向下向上开花的有小麦、大麦、玉米及有限结荚习性的大豆；由上而下开花的有水稻、高粱等（图 11-6，图 11-7）。

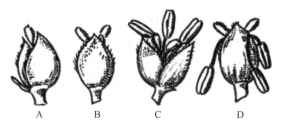

图 11-6　高粱开花过程（引自李建民和王宏富，2010）
A. 颖片张开；B. 柱头露出；C. 花药伸出；D. 授粉合颖

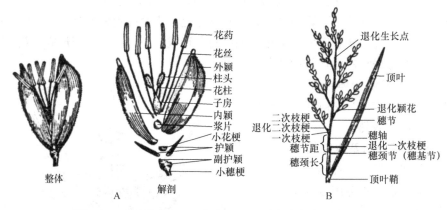

图 11-7　水稻的花（A）和穗（B）（引自李存东，2007）

2. 开花、授粉和受精　　当雌蕊和雄蕊发育成熟时，花被打开，雌雄蕊露出，花粉散放，完成传粉过程。然后花粉管萌发，通过花柱进入子房（胚囊），发生双受精作用，即花粉粒中一个精细胞与卵细胞结合后发育成胚，另一个精细胞与极核结合后发育成胚乳，从而完成有性生殖过程。

花粉囊散出的花粉借助于一定的媒介力量被传送到同一朵花或另一朵花的柱头，称为授粉。花粉落到同一朵花柱头上称为自花授粉，有些作物是严格自花授粉的，如水稻、小麦、大麦、大豆、豌豆、花生。一朵花的花粉落在另一朵花柱头上称为异花授粉，如苎麻、大麻、白菜型油菜、玉米等。棉花、高粱、蚕豆等作物属于常异花授粉作物。传送花粉的外力有风、动物、水等。

（六）果实与种子

1. 基本结构　　果实是被子植物的雌蕊经过传粉受精，由子房或花的其他部分（如花托、花萼等）参与发育而成的器官。果实一般包括果皮和种子两部分，其中，果皮又可分为外果皮、中果皮和内果皮。种子起传播与繁殖的作用。在自然条件下，也有不经传粉受精而结实的，这种果实没有种子或种子不育，故称无籽果实（如无核蜜橘、香蕉）。此外，未经传粉受精的子房，由于某种刺激（如萘乙酸或赤霉素等处理）形成果实，如番茄、葡萄，也是无种子的果实。果实的种类繁多，果皮的结构也各不相同。

2. 生理生化变化　　在果实的生长发育过程中，除形态与结构上的变化外，还伴随有复杂的生理生化变化，其中肉质类果实的变化尤为明显。具体如下。

（1）颜色 果实色泽是果实品质鉴定的重要标记之一，其色泽与果皮中所含色素有关。主要的色素有叶绿素、类胡萝卜素、花青素等。由于果实中色素的含量与种类不同，其所呈现的色泽也不相同。通常较强的光照与充足的氧气，对花青素的形成有利，因此果实着色在向阳的一面效果较好。此外，乙烯、B9、萘乙酸等也可促进果实的着色，而生长素、赤霉素、细胞分裂素等能使果皮保持绿色，推迟着色。因此，生产上常利用这些激素保鲜，提高果实耐贮运能力。

（2）质地 在果实的成熟过程中，果皮的质地逐渐由硬变软，主要原因是果皮细胞壁中可溶性果胶增加，原果胶减少，使细胞间失去了结合力，以致细胞分散，果肉松软。果肉细胞壁的成分不同，以及果肉中石细胞的多寡等都会影响果肉的硬度。温度，以及乙烯、萘乙酸等激素和生长调节剂均能降低果实的硬度。

（3）香气 在果实的成熟过程中，会产生一些水果香味，主要成分包括脂肪族与芳香族的酯，还有一些醛类。柑橘中有 60 多种香气成分；葡萄、苹果中达 70 多种。香蕉的特殊香味主要是因为含有乙酸戊酯；橘子中的香味则是因为含有柠檬醛。

（4）糖类 果实中积累的淀粉，在成熟过程中逐渐被水解，转变为可溶性糖，使果实变甜变软。果实中的主要糖类有葡萄糖、果糖和蔗糖。不同果实糖的种类及含量不同。例如，葡萄含葡萄糖多；桃、柑橘以蔗糖为主；柿、苹果等含葡萄糖和果糖较多，也含有少量的蔗糖。

（5）有机酸 在未成熟果实中含有多种有机酸，使水果具有酸味。主要的有机酸有苹果酸、柠檬酸和酒石酸等。随着果实的成熟，一部分酸转变成糖，有的被氧化，有的被钾离子和钙离子等中和使酸味下降。苹果中以苹果酸占多数，柑橘以柠檬酸为多，葡萄则以酒石酸为主。

（6）单宁 在柿、李等果实未成熟时，由于细胞液中含有较多的单宁物质，因此有涩味。在果实成熟过程中单宁被过氧化物酶氧化成无涩味的过氧化物，或凝集成不溶于水的胶状物质，而使涩味消失。生产上用乙烯利处理柿子，即可脱涩转红。

（7）人工控制果实成熟 在果实成熟过程中，生理上首先出现呼吸强度降低，继而进入一个突然升高的呼吸跃变期，接着又降下来，最后果实成熟。人们一般利用乙烯利处理果实，诱导呼吸跃变期的到来，从而促进果实的成熟。相反，如果延长果实的贮藏期，可在贮藏处采用降低氧的含量、提高二氧化碳的浓度（或充氮气）及控制一定温度等措施，以延缓呼吸跃变期的到来。利用这种控气法贮藏香蕉、番茄和柿子等均已取得显著效果。

3. 种子 作物胚囊内的受精卵产生合子，经球形胚、心形胚、鱼雷胚和成熟胚4 个发育阶段，形成具有胚根、胚轴、胚芽和折叠子叶的成熟胚，即种仁部分。胚发育的同时，初生胚乳核细胞增殖发育形成胚乳。

六、作物的生命周期与年生命周期

（一）一年生作物的年生命周期（以水稻为例）

水稻的一生可分为营养生长期和生殖生长期。营养生长期是从水稻分蘖开始，以分蘖终止为结束，分为幼苗期和分蘖期；生殖生长期从幼穗分化开始，直至水稻成熟为止，分为长穗期和结实期（图 11-8）。水稻的营养生长期和生殖生长期之间有着相互联系、相互制约的关系，协调两者的关系是获得水稻高产栽培的重要保证。

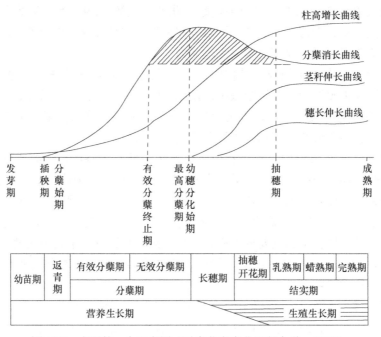

图 11-8　水稻的一生示意图（引自北京农业工程大学，1988）

各时期的生长发育特性如下。

（1）幼苗期　　是指从种子萌动起到三叶期为止的一段生育时期。干燥的稻种必须吸收本身干重 25%～30%的水分才能开始萌动。发芽的最低温度，籼稻为 12℃，粳稻为 10℃，最适温度为 30～32℃，最高温度为 40～42℃。种子萌动时进行着强烈的呼吸作用，需要有一定的氧气，萌动时若氧气不足，则进行无氧呼吸，将产生大量的有毒气体，会使种子萌发受阻。

种子萌发后最先长出的是一条种子根。当第 1 片完全叶出现后，在芽鞘节上依次长出 5 条不定根，一般称为鸡爪根，起稳苗作用。长出第 2、3 片完全叶时，在不完全叶节上又长出 5～8 条不定根（图 11-9）。幼苗生长最适宜的温度为 20～25℃，高于 32℃，幼苗生长迅速，但苗高与干重比下降。

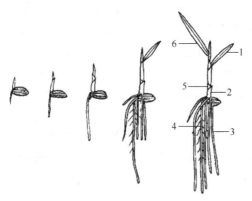

图 11-9　水稻幼苗期发根出叶过程
（引自北京农业工程大学，1988）
1. 第 1 片完全叶；2. 芽鞘；3. 不定根；
4. 种子根；5. 不完全叶；6. 第 2 片完全叶

（2）分蘖期　　是指从幼苗第 4 片完全叶起到分蘖终止的一段生育时期。这一时期的主要特点是发生分蘖，是决定有效穗数多少的关键时期。同时大部分叶片与根系也在这个时期发生与生长，因此也是为穗分化奠定物质基础的主要时期。

稻茎一般有 11～18 个节，除穗颈节外，每个节上都着生一片叶，叶腋均有一个腋芽，分蘖是由茎基部的腋芽（即分蘖芽）在适宜的条件下长出来的。通常在分蘖节位（最低分蘖节位）——第 1 完全叶节最早发生，在伸长节下方的第一个节（最高分蘖节位）最迟发生。在移栽情况下，茎秆最下 1～3 节只长根、长叶，不发生分蘖。露出地面的上部 4～6 个节的节间可以伸长，一般也不发生分蘖，称为伸长节。只有接近地表的几个密集茎节，由腋芽长出分蘖，称为分蘖节。凡由主茎直接生出的分蘖，称为第 1 次分蘖，由第 1 次分蘖茎生出的分蘖称为第 2 次分蘖，依次类推。分蘖在茎节上着生的节位称蘖位，如主茎第 6 叶位上发生的分蘖称 6 位蘖，第 7 位上发生的分蘖称 7 位蘖。

据研究，水稻分蘖期间，若叶片含氮量高于 3.5%，分蘖旺盛，降至 2.5%，分蘖趋于停止。磷酸含量在 0.25%以下或钾含量在 1.0%以下，都会使分蘖停止。因此，插秧后早施速效肥料，可促使稻苗早发根和早分蘖。

（3）长穗期　　是指从幼穗开始分化到抽穗前的一段生育时期。这一时期既分化幼穗，形成生殖器官，又完成根、茎、叶等营养器官的生长。稻种萌发后，即在胚轴顶部长出主茎，形成茎节，但节间很短，不伸长，当地上部 4～6 个伸长节间逐渐伸长达1.5～2cm 时称为拔节。一般早稻在幼穗开始分化之后拔节，称为重叠型；中稻拔节与幼穗开始分化同时进行，称为衔接型；晚稻在幼穗开始分化之前拔节，称为分离型。

长穗期是决定每穗粒数的时期，这一时期前期适度晒田，促进根系生长，防止郁闭，可控制氮素吸收和叶片生长，对茎鞘内碳水化合物的积累有利；后期根据稻株长相，适量追施保花肥，采取浅水灌溉，对颖花生长有利，但若温度过低，则应短期灌深水保温，以防颖花退化。

（4）结实期　　是指从抽穗开始至成熟的一段生育时期，即转入以长粒为主的生殖生长阶段。稻穗一般在抽穗当天或第二天开始开花。全穗开花顺序为主茎先开花，后各个分蘖依次开花。一个稻穗自上部枝梗依次向下开放。一个枝梗上，顶端的第 1 朵颖花先开，接着是枝梗最基部的颖花开放，再依次向上，以第 2 朵颖花开放最迟，先开的颖花称强势花，后开的称弱势花，处于弱势部位的颖花产生青米或不实粒的情况较多。

（二）多年生作物的年生命周期（以果树为例）

1. 果树生命周期的概念　　果树一生经历萌芽、生长、结实、衰老、死亡的过程，称为果树的生命周期。

2. 果树生命周期的类型　　根据果树的不同来源，生命周期可分为以下两类。

（1）实生繁殖的果树的生命周期　　实生繁殖是指播种繁殖。这类树主要包括一些实生选种的育种材料、砧木树及核桃、板栗等特殊果树，这类果树的一生经历胚胎阶段及从胚胎形成到种子成熟阶段、幼年阶段、成年阶段、衰老阶段、死亡。所以实生树的生命周期又可划分为胚胎期、幼年期、成年期、衰老期 4 个阶段。

实生树的生命周期和 1～2 年生作物的明显区别表现在：①果树的幼年阶段比较长，1～2 年生作物当年或第二年开花，而果树一般则需要多年。②果树结果后，能继续结果多年，1～2 年生仅一年。③果树生命周期长，如桃和李为 20～30 年，柿、枣、板栗可达 200 年，核桃为 300～400 年，荔枝、银杏可达 500 年以上。

（2）营养繁殖的果树的生命周期 营养繁殖即通过嫁接、扦插、压条、组织培养等方法获得的植株体，如苹果/海棠、梨/杜梨、葡萄扦插、石榴压条等，这是果树的主要来源，它繁殖时所用接穗一般取自开花结果的树体，是成熟母体的延续，所以是以营养生长为主的幼龄期。

3. 果树年生命周期的概念 一年中有春夏秋冬，果树有春花秋实，一年中有夏热冬寒，果树有夏长冬眠。随一年中气候而变化的生命活动过程称为年生命周期。

落叶果树春季随着气温升高，果树萌芽展叶，开花坐果，随着秋季的到来，叶片逐渐老化，进入冬季低温期落叶休眠，从而完成一个年生命周期；常绿果树，冬季不落叶，没有明显的休眠期，但冬季的干旱及低温导致减弱或停止营养生长，一般认为这属于相对休眠性质。因此，年生命周期可明显地分为生长期和休眠期。

4. 意义 研究果树的年生命周期，可以为调控果树的生长发育提供依据，如苹果枝条生长最快时期在 7～8 月，会对树体生长结果产生不良影响，因此应采取农业技术措施控制其徒长，不同地区，立地条件不同，果树的生长发育也有所差异，指导生产时必须明确指出地区。

（三）物候期

1. 物候期的概念 与季节性气候变化相适应的果树器官的动态变化时期，称为生物气候学时期，简称物候期。

2. 物候期的类型 果树器官动态变化的范围可以较大，如开花坐果，也可以较小，因此果树的物候期有大物候期和小物候期之分。一个大物候期可以分为几个小物候期。例如，开花期可以分为初花期、盛花期、落花期等。从大物候期来看，可以分为以下几个物候期：①根系生长物候期；②萌芽展叶物候期；③新梢生长物候期；④果实生长物候期；⑤花芽分化物候期；⑥落叶休眠物候期；⑦开花物候期等。

3. 物候期的特点

（1）顺序性 在年生命周期中，每个物候期都是在前一个物候期通过的基础上才能进行，同时又为下一个物候期奠定基础。例如，萌芽是在芽分化基础上进行的，又为抽枝、展叶做准备；坐果以开花为基础，又为果实发育做准备。

（2）重演性 在一定的地域条件下，物候期可以重演。例如，苹果一般在 4 月开花，由于病虫害造成 6～7 月大量落叶，落叶后又可开二次花；葡萄可以开二次花、三次花等。

（3）重叠性 表现为同一时间和同一树上可同时表现多个物候期。例如，春季，地下部根系生长，地上部萌芽、展叶，夏季要进行果实生长，又要进行花芽分化、枝条生长等。

4. 影响物候期进程的因子

（1）树种、品种特性 树种、品种不同，物候期进程也不同。例如，开花物候期，苹果、梨、桃在春季开花，而枇杷则在冬季开花，金柑在夏秋季多次开花，苹果在秋季开花，而樱桃则在初夏开花。同一树种，不同品种的物候期也不同。例如，'红富士'在10月下旬11月初成熟，而'藤牧一号'则在7月初成熟；桃'春蕾'在6月初成熟，'绿化9号'在8月底9月初成熟。

（2）气候条件　　气候条件改变会影响物候期进程。例如，早春低温，延迟开花，花期干燥、高温，开花物候期进程快；干旱会影响枝条生长和果实生长等。

（3）立地条件　　通过影响气候而影响物候。①纬度：每向北推进 1°，温度降低 1℃左右，物候期晚几天。②海拔：海拔每升高 100m，温度降低 1℃左右，物候期晚几天。③生物影响：包括技术措施等，如喷施生长调节剂、设施栽培、病虫危害等。

物候特性产生的原因是在原产地长期生长发育过程中所产生的适应性。因此，在引种时必须掌握各品种原产地的土壤气候条件、物候特性及引种地的气候土壤状况等资料。

（四）整个生命周期中的特点及对应增产增收的农业措施

生产上根据果树一生中的生长发育规律变化，可将栽培的果树分为 3 个年龄时期，即幼龄期、结果期（包括初花期、盛花期、结果后期）和衰老期。根据各个时期的特点，采取相应的技术措施，以促进和控制其生长及发育的进程，达到栽培的目的。

1. 幼龄期　　从苗木定植到开始开花结果这段时期称为幼龄期。

（1）特点　　①地上部和根系的离心生长旺盛，生长量大。②长枝所占比例高而短枝少。③枝条多趋向直立，树冠往往呈圆锥形或长圆形，由于生长旺盛而生长期长。④往往组织不充实，影响越冬能力。

这一时期的长短因树种、品种、栽培形式及技术等不同而有明显差异，一般苹果和梨为 3～6 年，桃、枣、葡萄等为 1～3 年，杏和李子为 2～4 年。

（2）技术措施

1）为根系的扩大创造条件：在栽植前和建园后的最初几年内要进行土壤改良和提高土壤肥力，采取的技术措施包括深翻扩穴、供应肥水等。

2）做好整形工作，尽快成形和形成牢固的骨架：这一阶段实行轻剪多留枝，增加枝量。

3）缩短生长期，提早结果：在轻剪长放多留枝的基础上，采取系列技术措施如摘心、环割、环剥、扭梢等且不配合生长调节剂的应用，可以缩短生长期，提早结果。目前幼树提早结果的实例很多。例如，杏第二年结果、苹果第四年结果，亩产可达 6000 斤[①]。

4）做好冬季防寒工作，特别是对一些生长旺盛品种，在 1～2 年做好防寒工作，采取的技术措施有埋土防寒、培月牙埂、喷布防寒剂等。

2. 结果期　　结果期又可分为初花期、盛花期和结果后期 3 个时期。

（1）初花期　　是指开始结果到大量结果以前的时期。

1）特点：①根系和树冠的离心生长加速，可能达到或接近最大的营养面积。②枝类比发生变化，长枝比例减少，中短枝比例增加。③随结果量的增加，树冠逐渐张开。④花芽形成容易，产量逐渐上升，果实逐渐表现出固有品质。

---

① 1 斤=0.5kg

这一时期的栽培任务是在保证树体健康生长的基础上，迅速提高产量，争取早期丰产。

2）技术措施：①合理供应肥水，保证根系和地上部的正常生长，继续扩大树冠，并增加结果部位。②继续完成整形工作，并要不断培养结果枝组。③做好花果管理，授粉不良的果园（授粉树配置不合理、授粉树花少等）应搞好人工授粉、花期喷硼、花期环剥等工作。

（2）盛花期　　是指大量结果的时期，从果树开始大量结果到产量开始下降为止。

1）特点：①离心生长逐渐减弱直至停止，树冠达到最大体积。②新梢生长缓和，全树形成大量花芽。③短果枝和中果枝比例大，长枝量少，产量高，质量好。④骨干枝开张角度大，下垂枝多，同时背上直立枝增多。⑤由于树冠内膛光照不良，枝条枯死引起光秃，造成结果部位外移。随着枝组的衰老死亡，内膛光秃。

2）技术措施：目标为延长盛果期。①加强土肥水管理，使树势健壮。增施有机肥，在此基础上平衡施肥，一般斤果斤肥、斤果斤半肥或斤果二斤肥，根据产量而定。②合理修剪，此阶段应注意以下几个问题：一是解决光照，落头开天窗，解决上部光照问题，疏枝解决侧部透光问题，回缩解决下部着光问题。二是结果枝组更新复壮，对结果枝组应进行细致修剪，如在'国光'苹果上强调3套枝修剪，一套预备枝，一套结果枝，一套育花枝，一定要调整营养枝与结果枝的比例。三是注意大小年修剪问题，大年时多留花芽，小年时少留花芽。四是精细花果管理，包括人工授粉、疏花疏果、果实套袋等。五是加强病虫害防治，因为此时是生产出的果实品质最佳的时期，一定要加强病虫防治，以免高产不高效。在'红富士'苹果上要防治轮纹病，梨上防治黑星病、黄粉虫、梨木虱等。通过以上措施，尽量延长盛花期。

（3）结果后期　　从高产稳产开始、出现大小年直至产量明显下降的时期。

1）特点：①主枝、根开始衰枯并相继死亡。②新梢生长量小。③果实小、品质差。

2）技术措施：①加强肥水管理。②合理修剪，适当回缩刺激发枝。③花果管理，注意疏花、疏果。

3. 衰老期　　衰老期是指从产量明显降低到植株生命终结为止的时期。

（1）特点　　①新梢生长量极小，几乎不发生健壮营养枝。②落花、落果严重，产量急剧下降。③主枝末端和小侧枝开始枯死，枯死范围越来越大，最后部分侧枝和主枝开始枯死。④主枝上出现大的更新枝。

（2）技术措施　　主要是培养和利用更新枝尽快恢复树冠，达到一定的产量。当更新后的树冠再度衰老时，已失去栽培经济价值，需要彻底伐树。

第二节　作物的产量及产量形成

一、作物的产量

单位面积土地生产的作物产品数量即作物产量。

（1）生物产量　　作物利用太阳能，通过光合作用同化 CO_2、水和无机物质，进行物质和能量的转化与积累，形成各种各样的有机物质。作物在整个生育期生产和积累有机物质的总量，即整个植株（一般不包括根系）的干物质重量称为生物产量。组成作物体的全部干物质中，有机物质占总干物质的 90%～95%，其余为矿物质，光合作用形成的有机物质的积累是作物产量形成的主要物质基础。

（2）经济产量 是指单位面积上所获得的有经济价值的主产品数量，即生产上的产量。由于人们栽培所需要的主产品不同，不同作物所提供的产品器官也各不相同。例如，禾谷类、豆类和油料作物的主产品是籽粒；薯类作物的产品是块根或块茎；棉花是种子上的纤维；黄麻、红麻是茎秆的韧皮纤维；甘蔗为蔗茎；甜菜为肉质根；烟草和茶叶是它们的叶片；绿肥、饲料作物是全部茎叶。

（3）经济系数 一般情况下，作物的经济产量仅是生物产量的一部分。在一定的生物产量中，获得经济产量的多少，要看生物产量转化为经济产量的效率，这种转化效率称为经济系数或收获指数，即经济产量与生物产量的比例。在正常情况下，经济产量的高低与生物产量成正比，尤其是以收获茎叶为目的的作物。收获指数是综合反映作物品种特性和栽培技术水平的指标。

不同类型作物的经济系数差异较大（表 11-3），这与作物所收获的产品器官及其化学成分有关。一般，薯类、烟草等以营养器官为主产品的作物，形成主产品的过程简单，经济系数高。禾谷类、豆类、油菜籽等以生殖器官为主产品的作物，经济系数低。同样是收获种子的作物，主产品的化学成分不同，经济系数也不同。以碳水化合物为主的，形成过程中消耗的能量较少，经济系数较高；然而产品以蛋白质和脂肪为主的，形成过程中消耗的能量较多，经济系数较低。

表 11-3 不同作物的经济系数（引自董钻，2000）

作物	经济系数	作物	经济系数
水稻、小麦	0.35～0.50	大豆	0.25～0.35
玉米	0.30～0.50	子棉	0.35～0.40
薯类	0.70～0.85	皮棉	0.13～0.16
甜菜	0.60～0.70	烟草	0.60～0.70
油菜	0.28	叶菜类	1.00

二、产量构成因素

（一）作物产量和光合作用

作物产量的形成是作物整个生育期内利用光合器官将太阳能转化为化学能，将无机物转化为有机物，最后转化为具有经济价值的收获产品的过程。因此，光合作用是产量形成的生理基础。光合作用与生物产量、经济产量的关系式如下。

生物产量＝光合面积×光合强度×光合时间－消耗量（呼吸、脱落等）

经济产量＝生物产量×经济系数

由以上公式可以发现，利用适宜的光合面积、提高光合强度、有效地延长光合时间、减少消耗量、提高经济系数等均可提高产量。

（1）光合面积　　光合面积是指作物上所有的绿色面积，包括具有叶绿体、能进行光合作用的各部位（禾谷类包括幼嫩的茎、叶片、叶鞘、颖片；豆科作物包括幼嫩的茎、叶、枝、豆荚；棉花的叶、嫩茎、苞叶、花瓣、蕾和幼铃等），但主要是叶面积与产量的关系最密切，是最易控制的部分。

（2）光合强度　　光合强度也称为光合速率，是指单位时间内单位叶面积吸收、同化二氧化碳的量数 $[mg/(dm^2 \cdot h)]$。

外界条件对光合强度的影响有光照强度、温度、二氧化碳浓度、水分、营养条件等。

（3）光合时间　　作物的有效光合时间与作物的生育期长短、日照时数、太阳辐射强度及叶片有效功能期长短有密切关系。

在同一地区，一般选用生育期较长（较晚熟）的品种，采用早播、早栽、早管、促进早发等措施，充分利用生长期，其产量明显高于早熟品种。作物叶片有一定的寿命，叶片定型一定时间后，叶片光合强度下降，叶片变黄进入衰老期。防止和延缓叶片衰老，延长功能期，可明显增加光合产物的积累。

（4）光合产物的消耗　　光合产物的消耗主要包括呼吸消耗、器官脱落和病虫危害等，对光合产物的累积不利，在生产上应尽量减少消耗量。呼吸作用消耗光合产物的30%左右或更多，但呼吸作用同时又提供维持生命活动和生长所需要的能量及中间产物，因而，正常的呼吸作用是必要的。C_3 作物光呼吸的存在，增加了呼吸消耗量，特别是在二氧化碳浓度较低、光照较强时，光呼吸旺盛。不良环境条件（如高温、干旱、病菌侵染、虫食等）都会造成呼吸增强，超过生理需要而过多地消耗光合产物。温度是影响呼吸消耗最主要的因素，一般温度高，呼吸加速，消耗量增多，尤其是夜温偏高时，呼吸消耗得更多。

（二）作物群体和群体光能利用率

1. 作物群体的概念　　作物群体是指该种作物的多个个体的集合体。大田作物生产的基本形式是以群体为对象进行种植管理。虽然作物群体是由个体所组成的，但不是单纯个体的简单叠加，而是每个个体组合成为一个有机的整体。作物群体具有自身的结构和特性及生理调节功能。

在作物群体中，个体与群体之间、个体与个体之间都存在着密切的相互关系。在作物生产上必须根据作物群体与个体及群体中个体与个体之间的相互关系，采取有效的农业技术措施，调控群体发展过程，提高群体的光合作用与物质生产能力。

2. 群体的特点及内部关系

（1）群体自动调节功能　　水稻、小麦如品种相同，同时播种的植株，在其他条件一致的情况下，密度较大群体的分蘖数目会较早达到高峰，且分蘖高峰维持时间较短；相反，在密度较小的群体中，分蘖高峰到达的时间较晚，且维持的时间较长。这说明分蘖的消长不仅是植株个体特性的表现，还与群体的大小有关。

（2）个体与群体　　群体的结构和特性是由个体数及个体生育状况决定的，而个体的生育状况又反映出群体的影响。这是由于群体内部的温度、光照、二氧化碳浓度、湿度、风速等环境因素，是随着个体数目而变化的。群体内部的环境因素又反过来影响单株数目和个体生长发育。

（3）个体与个体　　群体中每个个体不可能单独占有自身周围的环境，而必须共享。这就导致了群体中的植株个体间对环境条件（光、温、水、肥、空间等）的相互争夺，争夺的结果必然会造成个体间获得量的差异，导致个体间生长发育不平衡，较弱个体生育受抑制，甚至成为无效个体。

3. 群体结构　　作物群体结构主要是指群体的组成、大小、分布、长相、动态变化及整齐度等，与产量和品质有着密切关系，既反映群体的特性，又影响个体的生长发育。

（1）作物群体组成　　作物群体组成是指构成群体的作物种类，以及主茎与分枝（蘖）的比例和分布情况。同一作物组成的群体叫作单一群体，不同种或品种（尤指生育期不同的品种或株高差异大的品种）组成的群体，叫作复合群体，如间作、套作、混作的群体。

（2）群体大小　　作物群体大小的衡量指标有密度、干物质积累量、茎蘖（枝）数、叶面积指数、穗（铃、角、荚）数、根系发达程度等。除密度外，群体大小是随生育进程而动态消长的。

4. 群体分布　　群体分布是指群体内个体及个体各个器官在群体中的时空分布和配置。

（1）时间分布　　时间分布是指随生育进程的群体发展状况。例如，棉花伏前桃、伏桃、早秋桃、晚秋桃就是按时间分布来划分的。这一方面可以反映群体结构的动态发展；另一方面，从这种动态发展与生育进程的同步性与否可反映群体与个体间的关系。复合群体的时间分布与配置还指作物间共生期的长短等。

（2）垂直分布　　垂直分布可分为光合层、支持层和吸收层3个层次。

1）光合层：包括所有叶片、嫩茎、禾谷类作物的穗等部位，在群体的上层。它是制造养分的场所，是群体生产的主体，应得到相应扩展，才能积累大量的有机物质，形成产量。光合层主要涉及叶面积指数、叶片的空间配置、叶片光合作用的特性及功能。

2）支持层：主体是茎秆，其功能是支持光合层，使叶片能有序地排列在空间，扩大中层空间，使空间内部有良好的光照和通风条件。它涉及作物高矮、节间长短和稀密、叶序的排列等。支持层的适宜程度直接影响叶层的发展和功能，进而会影响到产量的形成和高低。

3）吸收层：是指作物的根系。

（3）水平分布　　水平分布主要是指个体分布的均匀度、整齐度、株行距、套作的预留行宽度等。栽培管理上应该保证个体在土地上分布均匀，保证水平分布的合理与得当，可减少作物个体间对光能、水分、养分的竞争，并能改善通风透光条件，从而提高群体光能利用率和产量水平。

5. 作物高产群体的特点　　产量构成因素协调发展，有利于保穗（果）增粒、增重；主茎和分枝（蘖）协调发展，有利于塑造良好的株型，减少无效枝（蘖）的消耗；群体与个体、个体与个体、个体内部器官间协调发展；生育进程与生长中心转移、生产中心（光合器官）更替、叶面积指数（LAI）、茎蘗（枝）消长动态等诸进程合理；叶层受光好，功能稳定，物质积累多，转运效率高。

6. 群体光能利用率 光能利用率是指一定土地面积上光合产物中储存的能量占照射到该土地上太阳辐射能的百分率。它以当地单位土地面积在单位时间内所接受的平均太阳辐射或有效辐射能与同时间内同面积上作物增加的干物质折合成的热量的比值，再乘 100% 来表示。作物群体光能利用率受内外多种因素的影响。

三、作物的产量潜力与增产途径

（一）作物的产量潜力

通常所指的产量潜力是在单位面积土地上，在最优管理条件下（没有水分、养分、病虫害的限制），一个特定品种所能实现的最大产量。对于一个给定的品种和生长季，产量潜力主要取决于当地的光温条件（太阳辐射和温度）。将作物的产量潜力定义为最适条件（不受各种生物和非生物胁迫的影响）下作物的最大光温产量。当前常用的 4 种定量产量潜力的方法包括作物模型模拟、高产纪录、田间试验和高产农户。这些作物的产量潜力与农户实际产量之间的差值，就是产量差。

（二）作物的增产途径

提高作物对太阳能的利用率是农业生产上各种增产措施的主要目的。通常所说的产量是作物群体的产量。作物的产量主要靠光合作用转化光能得来的。作物的光合产量可用下式表示。

$$光合产量＝净同化率×光合面积×光照时间$$

若提高净同化率，增加光合面积，延长光照时间，则能提高作物产量。

1. 提高净同化率 净同化率（NAR）是指一天中在 $1m^2$ 叶面积上所积累的干物质量，它实际上是单位叶面积上白天的净光合生产量与夜间呼吸消耗量的差值。夜间作物的呼吸消耗在自然情况下不容易改变，要提高净同化率就得提高白天的光合速率。光合速率受作物本身的光合特性和外界光、温、水、气、肥等因素的影响，那么控制这些内外因素也就能提高净同化率。

2. 增加光合面积 光合面积，即作物的绿色面积，主要是叶面积，它是对产量影响最大，同时又是最易控制的因子。通过合理密植或改变株型等措施可增大光合面积。

（1）合理密植 就是使作物群体得到合理发展，使之有最适的光合面积、最高的光能利用率，并获得最高收获量的种植密度。种植得过稀，虽然个体发育好，但群体叶面积不足，光能利用率低。种植得过密，一方面，下层叶子光照弱、少，处在光补偿点以下，成为消费器官；另一方面，通风不良造成群体内 CO_2 浓度过低而影响光合速率。另外，密度过大还易造成病害与倒伏，使产量大减。表示密植程度的指标有播种量、基本苗、总茎蘗数、叶面积指数等，其中较为科学的是叶面积指数（LAI）。叶面积指数是指作物的总叶面积与土地面积的比值。在一定范围内，作物 LAI 越大，光合积累量就越多，产量便越高。但 LAI 太大会造成田间郁闭，群体呼吸消耗加大，反而使干物质积累量减少。因此，叶面积指数大小要适宜。

（2）改变株型　　近年来，国内外培育出的水稻、小麦、玉米等高产新品种，差不多都是秆矮、叶挺而厚的株型。种植此类品种可增加密植程度，提高叶面积指数，并耐肥抗倒，因而能提高光能利用率。

3. 延长光照时间

（1）提高复种指数　　复种指数就是全年内作物的收获面积与耕地面积之比。提高复种指数就相当于增加收获面积，延长单位土地面积上作物的光合时间。从播种、出苗至幼苗期，全田的叶面积指数很低，光能浪费得很多。通过轮种、间种和套种等提高复种指数的措施，就能在一年内巧妙地搭配作物，从时间和空间上更好地利用光能。例如，在前茬作物生长后期，在行间播种或栽植后茬作物，这样当前茬作物收获时，后茬作物已长大。例如，麦套棉、豆套薯、粮菜果蔬间混套种等有不少成功的经验。

（2）延长生育期　　在不影响耕作制度的前提下，适当延长生育期能提高产量。例如，对棉花提前育苗移栽，栽后促早发，提早开花结铃，在中后期加强田间管理防止旺长与早衰，这样就能有效地延长生育时间，特别是延长有效的结铃时间和叶的功能期，使棉花产量增加。

（3）补充人工光照　　在小面积的栽培试验中，或要加速重要的材料与品种的繁殖时，可采用生物灯或日光灯作为人工光源，以延长光照时间。

上述是提高光合产量的途径。但作物生产是以获取经济产量为目标的，要提高经济产量，还要使光合产物尽可能多地向经济器官中运转，并转化为人类需要的经济价值较高的收获物质，即要提高经济系数。

第三节　作物的品质及品质形成

一、作物的品质

（一）作物品质的概念

作物品质是指收获目标产品达到某种用途要求的适合度。长期以来，由于我国人均耕地较少，为了解决温饱问题，人们重视产品数量，对质量的重视程度不够。随着我国市场经济的发展、人们生活水平的提高和加入世界贸易组织后国际市场的冲击，人们逐渐认识到农产品质量的重要性，农产品质量已成为影响我国种植业持续发展的重要因素。

根据作物种类和用途的不同，人们对它们的品质要求也各异。一般而言，根据人类栽培作物的目的，可大致将作物分为两大类：一类是为人类及动物提供食物的作物，如各种粮食作物和饲料作物等；另一类是为轻工业提供原料的作物，即各种经济作物。对提供食物的作物，其品质主要包括食用品质和营养品质等方面；对经济作物而言，其品质主要包括工艺品质和加工品质等。

实际上，作物品质的优劣是相对的，它随着人类的需要、科学技术的进步和社会的发展等而发生变化。例如，小麦的品质与加工产品有关，在不考虑加工产品时，其品质主要根据籽粒的容重划分，但要加工制作面包时，要求用强筋小麦（粉质率不低于70%）；制作蛋糕和酥性饼干等食品时则要求用弱筋小麦（粉质率不低于70%）。随着人们生活水平的逐渐提高，作物产品的保健作用将会引起重视。因此，作物品质的评价标准也是相对的，不可能用统一的标准去衡量种类繁多、用途各异的各种作物。

（二）作物品质的评价指标

尽管对作物品质的评价不可能有统一的标准，但随着人们对作物品质研究的深入，逐渐建立了一些评价作物品质优劣的指标。当前，用于评价各种作物品质的指标归结起来主要有形态指标和理化指标两类。

（1）形态指标 形态指标是指根据作物产品的外观形态来评价品质优劣的指标，包括形状、大小、长短、粗细、厚薄、色泽、整齐度等，如大豆籽粒的大小、棉花种子纤维的长度、烤烟的色泽等。

（2）理化指标 理化指标是指根据作物产品的生理生化分析结果评价品质优劣的指标，包括各种营养成分（如蛋白质、氨基酸、淀粉、糖分、纤维素、矿物质等）的含量、各种有害物质（如残留农药、有毒重金属）的含量等。对于某一作物而言，通常以一两种物质的含量为准，如小麦籽粒的蛋白质含量、大豆籽粒的蛋白质和油分含量、玉米籽粒的赖氨酸含量、甘蔗和甜菜的含糖量、油菜籽的芥酸含量、特用作物的特定物质含量等。

（三）作物品质的主要类型

对大多数粮食作物及饲料作物来说，除其产品需要有良好的外观形态品质性质以外，判断其品质优劣的主要指标是理化性状，具体体现在食用品质和营养品质两个方面。而对大多数经济作物而言，评价品质优劣的标准通常为工艺品质和加工品质。

（1）食用品质 作物的食用品质是指蒸煮、口感和风味等的特性。例如，小麦籽粒中含有的面筋是谷蛋白和醇溶蛋白吸水膨胀后形成的凝胶体，小麦面团因有面筋而能拉长延伸，发酵后加热又变得多孔柔软。为此，小麦的食用品质很大程度上取决于面筋的特性，如谷蛋白和醇溶蛋白的含量及其比例等。

（2）营养品质 作物的营养品质主要是指蛋白质含量、氨基酸组成、维生素含量和微量元素含量等。一般来说，有益于人类健康的成分丰富，如蛋白质、必需氨基酸、维生素和矿物质等的含量越高，产品的营养品质就越好。

（3）工艺品质 作物的工艺品质是指影响产品质量的原材料特性，如棉花纤维的长度、细度、整齐度、成熟度、强度等。烟叶的色泽、油分、成熟度等外观品质也属于工艺品质。根据工艺品质的不同，可以将烟叶加工成不同质量的产品，为了保证产品质量的稳定性，必须根据工艺品质对原材料进行分级。不同等级的原材料用于生产不同的产品，做到物尽其用。

（4）加工品质 加工品质是指不明显影响加工产品质量，但又对加工过程有影响的原材料特性。例如，糖料作物的含糖率、油料作物的含油率、棉花的衣分、向日葵和花生的出仁率、稻谷的出糙率和小麦的出粉率等均属于加工品质性状。

二、作物产品品质形成过程

（一）糖类的形成与积累

作物产量器官中储藏的糖类主要是蔗糖和淀粉。蔗糖以液体的形态、淀粉以固体（淀粉粒）的形态积累于薄壁细胞内。蔗糖的积累过程比较简单，即通过叶片等器官形成的光合产物，以蔗糖的形态经维管束输送到储藏组织后，先在细胞壁部位被分解成葡萄糖和果糖，然后进入细胞质合成蔗糖，最后转移到液泡中被储存起来。

淀粉的积累过程与蔗糖有相似之处，光合产物以蔗糖的形式经维管束输送，并分解成葡萄糖和果糖后，进入细胞质，在细胞质内果糖转变成葡萄糖，然后葡萄糖以累加的方式合成直链淀粉或支链淀粉，形成淀粉粒。通常禾谷类作物在开花几天后，就开始积累淀粉。另外，由非产量器官内暂时储存的一部分蔗糖（如麦类作物的茎、叶鞘）或淀粉（如水稻的叶鞘），也能以蔗糖的形态（淀粉需预先降解）通过维管束输送到产量器官后被储存起来。

油菜、花生、大豆等油料作物尽管成熟种子内积累了大量的脂肪，但在种子形成初期却以积累糖类为主，到种子形成后期糖类才转化为脂肪。

（二）蛋白质的形成与积累

豆类作物种子，如大豆种子内含有特别丰富的蛋白质。蛋白质是由氨基酸合成的。在籽粒形成过程中，氨基酸等可溶性含氮化合物从植株的各个部位转移到籽粒中，然后在籽粒中转变为蛋白质，以不溶性蛋白质体的形态储藏于细胞内。在豆类籽粒成熟过程中，荚壳常常能起暂时储藏的作用，即从植株其他部位运输而来的含氮化合物及其他物质先储存在荚壳内，到籽粒形成后期才转移到籽粒中。所以，在豆荚发育早期，荚壳内的蛋白质含量增加；到发育后期，荚壳内的蛋白质则开始降解、转移，含量也就随之下降。

（三）脂类的形成与积累

作物种子中储藏的脂类（脂肪或油分）主要为甘油三酯，它是由甘油与各种脂肪酸在脂肪酶作用下形成的产物，它们以小油滴的状态存在于细胞内。在种子发育初期，光合产物和植株体内储藏的同化产物是以蔗糖的形态被输送至种子后，以糖类的形态积累起来，以后随着种子的成熟，糖类转化为脂肪，脂肪含量逐渐增加。

（四）纤维素的形成与积累

纤维素是作物体内广泛分布的一种多糖，但一般作为植株的结构成分存在。纤维素的积累过程与淀粉的积累过程基本相似，但纤维素不属于储藏物质，一般也不能被人类作为食物利用，是重要的轻工业原料。

（五）一些特殊物质的形成与积累

（1）烟碱　　烟碱是衡量烟草质量的重要指标。烟草中作物碱含量较多，烟株中已鉴定出的作物碱有 45 种，其中主要的有烟碱（又称为尼古丁）、去甲基烟碱、新烟碱等。

（2）硫苷　　菜籽饼粕中的硫苷对菜籽饼粕的利用价值影响较大。不同类型油菜种子的脱脂饼粕中，硫苷含量差异较大，白菜型油菜的硫苷含量最高，甘蓝型最低，芥菜型居中，油菜角果开始形成时，果壳中已含有较多的硫苷，以后逐渐增加。

（3）单宁　　许多作物的籽粒在其外层和胚乳中累积有多酚物质，其中有一种特殊的多酚物质——单宁。单宁是与蛋白质互作并使之沉淀的多酚物质。在作物中有两种单宁，即可水解的单宁和凝聚的单宁。所谓的抗鸟害高粱，就含有相当数量的凝聚性单宁。

（4）维生素　　禾谷类作物的维生素是在营养器官，特别是在叶片中合成的，当这些器官衰老时转运至籽粒。许多维生素的含量，特别是维生素 B_1 和维生素 B_2 的含量在籽粒完熟期比籽粒形成的早期阶段通常高 1.25～2 倍，而类胡萝卜素（维生素 A）的含量却急剧降低。维生素 B_1 在籽粒中分布得极不均衡，大多数分布在胚的盾片和靠近盾片的胚乳细胞。

第四节　影响作物品质的因素

一、遗传因素

（1）常规育种与作物品质的改良　　作物品质的诸多性状（如形状、大小、色泽、厚薄等形态品质，蛋白质、糖分、维生素、矿物质含量及氨基酸组成等理化品质）都受到遗传因素的控制。因此，可以采用育种方法来有效地改良作物品质。但值得注意的是，大多数品质性状受许多具有累加效应的微效基因或基因群控制，遗传规律比较复杂，因而在作物品质改良时，有时效果差。例如，小麦的蛋白质含量在 F_1 代有各种类型的遗传表现，但多数情况下为中间型，一般倾向于低值亲本。

作物品质改良的主要障碍是品质与产量存在相互制约关系。例如，禾谷类作物的蛋白质含量与产量、油料作物的含油量与产量、棉花纤维强度与皮棉产量之间常呈负相关关系。虽然这种关系并不是绝对的，但会加大品质改良的难度，既高产又优质的作物新品种是作物品质改良的重点发展方向。

（2）利用生物技术改良作物品质　　生物技术可将一些用传统育种方法无法培育出的性状通过基因工程的手段引入作物。例如，将单子叶作物中的性状导入双子叶作物中，或将双子叶作物中的性状导入单子叶作物中，以提高作物的营养价值；改进食用和非食用油料作物的脂肪酸成分；引入甜味蛋白质改善水果及蔬菜的口味等。

人类和多数动物都不具有合成某些氨基酸如赖氨酸等的能力，因此必须从食物中获取这些必需氨基酸。谷物和豆类是人类食物的主要来源，但种子所储存的蛋白质中所含的氨基酸种类有限，特别是赖氨酸等必需氨基酸含量偏低，严重影响作物产品的品质。科学家在如下方面开展了品质改良工作：①将某作物的特定基因转到另一作物中，以提高相应作物中特定物质的含量。例如，通过分析发现，玉米的 β-菜豆蛋白富含蛋氨酸，将此蛋白基因转入豆科作物中，就可以大大提高豆科作物种子储存蛋白的蛋氨酸含量，而蛋氨酸正是豆科作物种子储存蛋白所缺少的成分。②对种子储存蛋白的编码基因进行改造，使其氨基酸组成发生改变。③用基因工程的方法提高种子中某种氨基酸的合成能力，从而提高相应的氨基酸在储存蛋白中的含量。例如，可以对赖氨酸代谢途径中的各种酶进行修饰或加工，从而使细胞积累更大量的赖氨酸。

（3）品质优异的作物种质资源的利用　　随着市场经济的发展，人们越来越重视对品质优异的作物种质资源的利用。例如，高油玉米新品种选育的材料主要来源于普通玉米，除含油量高以外，高油玉米的其他生物学特性与普通玉米差别很小。

籼稻的直链淀粉含量通常明显高于粳稻，但当高直链淀粉含量品种与低含量品种杂交时，F_1 代的直链淀粉含量表现为中等含量，且不能固定遗传下去，因此在水稻淀粉性质改良时一定需要一个直链淀粉含量中等的品种作亲本。

二、环境因素

实践证明有很多品质性状都受环境条件的影响，这是利用栽培技术改善作物品质的理论基础。

（一）光照

由于光合作用是形成作物产量和品质的基础，因此光照不足会严重影响作物的品质。例如，南方麦区的小麦品质差，其原因之一就是春季多阴雨，光照不足引起籽粒不饱满，籽粒容重低。

日照长度也会对作物品质造成影响。韩天富等（1997）的研究证明，长日照下大豆蛋白质含量下降，脂肪含量上升。在脂肪中，棕榈酸和油酸所占比例下降，亚油酸和亚麻酸所占比例有所升高。春小麦的蛋白质含量、湿面筋含量、沉降值和降落值与抽穗至成熟期的平均日照时数均呈正相关（曹广才等，2004）。

黄静艳等（2018）以主栽甘薯品种'心香'为材料，采用水培方式研究了不同光照强度和光周期对薯芽菜品质的影响，以期筛选出生产薯芽菜的最优光照强度和光周期，为商业化生产提供理论依据。光照强度处理试验结果表明，随着光照强度的增强，薯芽菜可溶性蛋白、类胡萝卜素含量升高，硝酸盐含量降低，叶色变绿，硬度变大，咀嚼性变差。

王婷婷等（2016）的研究表明，相比于无光照的对照（CK），蓝光（LED）处理茶叶有利于提高乌龙茶'雨水青'的净光合速率，以及茶叶水浸出物、可溶性总糖含量，并能降低酚氨比，提高毛尖茶的品质。

（二）温度

对禾谷类作物来说，灌浆结实期温度过高或过低均会降低粒重，影响品质。例如，水稻遇到 15℃以下的低温，会降低籽粒灌浆速度；超过 35℃的高温，又会造成高温催熟，影响产量与品质。曹广才等（2004）的研究表明，春小麦籽粒蛋白质含量与抽穗至成熟期的平均气温呈极显著正相关，与平均昼夜温差呈负相关。湿面筋含量与同期平均日均温呈正相关，日平均气温在 30℃以下，随着温度的升高、面团强度的增强，面包烘烤品质得到改良。

气候冷凉和温差较大的地区有利于大豆油分的积累；亚麻和油菜籽的含油量则在较低温度（10℃）时最高（分别为 46.6%和 51.8%），并随着温度的升高而降低；向日葵和蓖麻对温度的影响呈曲线反应，在 21℃时含油量最高（40.4%和 51.2%），而在较高和较低温度下的含油量较低。

棉纤维的发育需要较高的温度，日平均温度低于 15℃，纤维就不能伸长，低于 21℃，还原糖不能转化为纤维素。棉花的秋桃一般品质较差，主要与温度已经下降有关。

作物品质的形成是品种遗传特性和环境条件综合作用的结果。谢立勇等（2018）旨在明确 CO_2 浓度和温度水平对水稻品质的影响程度。结果显示：随着 CO_2 浓度和温度的增高，稻米的加工品质和外观品质各指标均有下降趋势；蒸煮品质指标先上升，在 CO_2 浓度为 500mg/kg 时达到最大值，然后下降；营养品质指标变化比较复杂，糖含量上升，脂肪含量下降，蛋白质含量先上升后下降，在 CO_2 浓度为 500mg/kg 时达到最大值。总体上，CO_2 浓度和温度增高对稻米品质的负面影响更大，特别是在加工品质和外观品质方面。

（三）水分

作物品质的形成期大多处于作物生长发育旺盛期，因此需水量多，耗水量大。如果此时遭遇水分胁迫，一般都会明显降低品质。我国北方小麦灌浆后期常遇干热风天气，如果供水不足，就会严重影响粒重。相反，水分过多，则会抑制根系的生理功能，从而影响地上部分的物质积累和代谢，降低品质。研究者认为，小麦籽粒蛋白质含量一般与降水量或土壤水分含量呈负相关。成熟期过多的降水会降低面筋的弹性，以至降低面包的烘烤品质。

农业灌溉水资源短缺和土壤盐渍化加深已成为制约河套灌区农业可持续发展和生态环境建设的重要因素，在水资源问题日益严重的背景下，减少大田耗水型作物，增加节水型经济作物种植比例也已经成为河套灌区缓解水资源供需矛盾、促进农民增收的重要措施。经济作物的品质随着人们食品安全意识的增强而备受重视，因此推行微咸水结合调亏灌溉的新型水盐协同调控灌溉模式可能会得到越来越多的关注。

在土壤湿度过大（饱和湿度的 90%）的土中，烟叶的产量大受抑制，尼古丁和柠檬酸含量也降低，土壤水分不足（饱和湿度的 30%）将降低烟叶产量，但叶中尼古丁含量则大大增加。

干旱对大豆籽粒品质的影响包括对外观品质和内在品质的影响，大豆鼓粒期受旱，籽粒重量降低，体积缩小，种皮增厚，硬实比率增加；同时会使籽粒蛋白质含量增加，油分含量下降。

（四）大气污染

大气污染是环境治理中的重点问题，随着工业的发展，大气污染问题日益严重，不但对人体可以造成直接的危害，也会危害到作物的生长，影响到作物的产量和质量。所谓农田大气污染，是指向农田大气排放的各种污染物的数量，超过了大气稀释、净化能力，使大气质量恶化，对作物直接或间接造成不良的影响。各种形式的大气污染达到一定程度时，直接影响农作物、果树、蔬菜、饲料作物的正常生长，导致农业生产的经济损失。

用模拟试验研究烟尘对大白菜品质及产量影响的结果表明，烟尘对大白菜生物学性状、生理功能、产量与品质均有不同程度的影响。差异显著与差异极显著临界降尘量分别为 457t/（km^2/月）和 657t/（km^2/月），对应的大白菜减产幅度分别为 16.6%和 30.0%，可溶性糖含量分别降低 16.7%和 31.0%，粗蛋白质含量分别降低 15.0%和 15.9%（傅嘉媛等，2004）。

（五）土壤

通常肥力高的土壤和有利于作物吸收矿质营养的土壤，常能使作物形成优良品质的产品。例如，酸性土壤施用石灰改土，可起到明显提高作物蛋白质含量的作用。

土壤、肥料是影响花生品质的重要因素之一。张吉民等（2003）分别对在不同类型的土壤和施用不同肥料处理的花生进行了化验分析，主要测定了总糖、蔗糖和脂肪酸含量。结果表明，在壤土、砂土上种植的花生总糖和蔗糖含量明显地比在黏土上种植的花生高些；种植在砂土上的花生油酸/亚油酸率（O/L）最高，黏土上的次之，壤土上的最低。施用农家肥和 N、P、K 三元复合肥有利于提高花生的总糖、蔗糖含量；不论施用何种肥料，对花生脂肪酸成分和 O/L 均没有很大的影响。

三、栽培技术措施

合理的栽培技术能起到提高产量和改善品质的作用，但过于偏重高产的、不合理的栽培技术也会导致作物品质的下降。

（一）种植密度和播种期

对于大多数作物而言，适当稀植可以改善个体营养，从而在一定程度上提高作物品质。当前，生产上常常出现因种植密度过大、群体过于繁茂，引起后期倒伏，导致品质严重下降的现象。但是，对于收获韧皮部纤维的麻类作物而言，在不造成倒伏的前提下，适当密植可以抑制分枝生长、促进主茎伸长，从而起到改善品质的效果。

种植密度对烟叶品质的影响也很显著。由于烟草植株中部叶片多为优质烟叶，叶片大，单位叶面积重量大，组织细致，厚薄适中，干物质含量高，糖分高，有弹性，烟碱含量适宜，香味好。因此，种植过密，则品质降低；种植过稀，虽叶片大而重，但含蛋白质和烟碱较多，品质也不良。

播种期不同，植株生育和物质形成所遇到的温、光、水等条件也不同，这些条件的变化会对作物的品质产生很大的影响。例如，有研究表明，播种越早，大豆籽粒的蛋白质含量越高，油分含量越低，碘价也越低。播种期不仅会影响大豆油分的含量，而且会影响脂肪酸的组成。与夏播相比，春播棕榈酸、硬脂酸、亚油酸、亚麻酸含量较低，油酸含量却与之相反，春播高于夏播。红麻推迟播种，主要表现是红麻茎秆中髓的比例随播种期的推迟而明显增加，细浆得率明显降低。例如，随着小麦播期的推迟，籽粒蛋白质含量逐渐增加，面筋拉力逐渐增大，但不是越晚越好。

（二）施肥

一般认为施用较多有机肥时，作物品质较好，过量施用化肥使作物品质变差，而且会因化肥中有毒物质的残留影响人们的健康。

从肥料种类来看，适量施用有机肥或化肥都能在不同程度上影响作物品质。高产优质的地块应强调有机肥与化肥配合施用。实践证明，大豆单施有机肥可使籽粒的含油量下降，而在施有机肥基础上再施磷肥、磷氮肥、磷钾肥，均可提高大豆籽粒的含油量。在所有的肥料中，一般氮肥对改善品质的作用最大。特别是在地力较差的中低产田，适当增施氮肥和增加追肥比例通常能提高禾谷类作物籽粒的蛋白质含量，起到改善品质的作用。譬如，小麦籽粒蛋白质含量和赖氨酸含量均随施氮量的增加而提高。

（三）灌溉

根据作物需水规律，适当地进行补充性灌溉常能改善植株代谢，促进光合产物的积累，因而能改善作物的品质。对于大多数旱田作物来说，追肥后进行灌溉，能起到促进肥料吸收、增加蛋白质含量的作用。特别是当干旱已经影响到作物正常的生长发育时，进行灌溉补水，不仅有利于高产，而且有利于保证品质。

一般认为，水浇地小麦常比旱地小麦品质差。随着灌水量的增大和浇水时间的推迟，籽粒蛋白质含量和赖氨酸含量有下降趋势。据报道，灌水对品质的影响与降水量有很大的关系，欠水年灌水可提高品质，丰水年灌水过多则对品质不利。灌水只有在施肥量较多时才能明显地影响籽粒蛋白质含量，在缺肥条件下，灌水对蛋白质含量基本无影响。

（四）生长调节剂

在作物的生长发育过程中，喷施生长调节剂一方面可以提高产量，另一方面可以改善品质。

（五）收获

适时收获是获得高产优质的重要保证，禾谷类作物大多数在蜡熟或黄熟期收获产量最高、品质最优。例如，小麦不同收获时期蛋白质含量的变化趋势为蜡熟中期＞黄熟期＞迟收 5 天＞迟收 10 天＞迟收 15 天，干面筋和湿面筋含量也表现出相同的变化趋势。

四、病虫害对作物品质的影响

（一）病害

在受到病害危害时，作物的品质会降低。例如，有研究表明，感染褐斑病的大豆籽粒含油量下降 3.52%，蛋白质含量增加 1.59%；如果大豆灰斑病病斑率达 50%，籽粒含油量下降 1.71%，蛋白质含量提高 0.62%。

（二）虫害

在受到虫害危害时，作物的品质也会降低。例如，大豆籽粒受到食心虫危害后，油分含量下降 2.26%，而蛋白质含量则会提高 1.70%。玉米螟虫危害特种玉米时，会降低甜玉米果穗的可用性，严重时根本不能用于加工；爆裂玉米果穗受害会降低等级，甚至成为不合格产品；玉米笋被蛀后会失去利用价值；高赖氨酸玉米的果穗被虫蛀后易引起果穗腐烂，降低品质。

品质优良的作物更加容易受到害虫的危害。例如，高赖氨酸玉米在田间易受玉米螟、金龟子等害虫的危害，造成果穗腐烂，影响品质。在仓储过程中，高赖氨酸玉米因其松软的胚乳和高赖氨酸含量而有利于害虫的繁殖，易受虫蛀，应注意仓储害虫的防治。

在病虫害防治过程中，施药不当造成作物产品污染的事件时有发生，严重威胁食品的品质与卫生安全。因此，在作物病虫害防治过程中，一定要选用高效、广谱、低毒、低残留农药品种，并注意施药的时间和浓度。

第五节　提高农作物品质的途径

（一）培育和选用优质作物品种

提高作物产品品质最根本的办法是培育、选用品质优良的品种。近年来，国内外育种工作者十分重视对粮、棉、油等主要作物的品质育种，并已取得很大的成效，有的成果已得到推广，在生产上发挥了良好的作用。

粮食作物品质育种的方向主要是提高蛋白质含量及改善氨基酸组成，特别是增加赖氨酸、色氨酸、苏氨酸等必需氨基酸的含量。现在，优质水稻和小麦品种的种植面积正日益扩大。

棉花纤维作为纺织工业原料，对其纤维品质一向比较重视。新中国成立以来，在主要棉区进行了 4 次大规模的品种更换工作，使棉花产量和品质得到大幅度的提高，在生产上起到了很大的作用。另外，随着无腺体棉育种的成功，对棉籽蛋白的开发利用日益引人注目。

油菜籽的产品主要是油和饼粕。目前已育成低芥酸和低硫代葡萄糖苷的双低油菜新品种，提高了油菜籽的含油量和营养价值，菜籽饼也由单纯作肥料而开发用作饲料，以促进畜牧业的发展。培育优质作物品种主要有以下两种途径。

（1）利用常规育种改良作物品质　经过长期努力，品质育种的工作取得了长足的进步。例如，甜菜经过 100 多年的改良，含糖量已从 6%提高到 24%。禾谷类作物中，不但蛋白质含量已经明显提高，而且已得到高赖氨酸的大麦、玉米和高粱品种，显著地提高了蛋白质的品质。

（2）利用生物技术改良作物品质　生物技术可将一些用传统育种方法无法培育出的性状通过基因工程的手段引入作物。例如，将单子叶作物中的性状导入双子叶作物中，或将双子叶作物中的性状导入单子叶作物中，以提高作物的营养价值，改进食用和非食用油料作物的脂肪酸成分等。

（二）改善栽培技术措施

许多研究和生产实践表明，作物在生长发育过程中采取的种种栽培措施，几乎都能影响产量和品质的形成，其中尤以轮作、密度、施肥、灌溉排水、收获时期等影响较大。

1）作物通过合理轮作，可以消除和减轻土壤中有毒物质、病虫和杂草的危害，改善土壤结构，提高土壤肥力，有利于作物合理利用土壤养分，提高作物产量和品质。

2）种植密度对作物的品质有重要影响，适宜的密度有利于改善品质。

3）在肥料方面，作物生育期施用氮、磷、钾三要素肥料及配合施用硼、锰、锌等微量元素，改进不同生育阶段的肥料运用比例等，能显著增加产量，改善品质。

4）灌溉排水也能影响作物品质。例如，土壤含水量的多少与甘薯块根品质有密切的关系。

5）收获时期对作物品质也会产生影响。例如，油菜过早收获，籽粒尚未充实饱满，秕粒多，并影响产量和含油量及脂肪酸组成。

6）在作物生育期过量施用农药，作物中农药残留量过高，也会严重降低产品品质。

7）大量研究表明，作物生长调节剂是改善籽粒灌浆、促进产量与品质提高的重要因素。例如，小麦灌浆期喷洒乙烯利、赤霉素、细胞分裂素可以提高籽粒蛋白质含量及面筋含量。在薯类作物植株生长中后期施用作物生长调节剂，可改善叶片的光合性能，控制地上部分的生长，促进光合产物向产品器官转运，增加大中薯的比例，提高产量及淀粉含量。试验表明，作物生长调节剂也可调节营养元素，如氮素在各器官中酌量分配，从而改善大豆籽粒的品质。

第六节　作物的源、库、流理论

一、基本概念

在近代作物栽培生理研究中，常用源、库、流的理论来阐明作物产量形成的规律。从产量形成角度看，源是指光合产物供给源或代谢源，是制造和提供养料的器官，主要是指作物茎、叶为主体的全部营养器官。库是光合产物储藏库或代谢库，是指储藏、利用或消耗有机物的器官，如籽粒、花果、幼叶、根系等。作物接纳养料的库不止一个，可分为主库与次库。流则是指光合产物的转运和分配，它与作物体内输导系统的发育状况及其转运速率有关。

作物的源：作物产量的形成是通过叶片的光合作用进行的。源是指生产和输出光合同化产物的叶片。作物群体则是指群体的叶面积及其光合能力。

禾谷类作物开花前光合作用生产的物质主要供给穗、小穗和小花等产品器官，供其形成，并在茎、叶、叶鞘中有一定量的储备供花后所需。开花后的光合产物直接供给产品器官。源的同化产物有就近输送的特性。

作物的库：是指产品器官的容积和接纳营养物质的能力，库的潜力存在于库的构建中。禾谷类作物籽粒的贮积能力取决于灌浆持续期和灌浆速度。

作物的流：是指作物植株体内输导系统的发育状况及其运转速率。

流的主要器官是叶、鞘、茎中的维管系统，其中穗颈维管束可看作源通向库的总通道，同化物质运输的途径是韧皮部，韧皮部薄壁细胞是运输同化产物的主要组织。

同化产物的运输受多种因素的制约，韧皮部输导组织的发达程度是影响同化产物运输的重要因素。

源是产量库形成和充实的重要物质基础。一般情况下，源大即光合作用面积大，光合能力强，光合时间长，光合产物消耗少，加上光合产物积累和转运比例高，产量就高。要争取单位面积上有较大的库容能力（产品器官的容积及其接纳养料的能力），就必须从强化源的供给能力入手。

库的大小与作物产量密切相关。以水稻为例，产量库容大小取决于单位面积穗数、每穗颖花数、谷壳容积。研究表明，库不单纯是储藏和消耗养料的器官，同时对源的大小，特别是对源的光合性能具有明显的反馈作用。一般生长旺盛、代谢活跃的器官，竞争力较强，而且这些器官往往也是生长素、细胞分裂素等生长物质分布和含量较多的部位。因此，在叶片同化产物分配构成中，这些器官就能竞争得到较多数量的同化产物。水稻和小麦等作物的穗子、马铃薯的块茎、甘薯的块根等储藏器官，之所以成为后期同化产物的输入中心，是受其本身代谢强度决定的。因此，在高产栽培中，适当增大库源比，对增强源的活性和促进干物质的积累具有重要的作用。

作物叶片光合作用形成的产物，大部分运往植株的其他器官，完成相应的生长发育或储存。从叶片制造有机物到有机物的消耗或储藏之间，有一个有机物的运输和分配过程，这一过程依靠流的器官即维管系统（叶、鞘、茎中）来完成。因此，这些维管系统发育是否良好、连接源和库的维管系统的长度影响着同化产物的运输速度和质量，也影响着同化产物向不同库的分配。

二、源、库、流之间的关系

（1）源-库单位　　源器官合成的同化产物优先向其邻近的库器官输送。

（2）源-库-流的关系　　①从源与库的关系看，源是产量库形成和充实的物质基础。②库对源的大小和活性有明显的反馈作用。③流既受源、库的调节，同时也通过与源、库的互作影响作物产量的形成。④库、源大小对流的方向、速率、数量都有明显影响。⑤源、库、流的平衡发展状况决定作物产量的高低。

源、流、库的形成和功能的发挥不是孤立的，而是相互联系、相互促进的，有时可以相互代替。从源与库的关系看，源是产量库形成和充实的物质基础。源、库器官的功能是相对的，有时同一器官兼有两个因素的双重作用。从库、源与流的关系看，库、源大小对流的方向、速率、数量都有明显影响，起着"拉力"和"推力"的作用。源、流、库在作物代谢活动和产量形成中构成统一的整体，三者的平衡发展状况决定作物产量的高低，是支配产量的关键因素。

（3）源-库-流理论在作物生产中的应用　①影响产量的源、库限制因素分析；②因地制宜选择合适的源、库类型品种；③建立合理的源、库目标参数；④源、库关系的栽培调控。

在产量水平较低时，源不足是限制产量的主导因素。同时，单位面积穗数少，库容小，也是低产的原因。增产的途径是增源与扩库同步进行，重点放在增加叶面积和增加单位面积的穗数上。当叶面积达到一定水平时，继续增穗会使叶面积超出适宜范围，此时，增源的重点应及时转向提高光合速率或适当延长光合时间两方面，扩库的重点则应由增穗转向增加穗粒数和粒重。

新生的幼嫩器官和代谢旺盛的器官，一般来说竞争力较强，分配的同化产物较多。库离源的距离越近，同化产物分配得也越多。棉花、大豆等腋生花序作物，主要是靠各侧叶供应其相应叶腋间花序所需的光同化产物。但如果对向棉桃供应的那片叶遮光，该棉桃就会从另一片受光的幼叶中夺取养分，从而导致该幼叶叶腋里的幼铃脱落。可见，库的吸力大小或库的优劣，是决定光同化产物分配的关键。

根据这些规律，在栽培上即可设法调节和改善同化产物的分配方向和数量。例如，水稻、小麦等作物分蘖的促控、拔节孕穗肥的施用，棉花整枝、打杈、摘心，矮壮素等生长调节剂在多种作物上的应用等，都能影响作物生长中心和代谢方式的转移，控制茎、叶徒长，促进同化产物向收获储藏器官分配，从而提高作物的产量和品质。

综上所述，源、库、流在作物代谢活动和产量形成中是不可分割的统一整体，三者的发展水平及其平衡状况决定着作物产量的高低，源小库大、源大库小或源库皆小均难以获得高产。在生产上力争"源大、库足、流畅"，才能获得高产。

学习重点与难点

掌握作物生长发育与品质形成过程及其影响因素。

复习思考题

运用源-库-流理论采取哪些合理的农业技术措施能使作物获得高产？

第十二章 作物生长发育与环境的关系

作物生长发育的环境包括自然环境和人工环境两个方面。人工环境有广义和狭义之分，前者是指所有的为作物正常生长发育所创造的环境，后者是指在人工控制下的作物环境。

农业生产系统是作物-环境-农艺措施系统。在这一系统中，作物是主体，但作物生长在环境之中，其产品形成受自身遗传潜力与所处环境之间的相互作用所控制。对某一特定作物而言，遗传潜力是相对稳定的，环境影响着发育并和遗传成分发生相互作用。作物与环境的相互作用，通过作物生育过程中的生理生化反应，最终表现在作物产品的数量和质量上。

作物的遗传潜力是作物利用环境条件形成产品的潜在能力，环境条件则是指围绕在作物周围，与作物发生直接或间接关系的自然条件和栽培条件。农业生产就是要人们不断认识、协调作物与环境的关系，协调作物生长发育的要求与环境限制因子之间的矛盾。

农业技术措施是调控和利用作物及其与环境关系的必要技术手段，也就是通过栽培耕作措施协调作物与环境的关系，优化作物进程，使作物向着人类需要的方向发展。根据作用对象，人类所采取的农业技术措施分为两类：一类是直接作用于作物，改变作物的形态、结构和生理生化过程，从而影响作物的生长发育及产量形成的措施，如整枝、打叶、人工辅助授粉、化学调控等。另一类则是通过改变环境，间接地影响作物，如耕地、耙地、施肥、灌溉等措施。目前生产中的栽培措施多属于第二类，即以改善作物生长发育的环境条件为主。

作物生产面对的是千差万别的作物和品种，它们都有各自的环境要求和适应性。作物生长的环境条件又是千变万化、错综复杂的，各个环境因子都有其本身的变化规律，在自然界中并非孤立存在，而是相互影响、相互制约。生态因子的作用机制不同，它们在数量上、质量上及对作物的效应、持续时间等方面都是随地区和时间而有所差异，因此只有采取各种"应变"措施，处理好作物与环境的相互关系，既要让作物适应当时当地的环境条件，又要使环境满足作物的要求，做到"天时地利人和"，运筹帷幄，才能取得大面积持续丰收。

第一节 作物生长发育与光

作物生产所需要的能量主要来自太阳光，光是作物生产的基本条件之一。光对作物的直接作用是对作物形态器官生长的影响。例如，光可以促进需光作物种子的萌发、幼叶的展开，影响叶芽与花芽的分化、作物的分枝与分蘖等。间接作用就是作物利用光提供的能量进行光合作用，合成有机物质，为作物的生长发育提供物质基础。据估计，作物体中 90%～95%的干物质是作物光合作用的产物。此外，光还会通过作物的某些生理代谢过程而影响作物产品的品质。

光主要是在光照强度、光质（光谱成分）和光照时间（日照长度）等方面，对作物的形态结构、生长发育、生理生化、地理分布及作物的产量和品质产生重要的影响。

一、光照强度

光照强度可通过影响作物器官的形成和发育及光合作用的强度来影响作物的生长发育。

（一）光照强度的变化及在作物群体内的分布

太阳光照强度用单位时间、单位面积的太阳辐射量表示（W/m²）。它在地球大气层上方基本上是恒定的，大约在 1395.9W/m²，这一数值称为太阳常数。太阳光通过大气层时，由于散射、反射和被气体、水蒸气、空气中的尘埃微粒所吸收，强度大大减弱。

在自然界中光照强度和光合有效辐射（photosynthetic active radiation，PAR）是随时随地变化的，这些变化与天气、太阳高度角、纬度、海拔、坡向、季节等有密切关系。

1）天气中一般晴天光照强，阴雨、雾、云层厚等天气光照强度弱。

2）太阳高度角越小，光照强度也就越弱，因为太阳距地平线越近，太阳光到达地面所通过的大气层厚度也就越大，光线被吸收、散射得也越多。所以，一年之中以夏季光照强度最强，冬季最弱；一天之中以中午光照最强，早晚最弱。

3）光照强度随纬度的增加而减弱，随海拔的升高而增强。高纬度地带太阳高度角小，全年接受的太阳辐射总量也少；而海拔越高，空气越稀薄，阳光在大气中的路程越短，因此，阳光越强烈。

4）地面的坡度和坡向也会影响其所受的辐射量，向阳坡所接受的阳光多，背阴坡所接受的阳光少。

（二）光照强度与形态器官建成和生长发育

充足的光照对于器官的生长和发育是不可缺少的。作物的细胞增大和分化、组织和器官分化、作物体积增大和重量增加等都与光照强度有密切的关系，作物体各器官和组织在生长和发育上的正常比例也与光照强度有关。例如，作物种植过密，群体内光照不足，植株会过分伸长，一方面使分枝或分蘖数量减少，改变分枝或分蘖的位置而影响作物的产量和质量，另一方面使茎秆细弱而易倒伏，造成减产。

作物花芽的分化、形成和果实的发育也受光照强度的制约。例如，作物群体内部光照不足，有机物质生产过少，在花芽形成期，花芽的数量减少，即使已形成的花芽也会由于养分供应不足而发育不良或在早期夭折。开花期光照不足，会造成授粉受精受阻，导致落花。果实充实期光照不足，会引起结实不良或果实停止发育，甚至落果。例如，水稻在幼穗形成和发育期遇上多雨且光照不足，稻穗变小，造成较多的空粒和秕粒。

（三）光照强度与光合作用

作物光合作用的能量源于太阳光。不同作物群体的茂密程度、高矮和叶片的挺直状况不同，而且作物种类不同，其叶片的形状与大小及叶层的构成与分布不一致，使群体内的光分布不同，即群体内不同位置（特别是不同高度）的光照强度不一样，也导致叶片的受光态势不同。在正常的自然条件下，上层叶片的光照强度一般会超过光合作用的需要，但中下部叶片常会处于光照不足的状态，会影响光合作用强度而减少物质的产生量，削弱个体的健壮生长，这时光成为限制光合作用的主导因子。

光合作用强度一般可用光合速率 [$mg/(dm^2 \cdot h)$ 或 $\mu mol/(m^2 \cdot s)$] 表示，即每小时每平方分米的叶面积吸收的 CO_2 毫克数。一般情况下，光照强度与光合作用强度的关系成正比。不同作物种类的光合速率有较大的差异，其对光照强度的要求可用光补偿点和光饱和点两个指标来表示。夜晚，基本没有光照，作物没有光合积累而只有呼吸消耗。白天，随着光照强度的增加，作物的光合速率逐渐增加，当达到某一光照强度时，叶片的实际光合速率等于呼吸速率，表观光合速率等于零，此时的光照强度即光补偿点。随着光照强度的进一步增强，光合速率上升，当达到某一光照强度时，光合速率趋于稳定，此时的光照强度叫作光饱和点（图 12-1）。光补偿点和光饱和点不仅分别代表不同作物或不同群体光合作用对光照强度要求的低限和高限，而且分别代表不同作物或不同群体光合作用对于弱光和强光的利用能力，可作为作物需光特性的两个重要指标。

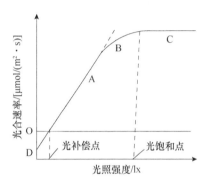

图 12-1 光合曲线模式图（引自曹卫星，2001）
A. 比例阶段；B. 过渡阶段；C. 饱和阶段

综上所述，在了解作物光合作用与光照强度关系的基础上，根据作物对光照强度的反应，采用适当的措施，可以提高作物的产量和品质。在种植茎用纤维的麻类作物时，可适当密植，使群体较为荫蔽，从而促进植株长高，抑制或减少分枝，或提高分枝节位，有利于提高纤维的产量和品质。棉花周身结铃，要求群体内有充足的光照，过度密植会导致群体荫蔽，产量低且品质劣。充足的光照及较长的光照长度（16h）均有利于烟叶中烟碱的合成，随密度和留叶数的增加，烟叶中的烟碱和多酚含量降低，含糖量有所提高，品质降低。

二、日照长度

（一）日照长度与作物的发育

自然界一昼夜间的光暗交替称为光周期。从作物生理的角度而言，作物的发育，即从营养生长向生殖生长转变，受到日照长度的影响，或者说受昼夜相对长度的控制，作物发育对日照长度的这种反应称为光周期现象。根据作物发育对光周期的反应不同，可把作物分为长日照作物、短日照作物、中日照作物和定日照作物。

在理解作物光周期现象时，有两点应当加以注意：①作物在达到一定的生理年龄时才能接受光周期诱导，且接受光周期诱导的只是生育期中的一小段时间，并非整个生育期都要求这样的日照长度；②对长日照作物来说，日照长度不一定是越长越好，对短日照作物来说，日照也不一定是越短越好。

（二）日照长度与作物干物质的生产

作物积累干物质，在很大程度上依赖于作物光合速率和光合时间，一般情况下，日照长度增加，作物进行光合作用的时间延长，就能增加干物质的生产或积累。因此在温室栽培作物，如进行补充光照，人工延长光照时间，能使作物增产。

三、光谱成分

太阳光的波长可分为紫外线区（$\lambda < 390nm$）、可见光区（$\lambda = 400 \sim 700nm$，从波长由短至长，可分为紫、蓝、青、绿、黄、橙和红光）和红外线区（$\lambda > 770nm$）。光谱中的不同成分对作物生长发育和生理功能的影响并不是一样的（表 12-1）。

表 12-1　作物对于太阳波长辐射的反应（引自董钻，2000）

波长范围/nm	作物的反应	波长范围/nm	作物的反应
>1000	对作物无效	400~510	为强烈的叶绿素吸收带
720~1000	引起作物的伸长效应，有光周期反应	310~400	具有矮化作物与增厚叶片的作用
610~720	为作物叶绿素所吸收，具有光周期反应	280~310	对作物具有损害作用
510~610	作物无特别意义的响应	<280	对作物具有致死作用

作物主要是利用 400~700nm 的可见光进行光合作用，其中红光和橙光利用得最多，其次是蓝光和紫光。太阳辐射中的这部分波长的光波称为光合有效辐射。光合有效辐射占太阳总辐射的 40%~50%。除表 12-1 中列举的作用外，很多研究都已证明：红光有利于碳水化合物的合成；蓝光有利于蛋白质的合成；紫外线对促进果实成熟和提高含糖量有良好的作用，但对作物的生长有抑制作用；增加红光比例对烟草叶面积的增大和内含物的增加有一定的促进作用；用蓝光处理会降低水稻幼苗的光合速率。

人工栽培的作物群体中，冠层顶部接收的是完全光谱，而中下层吸收远红光和绿光较多，这是由于太阳辐射被上层有选择性吸收后，透射或反射到中下层的是远红光和绿光偏多，因此各层次叶片的光合效率和产品质量是有差异的。在高山、高原上栽培的作物，一般接受青、蓝、紫等短波光和紫外线较多，因而一般较矮，茎叶富含花青素，色泽也较深。

四、光质与作物

（一）光质对作物光合作用的影响

作物冠层接受的是完全光谱，但不是光谱中所有波长的光能都能被作物利用，只有可见光区（400～700nm）的大部分光可被作物利用，称为光合有效辐射。可见光中，红光和紫蓝光是同化作用利用最大的光线部分。绿光与黄光被称为生理无效光，这是绿色的叶片反射及透射绿光和黄光的结果。

不同波长的光对于光合产物的成分也有影响，表 12-2 为不同波长光的光合作用机制。实验证明，红光有利于碳水化合物的形成，蓝光则有利于蛋白质的合成。

表 12-2　不同波长光的光合作用机制（引自李建民和王宏富，2010）

波长范围 /nm	光色	光合作用机制
600～700	橙黄色	具有最大的光合活性，是光合作用主要的能源，促进叶肉质、根茎形成、开花、光周期过程等以最大速度完成
500～600	绿色	光合活性最小，略有造型作用，刺激茎延长、叶扩展、色素形成等
400～500	蓝紫色	是正常生长必需的，辐射效率比橙黄色光差 2/3，叶绿素和叶黄素吸收最强，有造型作用，能促进蛋白质合成
300～400	紫外线	对产量的影响不大，但影响作物的化学成分，可提高组织中蛋白质及维生素含量，尤其对维生素 E 有重要作用，能提高种子萌芽率，促进种子成熟

（二）光质对作物生长的影响

不同波长的光对作物生长有不同的影响。可见光中的蓝紫光与青光对作物的生长及幼芽的形成有很大的作用，能抑制植株的伸长，使其形成矮粗的形态；蓝紫光是支配细胞分化最重要的光线，还影响作物的向光性。不可见光中的紫外线能抑制作物体内某些激素的形成，因而也能抑制茎的伸长。此外，可见光中的红光和不可见光中的红外线能促进种子萌发和茎的伸长。

（三）光质在农业生产中的应用

根据光质对作物生长的不同影响，可以通过人工改变光质来改善作物的生长情况。例如，近年来有色薄膜在农业上已得到广泛的应用。用浅蓝色地膜育苗与用无色薄膜相比，前者秧苗及根系都较粗壮，移栽后成活快，分蘖早而多，叶色浓绿，鲜重和干重都有所增加，这是因为浅蓝色的薄膜可以透过大量光合作用所需要的 400～700nm 波长的光，因而有利于作物的光合作用。

第二节　作物生长发育与温度

作物的生长和发育要求一定的温度。在作物生产中，温度的昼夜变化和季节性变化会影响作物的干物质积累甚至产品的质量，也会影响作物正常的生长与发育。作物的正常生长发育及其过程必须在一定的温度范围内才能完成，而且各个生长发育阶段所需的最适温度范围不一致。超出作物生长发育所能忍耐的温度范围的极端温度，就会使作物受到伤害，生长发育不能完成，甚至死亡。其原因是温度影响作物的生理、生化过程。此外，温度的地域性差异也造成不同起源地的作物对温度要求有差异，因而存在作物分布的地区性差异。这些差异与作物的物种起源和进化过程中对环境的适应性有关。了解温度对作物生长发育的重要作用，在作物生产中有重要意义。

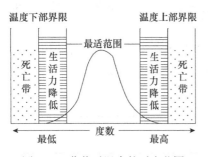

图 12-2　作物对温度的适应范围
（引自董钻，2000）

一、作物的基本温度

各种作物对温度的要求有最低温度、最适温度和最高温度 3 个指标，称为作物对温度要求的三基点。图 12-2 为作物对温度的适应范围。在最适温度范围内，作物生长发育良好，生长发育速度最快；随着温度的升高或降低，生长发育速度减慢；当温度处于最高点和最低点时，作物尚能忍受，但只能维持其生命活动；当温度超出作物正常生长的最高点或最低点时，作物开始出现伤害症状，甚至死亡。

作物的三基点温度有如下特点：①不同类型作物生长的温度三基点不同（表 12-3），这种差异是由不同作物在各自的原产地的系统发育过程中所形成的。一般情况下，原产于热带或亚热带的作物，温度三基点较高；而原产于温带的作物，温度三基点较低；原产于寒带的作物，温度三基点更低。②同一作物不同品种的温度三基点也是不同的；同一作物的不同生育期、不同器官的温度三基点也有差异，一般作物种子萌发的温度三基点常低于营养器官生长的温度三基点，营养器官生长的温度三基点低于生殖器官发育的温度，根系生长所要求的温度比地上部分的更低，作物在开花期对温度最为敏感。③一般最适温度比较接近于最高温度，而离最低温度较远。④最高温度一般不是很高，高温危害比较少，相反，低温对作物的危害相对比较多。

表 12-3　一些作物生理活动的基本温度范围（℃）（引自李建民和王宏富，2010）

作物名称	最低温度	最适温度	最高温度	作物名称	最低温度	最适温度	最高温度
水稻	10～12	30	38～42	大麦	3～4.5	20	28～30
小麦	3～4.5	25	30～32	燕麦	4～5	25	30
玉米	8～10	32	40～44	豌豆	1～2	20	30
棉花	12～14	30	40～45	蚕豆	4～5	35	30
烟草	13～14	28	35	甜菜	4～5	28	28～30
黑麦	1～2	25	30	油菜	3～5	20	28～30

二、低温对作物的危害及预防

（一）低温对作物的危害

生产上低温对作物的危害有冷害、冻害、霜害 3 种。

（1）冷害　　是指作物遇到 0℃ 以上低温，生命活动受到损伤的现象。冷害的作用机理主要是水分平衡的失调。低温时，根系吸水力降低，蒸腾减弱，导致水分平衡失调，从而破坏了酶促反应的平衡，扰乱了正常的物质代谢，使植株受害。

（2）冻害　作物遇到低于 0℃的低温，组织体内发生冰冻而引起伤害的现象，称为冻害。冻害的作用机理有两种情况：一种情况是细胞间隙结冰。当气温逐渐降低到冰点以下，引起细胞间隙中水分结冰。因为细胞间隙中水液浓度比细胞液浓度低，所以引起细胞内水分外渗，一方面使冰晶范围扩大，对细胞产生一种机械挤压的力量；另一方面细胞严重脱水，原生质浓度愈来愈大，内部有毒物质（如酸、酚类等）浓度提高，结果使原生质发生变性，使细胞受到伤害。另一种情况是当气温突然下降，细胞内水分来不及渗透到细胞间隙时，也可能在细胞内直接结冰，使原生质结构遭到破坏，引起细胞死亡。

（3）霜害　根据霜害发生时有无"霜"出现，可以分为"黑霜"和"白霜"两种情况。温度下降到 0℃或 0℃以下时，如果空气干燥，在降温过程中水汽达不到饱和，就不会形成霜，但这时的低温仍能使作物受害，这种无霜仍能使作物受害的天气称为"黑霜"。如果空气湿润，水汽在作物体表形成霜，则为"白霜"。黑霜对作物的危害比白霜大，原因是形成白霜时的夜晚，空气中水汽的含量比较丰富，水汽能阻挡地面的有效辐射，减少地面散热；同时水汽凝结时要放出凝结热，能缓和气温继续下降；黑霜出现的夜晚，空气干燥，地面辐射强烈，降温强度大，作物受害更重。所以霜害实际上不是霜本身对作物的伤害，而是伴随霜而来的低温冻害。

（二）低温危害的预防

采用抗寒的农业措施，主要从提高作物自身抗寒性和防止不利因素对作物的影响两方面入手。

（1）栽培管理措施　培育稳健生长的壮苗是栽培抗寒的关键措施。秋冬季作物可以适时早播，促进根系发育，累积较多的营养物质，增强抗寒能力；春播作物采用培育壮苗移栽的方法。此外，适宜的播种深度，施用有机肥、磷钾肥等，都可增强作物的抗寒性。早春气候变化较为剧烈，如遇晚霜，容易受冻，可采取熏烟、灌水等措施来防止受害。

（2）改善田间气候　田间可以通过设置风屏、覆盖等，改变作物小气候，避免低温侵害。稻秧在寒冷来临时，采用灌水防冻护秧。气温回升后，呼吸耗氧增多，要及时排水。

三、高温对作物的危害及预防

（一）高温对作物的危害

高温对作物的危害可以分为直接伤害和间接伤害。

（1）直接伤害　高温使蛋白质凝固，失去其原有的生物学特性，另外，高温使细胞生物膜结构遭到破坏，膜中的类脂物质游离出来，造成细胞死亡。

（2）间接伤害　高温破坏了作物的光合作用和呼吸作用的平衡，使呼吸强度超过光合强度，作物因长期饥饿而死亡；高温促进蒸腾作用，破坏水分平衡，使作物萎蔫干枯；高温使作物体内含氮化合物的合成受到阻碍，因而体内易积累氨及其他含氮的有害中间代谢产物，造成作物中毒。

（二）高温危害的预防

对高温危害的预防措施，除增加作物的抗热性、培育抗热新品种外，还可以通过改善作物环境中的温度条件，如营造防护林带、增加灌溉、调节小气候来减少高温的伤害。此外，也可以通过避害，即调整播期，把作物对高温最敏感的时期（开花受精期）和该地区的高温期错开来预防高温危害。

四、积温与作物的生长发育

作物需要有一定的温度总量，才能完成其生命周期，通常把作物整个生育期或某一发育阶段内高于一定温度以上的昼夜温度总和，称为某作物或作物某发育阶段的积温。积温可分为有效积温和活动积温两种，活动积温是作物全生育期内或某一发育时期内活动温度的总和，而日平均温度与生物学最低温度的差数称为当日的有效积温。

对于作物生产来说，积温具有重要的意义。一是可以根据积温来制定农业气候区划，合理安排作物，一个地区的栽培制度和复种指数在很大程度上取决于当地的热量资源，而积温是表示热量资源既简单又有效的方法，比年平均温度等指标更可靠。二是积温是作物对热量要求的一个指标，它表示作物某一生育时期或全生育期所要求的温度总和，如果事先了解某作物品种所需要的积温，就可以根据当地气温情况确定安全播种期，根据植株的长势和气温预报资料，估计作物的生育速度和各生育时期到来的时间。从更宏观的角度来说，还可以根据作物所需要的积温和当地长期气温预报资料，对当年作物产量进行预测，确定是属于丰产年、平产年还是亏产年。

五、无霜期

无霜期是指某地春季最后一次霜冻到秋季最早一次霜冻出现时的这一段时间，是满足作物生长安全温度的一个指标。无霜期的长短可以衡量一个地区的热量资源，也是作物布局和确定种植制度的依据。在无霜期内，各种作物能够正常生长，而在无霜期以外的有霜期，由于温度较低，并经常出现霜冻，喜温作物会受到冻害。

六、温度变化与干物质的积累

作物是变温作物，其体内温度受周围环境的温度所影响，作物生长发育与温度变化的同步现象称为温周期。昼夜变温对作物生长发育有较大的影响。很多研究表明，白天温度较高，有利于光合作用和干物质生产，夜间温度较低，可减少呼吸作用的消耗，有利于干物质的积累，因而产量较高，品质较好。

七、温度对作物产品质量的影响

在不同温度条件下，作物所形成的产品的质量不同。有研究表明，小麦籽粒的蛋白质含量与抽穗至成熟期的平均气温呈显著正相关；玉米、水稻、大豆等作物籽粒的蛋白质含量也随气温的升高而增加；温度对油菜种子中脂肪酸组成有影响，在 15℃以上温度下发育成熟的种子，芥酸含量较低，油酸含量较高，而在较低温度下成熟的种子，芥酸含量较高，油酸含量较低；水稻籽粒成熟期的温度与稻米直链淀粉含量呈负相关；薯类作物的淀粉形成也与温度有密切的关系；在较低温度条件下有利于甘蔗的糖分积累；棉花纤维素形成的最适温度为 25～30℃，低于 15℃时，所形成的纤维素质量较差。

第三节　作物生长发育与水分

一、水对作物的生理、生态作用

水对作物有重要的生理作用，其主要作用有：①水是原生质的主要成分，原生质的含水量一般为 70%～90%。②水是作物光合作用的基本原料。③水是许多代谢过程的反应物质。④水是作物生化反应和物质吸收、运输的溶剂。⑤水能维持细胞的膨胀状态，使作物保持固有姿态。⑥作物细胞分裂及伸长都需要水分。

水对作物除上述的生理作用之外，还可以通过水的理化性质调节作物周围的环境，如增加大气湿度、改善土壤及土壤表面大气的温度、提高肥料效率等，这些是水对作物的生态作用。

二、作物的需水量和需水临界期

（一）作物的需水量

作物的需水量通常用蒸腾系数表示。蒸腾系数是指作物每形成 1g 干物质所消耗水分的克数。作物的蒸腾系数不是固定不变的，同一作物不同品种的需水量不一样，同一品种在不同条件下种植，需水量也各异（表 12-4）。

表 12-4　几种作物的蒸腾系数（引自李建民和王宏富，2010）

作物	蒸腾系数	作物	蒸腾系数
粟、黍、高粱	200～400	荞麦、向日葵、豇豆	500～600
玉米、大麦、棉花	300～600	燕麦、水稻	500～800
小麦、马铃薯、甜菜	400～600	大豆、苜蓿、芎子	600～900
黑麦、蚕豆、豌豆	400～800	油菜、亚麻	700～900

作物一生中对水分的需求量以中期最大，前期和后期相对较少，原因是中期生长旺盛，需水较多。影响作物需水量的因素主要是气象条件。大气干燥、气温高、风速大，蒸腾作用强，作物需水量多，反之需水量少。

（二）作物的需水临界期

作物一生中对水分最敏感的时期，称为作物的需水临界期。在这一时期，若遇到水分供应不足，对作物生长发育和产量的影响最大。小麦的需水临界期是孕穗期，在此时期，植株体内代谢旺盛，细胞液浓度低，吸水能力小，抗旱能力弱。如果缺水，幼穗分化、授粉、受精、胚胎发育均受阻碍，最后造成减产。几种作物的需水临界期见表12-5。

表12-5　几种作物的需水临界期（引自李建民和王宏富，2010）

作物	需水临界期	作物	需水临界期
小麦、大麦、燕麦、黑麦	孕穗至抽穗	水稻	抽穗至扬花
玉米	开花至乳熟	高粱、谷糜	抽穗至灌浆
豆类、荞麦、花生、油菜	开花期	棉花	花铃期
瓜类	开花至成熟	马铃薯	开花至块茎形成
向日葵	葵盘的形成至灌浆	番茄	开花至果实形成

三、水分逆境对作物的影响及作物的抗性

（一）干旱对作物的影响及作物的抗旱性

当水分低到不能满足作物的正常生命活动时，便出现干旱。作物遇到的干旱有大气干旱和土壤干旱两类。大气干旱是指空气过度干燥，相对湿度低到20%以下的干旱。大气干旱伴随着高温，使作物的蒸腾大于水分的吸收，从而破坏体内水分平衡。土壤干旱是指土壤中缺乏作物可利用的有效水分而造成的干旱，土壤干旱对作物的危害极大。

（1）干旱对作物的影响　　①降低作物的各种生理过程。干旱时气孔关闭，减弱了蒸腾降温作用，引起叶温升高，使光合作用减弱并扰乱氮素和脂类的代谢，从而损伤细胞膜。当叶片失水过多时，原生质脱水，叶绿体受损和气孔关闭，从而抑制光合作用，同时抑制叶绿素的形成。②影响作物的产量及品质。水分供应不足，呼吸增强，光合作用减弱，物质合成减少，物质贮藏和转运能力下降，严重阻碍作物产量的形成。

（2）作物的抗旱性　　表现在3个方面，一是一般栽培作物具有一定的旱生结构，如形成庞大的根系或深入土壤深层；二是干旱时由于运动细胞先失水，体积缩小而使小叶卷曲；三是原生质黏性和弹性较高等。作物种类不同，其抗旱性也不同，糜子（黍、稷）、谷子、高粱等的抗旱性较强，甘薯、小麦次之，棉花、甜菜的抗旱性较差；同一作物种类的不同品种之间，抗旱能力也有差异。

（3）抗旱农艺措施　　①抗旱锻炼。生产中常采用蹲苗来提高作物的抗旱能力。所谓蹲苗，就是在作物苗期减少水分供应，使之经受适度缺水的锻炼，促使根系发达下扎，根冠比增大，叶绿素含量增多，光合作用旺盛，干物质积累加快。经过锻炼的作物如再次碰上干旱，植株体内保水能力增强，抗旱能力显著增加。②肥料调控。通过增施磷、钾肥来提高植株的抗旱性。磷、钾肥能促进蛋白质的合成，提高胶体的水合度；改善作物的碳水化合物代谢，增加原生质的含水量；促进作物根系发育，提高作物吸收能力。多施有机肥能增加土壤中腐殖质的含量，从而有利于增强土壤的持水能力。

（二）涝害对作物的影响及作物的抗涝性

（1）涝害对作物的影响　　田间水分过多对作物构成的危害称为涝害。田间水分

过多一般有两种程度，一种是指土壤水分处于饱和状态，根系完全生长在沼泽化的泥浆中，这种涝害也叫湿害。另一种是指水分不仅充满土壤，而且田间有大量积水，作物的局部或整株被淹没，造成涝害。湿害和涝害使作物处于缺氧的环境，严重影响作物的生长发育，直接影响产量和产品质量。

（2）涝害的生理机制　　①作物生长停滞。涝害导致作物根系缺氧，抑制了有氧呼吸，阻止水分和矿物元素的吸收。植株生长矮小，叶黄化，根尖变黑，叶柄偏上生长。缺氧对亚细胞结构也发生深刻的影响。例如，水稻根细胞在缺氧时线粒体发育不良。②生理代谢损害。淹水情况下，首先是光合作用的抑制，其次是作物体内的各种生理活动发生变化，有氧呼吸衰退，无氧呼吸增加，使呼吸基质消耗殆尽，作物呼吸便停止而死亡。无氧呼吸所产生的乙醇在作物体内积累，对作物细胞也有毒害作用。土壤水分过多还会影响作物的品质。例如，使烟叶中尼古丁和柠檬酸的含量都降低，品质变劣。

（3）作物对涝害的生态适应　　作物对于水分过多引起的土壤缺氧有一定的适应性。如果是逐步淹水引起土壤中的氧慢慢下降，作物根系随之木质化。这种木质化的细胞吸收养分和水分比较困难，所以木质化了的根对土壤还原物有较强的抗性，耐湿性增大。

作物抗涝性的强弱取决于地上部分向根系供氧能力的大小，是决定抗涝性的主要因素。如果具有发达的通气系统，地上部吸收的氧气可通过胞间空隙系统输送到根或者缺氧部位。水稻之所以能在较长期的淹水条件下生长，就是由于水稻根表皮下有显著木质化的厚壁细胞，而且具有从叶向根输送氧气的通气组织，使根系不断地取得氧气。

（4）抗涝农艺措施　　防御湿害和涝害的中心是治水，首先要因地制宜地搞好农田排灌设施，加速排除地面水，降低地下水和耕层滞水，保证土壤水、气协调，以利于作物正常生长和发育。同时，采取开沟、增施有机肥料及田间松土通气等综合措施，也能有效地改善水、肥、气、热状况，增强作物的耐湿抗涝能力。

第四节　作物生长发育与空气

一、空气对作物生产的重要性

空气的成分非常复杂，在标准状态下，按体积计算，氮约占 78%，氧约占 21%，二氧化碳约占 0.032%，其他气体成分都较少。在这些气体成分中，与作物生长发育关系最密切的有二氧化碳、氧、氮、过氧化物、甲烷、二氧化硫和氟化物等。氧气影响作物的呼吸作用，二氧化碳是光合作用的原料，氮气影响豆科作物的根瘤固氮，二氧化硫等有毒气体会造成大气污染而直接或间接地影响作物的产量和品质。

二、空气对作物生长发育的影响

（一）氧气

氧气主要是通过影响作物的呼吸作用而对作物的生长发育产生影响。依据呼吸过程是否有氧气的参与，可将呼吸作用分为有氧呼吸和无氧呼吸，其中有氧呼吸是高等作物呼吸的主要形式，能将有机物较彻底地分解，释放较多的能量。在缺氧情况下，作物被迫进行无氧呼吸，不但释放的能量很少，而且产生的乙醇等对作物有毒害作用。作物地上部分一般不会出现缺氧现象，但地下部分土壤板结或淹水会造成氧气不足，这是造成作物死苗的一个重要原因，特别是油料作物。另外，在作物播种前的浸种过程中，应经常搅动，否则会因氧气不足而影响种子的萌发。

（二）二氧化碳

（1）二氧化碳与作物的光合速率和干物质积累　　二氧化碳影响作物的生长发育主要是通过影响作物的光合速率而造成的。光照下，二氧化碳浓度为零时，作物叶片只有光呼吸和暗呼吸，光合速率为零。随着二氧化碳浓度的增加，光合速率逐渐增强，当光合速率和呼吸速率相等时，环境中的二氧化碳浓度即二氧化碳补偿点；当二氧化碳浓度增加至某一值时，光合速率便达到最大值，此时环境中的二氧化碳浓度称为二氧化碳饱和点。C_4作物（如玉米、高粱、甘蔗等作物）的二氧化碳补偿点比C_3作物（如水稻、小麦、花生等）的要低，因此，C_4作物对环境中二氧化碳的利用率要高于C_3作物。但有的试验证明，C_3作物对高浓度的二氧化碳的反应比C_4作物好一些。这种C_4作物和C_3作物在利用二氧化碳上的不同是作物的系统发育过程中所形成的特性，受遗传控制。

（2）作物群体内二氧化碳的来源和分布　　作物群体内的二氧化碳主要来自大气，即来自群体以上的空间。此外，作物本身的呼吸作用也排放二氧化碳，土壤表面枯枝落叶的分解、土壤中微生物的呼吸、已死亡的根系和有机质的腐烂都会释放出二氧化碳。据估计，这些来自群体下部空间的二氧化碳约占供应总量的20%。

（三）氮气与固氮作用

豆科作物通过与它们共生的根瘤菌能够固定和利用空气中的氮素。据估计，大豆每年的固氮量能达到$57\sim94kg/hm^2$，三叶草能达到$104\sim160kg/hm^2$，苜蓿为$128\sim600kg/hm^2$，可见不同豆科作物的固氮能力有较大的差异。豆科作物根瘤菌所固定的氮素占其需氮总量的$1/4\sim1/2$，虽然并不能完全满足作物一生对氮素的需求，但减少了作物生产中氮肥的投入。因此，合理地利用豆科作物是充分利用空气中氮资源的一种重要途径。

（四）大气环境对作物生产的影响

（1）温室效应　　温室效应主要是由大气中CO_2、CH_4和N_2O等气体含量的增加所引起的。CH_4来自水稻田、自然湿地、天然气的开采、煤矿等；N_2O是土壤中频繁进行的硝化和反硝化过程中生成和释放的。温室效应使地球变暖，对作物生产的影响表现在以下几个方面：①使地区间的气候差异变大，气温上升，降水量分布发生变化，一些地区雨量明显减少；②大气中二氧化碳浓度增加，作物和野草的产量都会增加，出现栽培作物与野生作物之间的竞争加剧，杂草防治更加困难；③由温室效应导致的气温和降水量的变化，会进一步影响作物病虫的发生、分布、发育、存活、迁移、生殖、种类动态等，从而加剧某些病虫害的发生。

（2）二氧化硫、氟化物和氮氧化物 二氧化硫、氟化物和氮氧化物都会造成大气污染，对作物生长发育乃至产量和品质都会产生各种直接的或间接的影响。二氧化硫和氟化物的长期或急性毒害，通过影响作物的生理过程而使作物叶片出现焦斑，植株生长缓慢和产量降低，而氮氧化物引起的大气中氮氧化物含量过高可导致作物群落的变化而影响作物生产。而且，氮氧化物还是酸雨的组分，并与空气中分子态氧反应形成臭氧。

（3）臭氧 臭氧是 NO_2 在太阳光下的分解产物与空气中分子态氧反应的产物。臭氧浓度较高时，影响作物的生理过程和代谢途径，从而引起作物生长缓慢、早衰、产量降低。臭氧浓度的增加与作物减产率呈正相关。

（4）酸雨 酸雨（大气酸沉降）是指 pH<5.6 的大气酸性化学组分通过降水的气象过程进入陆地、水体的现象。严格地说，它包括雨、雾、雪、尘等形式。调查研究表明，我国 pH<5.6 的降水面积约占全国土地面积的 40%，已成为世界上第二大酸雨区。

酸雨在落地前先影响叶片，落地后影响作物根部。对叶片的影响主要是破坏叶面蜡质，淋失叶片养分，破坏呼吸作用和代谢，引起叶片坏死。对处于生殖生长阶段的作物，缩短花粉寿命，减弱繁殖能力，以至影响产量和质量。酸雨还会降低作物的抗病能力，诱发病原菌对作物的感染；抑制豆科作物根瘤菌的生长和固氮作用。

（5）CO_2 气肥 提高 CO_2 浓度可以增加作物产量。迄今为止，CO_2 施肥主要还是在有控制条件的温室中或在塑料薄膜保护下进行，在开放环境下的大田作物生产中推广 CO_2 施肥还有很大的困难。首先，每生产 1kg 干物质大约需要消耗 1.5kg CO_2，用量大且体积也大，另外 CO_2 是以气体状态存在，流动性较大，应用起来比较困难。其次，目前生产 CO_2 的成本较高，价格昂贵，因此在作物生产上使用时效益不高。鉴于此，提高田间 CO_2 浓度比较现实的方法是多施有机肥和多采用作物秸秆还田，通过有机肥和秸秆的分解与促进土壤中好气性细菌的数量及活力，释放更多的 CO_2。

学习重点与难点

正确理解光照、温度环境对作物生长发育的影响。

复习思考题

1. 结合作物的需水临界期，简述采取哪些合理的农业技术措施能使作物获得高产。

2. 结合光环境对作物生长发育的影响，简述用哪些合理的农业技术措施能使作物获得高产。

3. 简述极限温度（高温及低温）对作物的危害及预防措施。

第十三章　作物栽培技术与病、虫、草害

第一节　播种与育苗技术

一、播种期的确定与播种技术

（一）播种期的确定

作物适期播种不仅能够保证发芽所需的各种条件，而且能满足作物在各个生育时期处于最佳的生育环境，避开如高温、干旱、霜冻和病虫害等不利自然因素，达到趋利避害、及时成熟、获得高产的目的。确定适宜的播种期，一般应根据以下条件综合考虑。

1. 气候条件　根据各地气候变化规律，灾害性天气出现的常年变化规律，现时的气候情况来确定作物适宜的播种期。在各气候因素中，温度是影响播种期的主要因素。例如，冬小麦播种期以日平均气温 16～18℃时为宜，冬油菜为旬平均气温 20℃左右时播种为宜。

2. 品种特性　品种类型不同，生育特性有很大差异。例如，冬小麦、冬油菜有冬性强弱之分，一般冬性强的品种适时早播能发挥品种的特性，有利于高产。春播作物有早、中、晚熟品种，一般生育期长的晚熟品种播种期较早。因此，应依据不同作物的品种特性，适当调整播种期。

3. 栽培制度　科学的栽培制度，应考虑好作物的换茬衔接，平衡周年生产。特别是在多熟制中，收获时间紧，季节性强，应以茬口衔接、适宜苗龄和移栽期为依据，全面安排，统筹兼顾。例如，拟小麦收获后移栽棉花，就要考虑到棉花的育苗适期，必须做到播期、苗龄、栽期三对口，才能获得麦、棉双丰收。

注意：调节作物的播种期，避开病虫害高发季节，是农业措施综合防治病虫的重要环节。例如，玉米适期早播有利于在苗期避开地下害虫、后期避开玉米螟危害，以及减少丝黑穗病、大斑病的发生。

（二）播种技术

1. 种植密度的确定　种植密度就是单位土地面积上作物群体内的植株数量。在生产实践中合理的密度，应综合作物种类及品种、茬口、土壤肥力、栽培管理水平和气候条件等因素加以确定。

（1）气候条件　光照、温度、雨量、生长季节等气候条件，对作物的生长发育有很大的影响。一般在温度高、雨量充沛、相对湿度较大、生长季节长的地区，作物植株较高大，分蘖、分枝多，密度宜小些，反之，密度宜大些。在同一地区，土壤肥力、

品种相同的情况下，晚播的要比适期播种的适当增加播种量。

（2）土壤肥力和管理水平　　土壤肥力和管理水平不同，种植密度应适度调整。一般在肥力水平高、施肥量大和管理好的土地上，植株生长繁茂，可发挥单株生产力，密度宜小些，但对单秆性作物，如玉米、高粱等则应高肥高密；而在土壤瘠薄、施肥量小和管理差的条件下，植株生长较差，应适当增加密度。

（3）作物种类和品种类型　　作物种类不同，植株形态特征和生长习性都有很大差异。例如，棉花的种植密度主要取决于品种和播种期，播种晚的夏棉，果枝少，为了保证较多的霜前花，需要早打顶，种植密度应大些；春棉播种早，果枝多，密度应小于夏棉。同一作物不同品种的种植密度也是有差别的。例如，玉米中叶片直立的紧凑型品种的密度应比平展叶品种大些；反之亦然。

2. 播种量的确定　　播种量的确定，一般应考虑以下几种情况。

（1）密播作物　　这类作物在出苗后不间苗，播种量对产量的影响较大。麦类作物就是这类作物。要确定播种量，应先根据地力确定产量目标，根据产量水平和品种特性确定基本苗数，再根据种子质量和田间出苗率来计算播种量。

$$播种量（kg/hm^2）=\frac{每公顷基本苗×千粒重（g）}{种子净度（\%）×发芽率（\%）×田间出苗率（\%）×1000×1000}$$

式中，千粒重、种子净度、发芽率可在播种前通过种子检验获得；田间出苗率可根据常年出苗经验获得。

注：由于克变成千克时除以1000，变成每粒重又除以1000，所以，不用转换单位。

（2）间苗作物　　这类作物出苗后要进行间苗、定苗。计算这类作物的播种量时，要考虑留苗密度及出苗时的基本苗数，如玉米、高粱。播种量的计算因条播和穴播而不同。条播情况下，根据整地情况及病虫害情况，常常要3～4棵苗才能保证一棵出苗，一般把这种根据实际经验得到的留苗系数称为全苗保证系数，在进行播种量计算时，要用全苗保证系数来修正。条播时的单位面积播种量公式为

$$播种量=\frac{计划密度×全苗保证系数×粒重}{种子净度×发芽率×田间出苗率}$$

如果采用穴播（点播），则计算时不直接用到田间出苗率和发芽率，而是根据种子质量确定每穴播种多少粒种子。播种量计算公式为

$$播种量=\frac{计划密度×每穴粒数×粒重}{种子净度}$$

（3）播种深度　　播种深度主要取决于种子大小、顶土力强弱、气候和土壤环境等因素。一般以作物种子大小和顶土力强弱分为两类：小粒、顶土力弱的种子，一般播种深度为3～5cm，如谷子、高粱、大豆、棉花等；大粒、顶土力强的种子，一般播种深度为5～6cm，如玉米、花生、蚕豆、豌豆等。播种深度还应根据土壤质地和整地质量、土壤墒情等做适当调整。

（4）播种方式

1）条播：条播是被广泛采用的一种方式。其优点是籽粒分布均匀，覆土深度比较一致，出苗齐，通风透光条件较好，便于间、混、套作和田间管理。同时，在条播时可

集中施种肥，做到经济用肥。根据条播的行距、播幅宽窄，可分为窄行条播、宽行条播、宽窄行条播等。

2）穴播：按一定株距开穴点播，也可按确定的行距开沟，于沟里按一定株距点播，一般每穴 2～4 粒种子。玉米、棉花、向日葵、花生、马铃薯多采用这种方式，用人工或点播机播种。

3）撒播：将种子均匀地分撒在一定土地面积上称为撒播。其特点是单位面积种子数量大，土地利用率高、省工，利于抢时播种。一般水稻、油菜、烟草等作物育苗采用撒播。

4）精量播种：它是在点播的基础上发展起来的一种经济用种的播种方法，它能将单粒种子，按一定距离和深度准确地插入土内，使种子获得较为均匀一致的发芽条件，达到苗齐、苗全、苗壮的目的。精量播种需要精细整地，精选种子，防治苗期虫害和具有良好性能的播种机，才能保证播种质量和全苗。

（5）合理密植　种植密度是指在单位面积上按合理的种植方式种植的作物植株数量，当种植的是树木则叫作造林密度。种植密度决定作物的透光度，通过影响光合速率，从而影响作物产量；如果是人工造林，种植密度是郁闭时间的重要因素，也直接影响木材产量和质量。适当的密度可以最大限度地利用空间，光能利用率高，保证幼林及时封顶，使林木具有最大的平均高度、胸径和横截面积，从而达到快速生长、高产、优质的目的。种植密度越大，郁闭得越快；密度越小，郁闭得越迟。种植密度关系到种植群体的结构，只有合理安排群体结构才能达到种植的目标。合理密植增产的原因：可以协调产量构成因素，密度过高，个体植株产量低，也不能高产；合理密植可以建立适宜的群体结构，密度的高低决定群体的规模是否适度、群体分布是否合理、群体长相是否正常，直接影响群体质量的好坏和产品数量的高低；合理密植能保证适宜的叶面积，提高群体的物质生产量，必须适当增加叶面积和提高光合强度，群体过大，下部叶片光照不足，群体光合速率低，直接影响群体的物质生产量。

二、育苗技术

（一）育苗方式

根据育苗利用能源的不同，大致可分为露地育苗、保温育苗、增温育苗 3 类。

1. 露地育苗　露地育苗是利用自然温度育苗，当外界气候条件达到作物发芽、幼苗正常生长的最低要求时，即可采用露地育苗。其方法简单，管理方便，省工、成本低，适宜范围广，是作物生产最基本的育苗方法。不同的作物露地育苗的方法也有差异。

（1）湿润育苗　代表性的湿润育苗形式是水稻的湿润育秧。湿润育秧应选择肥力较高、土质好、灌排方便、水源清洁、杂草少而又靠近大田的田块作苗床。

（2）旱育苗　所有的旱地作物育苗都采用旱育苗的方式。选择背风向阳，靠近大田，土质疏松、肥沃，排灌方便的田块作苗床，根据不同的作物可采用撒播、点播或条播，然后浅覆土或盖土杂肥。播种后至出苗，浇水保持苗床湿润，出苗后根据天气及苗情适当浇水，注意防治苗病。

（3）营养钵育苗　　营养钵育苗在移栽时易起苗，不伤根，成活率高，增产效果显著，适用于棉花、玉米等大粒种作物。

（4）方格（块）育苗　　方格（块）育苗简便省工，移栽时连同方格（块）一起移栽，具有营养钵育苗同样的优点。

2. 保温育苗　　在露地育苗的苗床上加盖塑料薄膜进行育苗，称为保温育苗。保温育苗可以提早播种，有利于解决前后作物争地的矛盾，延长了作物的生育期，利于培育壮苗、高产。保温育苗采用盖膜的方式，有搭拱棚、阳畦覆盖和平畦覆盖3种。

3. 增温育苗　　增温育苗是在保温育苗的基础上采用生物能或人工增温措施，使幼苗处于最适宜的温度条件下生长，提高成苗率，幼苗生长整齐一致、健壮的一种育苗方式。

（1）生物能增温育苗　　利用微生物分解性畜粪肥、绿肥、作物秸秆及杂草等酿热物发酵产生的热量，并结合覆盖薄膜吸收太阳热能，以提高苗床温度，促进发芽和幼苗生长，也称酿热温室育苗。

（2）温室育苗　　水稻采用温室育秧，省种、省工、省秧田。温室要求透光、密封、增温、保温和调湿。因前茬收获较晚需培育适龄大苗时，可采用两段育秧，即第一段用保温或温室育秧育成小苗，第二段将小苗浅插到寄秧田育成适龄壮秧，然后移栽至大田。

（3）工厂化育苗　　工厂化育苗从种子处理、床土储备到培育出合格秧苗都是按规定的工艺流程和标准，用机械作业手段完成，根据水稻种子发芽出苗及幼苗生长对温度、光照、养分、氧气等的要求，调温调湿，定量施肥，保证秧苗在最适条件下生长。

（二）苗床管理

1. 露地育苗管理　　露地育苗时，幼苗在自然环境下生长，在管理上主要做好灌溉排水、追肥、间苗、除草、防治病虫害、灾害性天气的预防等工作。

（1）灌溉排水　　旱育苗应保证适宜的水分，以促进出苗和幼苗的生长。出苗后防止土壤水分过多，以免造成幼苗组织纤细，抗逆性差。

（2）苗床追肥　　苗床追肥是培育壮苗的重要环节，施肥时应注意氮、磷、钾的配合，不宜偏施氮肥。

（3）间苗、除草　　苗过挤会出现高脚苗、弯脚苗，应及早、分次进行间苗。

（4）防治病虫害　　各种作物苗期病虫种类较多，要在床土消毒和种子消毒的基础上，根据不同作物病虫发生情况，及时、准确地用药，把病虫消灭在苗床期，防止病虫扩大蔓延到大田。

此外，各种灾害性天气如大风、低温晚霜、暴雨等对幼苗的危害很大，应做好预防。

2. 保温育苗管理　　保温育苗主要应注意提高床温，调节温、湿度和通风透光。其管理可大致分为3个时期。

（1）密封期　　密封保温，创造一个高温高湿环境，促使种芽迅速扎根立苗。

（2）炼苗期　　水稻从1叶1心到2叶1心，棉花从齐苗到二叶期。

（3）揭膜期　　水稻 3 叶期以后为揭膜期，秧苗经过 5～6 天或以上通风炼苗，当日均温稳定在 15℃以上，日最低气温在 10℃以上时，便可揭膜。应选择气温较高的阴天或晴天上午将膜完全揭去。

3．增温育苗管理　　增温育苗中，室内的温、湿度由人工控制，昼夜变化小，可以保持幼苗在最适宜的温、湿度条件下生长，不同苗期温度管理的原理与保温育苗相同。

第二节　营养和水分调节技术

一、营养调节技术

营养调节是指根据生物生长发育规律，调配适宜的营养成分与含量，应用到生物的生长过程，使其生长发育朝着人们需求的方向发展。

营养调节的方法：作物的有机营养经生物技术处理，并按照作物的生理要求，配制成适宜的浓度，喷洒到植物体上，使其被尽快吸收，使植物体积累的有机营养不断提高，并保持较高的水平，促使植株生殖生长占优势，防止抽生多余的新梢。或新梢抽生后，喷施合适的有机营养，使新梢快速成熟，并诱导开花。这种方法又叫营养控梢。

二、水分调节技术

作物的一切正常生命活动都必须在细胞含有水分的状况下才能实现。作物生产对水分的依赖性往往超过了其他任何因素。农谚"有收无收在于水，收多收少在于肥"充分说明了水肥对作物生产的重要性。

水是连接土壤-植物-大气系统的介质，水在吸收、输导和蒸腾过程中把土壤、植物和大气联系在一起。水是通过不同形态、数量和持续时间 3 个方面的变化对作物起作用的。水的不同形态是指水的三态——固态、液态和气态；数量是指降水量的多少和大气湿度的高低；持续时间是指降水、干旱、淹水等的持续日数。上述 3 个方面会对作物的生长、发育和生理生化活动产生重要作用，从而影响作物产品的产量、质量。

（一）干旱、水涝对作物的危害

（1）干旱对作物的危害　　缺水干旱的条件常对作物造成旱害。旱害是指长期持续无雨，又无灌溉和地下水补充，使作物需水和土壤供水失去平衡，从而对作物生长发育造成的伤害。

干旱可分为大气干旱和土壤干旱两种。大气干旱是由于气温高而相对湿度小，作物蒸腾过于旺盛，叶片的蒸腾量超过根系的吸水量而破坏了作物体内的水分平衡，使植株发生萎蔫，光合作用降低。若土壤的水分含量充足，大气干旱造成的萎蔫则是暂时的，作物能恢复正常生长。大气干旱能抑制作物茎叶的生长，降低产量及品质。土壤干旱是由于土壤水分不足，根系吸收不到足够的水分，如不及时灌溉，会造成根毛死亡甚至根系干枯，地上叶片严重萎蔫，直至植株死亡。大田作物中比较抗旱的有谷子、高粱、甘薯、绿豆等。当然，作物比较抗旱，只是指它们能够忍受一定程度的干旱而有一定的产量，绝不是说它们不需要更多的水。在雨水充沛的年份或有灌溉的条件时，作物的产量可以大幅度地增加。

（2）水涝灾害　水涝灾害是指长期持续阴雨，或地表水泛滥，淹没农田，或地势低洼田间积水，水分过剩，土壤缺乏氧气，根系呼吸减弱，久而久之引起作物窒息、死亡的现象。

（二）水污染对作物的影响

水体污染源，一是城市生活污水，二是工矿废水，三是农药、化肥施用不当引起的水污染。受污染的水体往往含有有毒或剧毒的化合物，如氰化物、氟化物、硝基化合物、酸、汞、镉、铬等，还含有某些发酵性的有机物和亚硫酸盐、硫化物等无机物。这些有机物和无机物都能消耗水中的溶解氧，致使水中生物因缺氧而窒息死亡，或直接毒害作物，影响其生长发育、产量和品质，甚至间接地影响人体健康。

第三节　收获与贮藏技术

一、收获技术

作物产品收获后至贮藏或出售前，进行脱粒、干燥、去除夹杂物、精选及其他处理，称为粗加工。粗加工可使产品耐贮藏，增进品质，提高产品价格，缩小容积而减少运销成本。

（1）脱粒　脱粒的难易及脱粒方法与作物的落粒相关，易落粒的品种，容易自行脱粒，易受损失。脱粒法有：简易脱粒法，使用木棒等敲打使之脱粒，如禾谷类及豆类、油菜等多用此法；机械脱粒法，禾谷类作物刈割后除人工脱粒外，可用动力或脚踏式滚动脱粒机脱落。玉米脱粒，必须待玉米穗干燥至种子水分含量达 18%～20%时才可以进行，可用人工或玉米脱粒机进行脱粒。

（2）干燥　干燥的目的是除去收获物内的水分，防止因水分含量过高而发芽、发霉、发热，造成损失。干燥的方法有自然干燥法和机械干燥法。

（3）去杂　收获物干燥后，除去夹杂物，使产品纯净，以便利用、贮藏和出售。去杂的方法通常采用风扬，利用自然风或风扇除去茎叶碎片、泥沙、杂草、害虫等夹杂物。进一步的清选可采用风筛清选机，通过气流作用和分层筛选，获得不同等级的种子。

（4）分级、包装　农产品分级包装标准化，可提高产品价值，更符合市场的不同需求，尤其是易腐蚀性产品，可避免运输途中遭受严重损害而降低商品价值。例如，棉花必须做好分收、分晒、分藏、分扎、分售等"五分"工作，才能保证优质优价，既提高了棉花的经济效益，又能符合纺织工业的需要。

二、贮藏技术

收获的农产品或种子若不能立即使用，则需贮藏。贮藏期间，若贮藏方法不当，容易造成霉烂、虫蛀、鼠害、品质变劣、种子发芽力降低等现象，造成很大损失。因此，应根据作物产品的贮藏特性，进行科学贮藏。

（一）谷类的贮藏

大量种子或商品粮用仓库贮藏。仓库必须具有干燥、通风与隔湿等条件，构造要简单，能隔离鼠害，内窗能密闭，以便用药品熏蒸害虫和消毒。

（1）谷物水分含量　　谷物的水分含量与能否长久贮存关系密切，水分含量高，呼吸加快，谷温升高，霉菌、害虫繁殖也快，造成粮堆发热而导致粮食很快变质。一般粮食作物（如水稻、玉米、高粱、大豆、小麦、大麦等）的安全贮藏水分含量必须在13%以下。

（2）贮藏的环境条件　　谷物的吸湿、散湿对储粮的稳定性有密切的关系，控制与降低吸湿是粮食贮藏的基本要求。在一定温度、湿度条件下，谷物的吸湿量和散湿量相等，水分含量不再变动，此时的谷物水分称为平衡水分。

（3）仓库管理　　谷物入仓前要对仓库进行清洁消毒，彻底清除杂物和害虫。仓库内应有仓温测定设备，随时注意温度的变化，每天上午和下午各安排一次固定时间记录仓温。注意防治仓库害虫和霉菌，密闭良好的仓库用熏蒸剂熏蒸。熏蒸、低水分含量和低温贮存是控制害虫与霉菌的有效方法。

（二）薯类的贮藏

鲜薯贮藏可延长食用时间和种用价值，是薯类产后的一个重要环节。薯块体大、皮薄、水分多，组织柔嫩，在收获、运输、贮藏过程中容易损伤、感染病菌、遭受冷害，造成贮藏期大量腐烂，薯类的安全贮藏尤为重要。

（1）贮藏的环境条件　　甘薯贮藏期的适宜温度为 10～14℃，低于 9℃会受冷害，引起烂薯；相对湿度维持在 80%～90%最为适宜，相对湿度低于 70%时，薯块失水皱缩、糠心或干腐，不能安全贮藏。马铃薯种薯贮藏温度应控制在 1～5℃，最高不超过 7℃，食用薯应保持在 10℃以上，相对湿度为 85%～95%。

（2）贮藏期管理　　贮藏窖的形式多种多样，其基本要求是保温、通风换气性能好、结构坚实、不塌不漏、干燥不渗水及便于管理和检验。入窖薯块要精选，凡是带病、破伤、虫蛀、受淹、受冷害的薯块均不能入窖，以确保贮薯质量。在贮藏初期、中期和后期，由于薯块生理变化不同，要求的温度、湿度不一样。外界温度和湿度的变化，也影响窖内温度和湿度。

（三）其他作物的贮藏

种植用花生一般以荚果贮藏，晒干后装袋入仓，将水分控制在 9%～10%，堆垛温度不超过 25℃。

油菜种子吸热性强，通气性差，容易发热，含油分多，易酸败。应严格控制入库水分和种温，一般应将种子水分控制在 9%～10%，大豆种子吸湿性强，导热性差，高温高湿易丧失生活力，蛋白质易变性，破损粒易生霉变质。蔬菜种子的安全贮藏水分随种子类别的不同而不同。不结球白菜、结球白菜、辣椒、番茄、甘蓝、球茎甘蓝、花椰菜、莴苣的含水量不高于 7%，茄子、芹菜的含水量不高于 8%，冬瓜的含水量不高于 9%，菠菜的含水量不高于 10%，赤豆（红小豆）、绿豆的含水量不高于 8%。南方气温高、湿度大的地区特别应严格掌握蔬菜种子的安全贮藏含水量，否则种子发芽力会迅速下降。

第四节 作物栽培智能化生产

一、背景

农业机械化使农业生产的效率得到了很大的提高，并且使农业生产成本下降、用工减少，但制约农业生产的一些难题至今尚未解决，主要原因如下。

机械本身固有的局限性，如机械无法辨别气味、颜色等；所有的农业机械化都是为在特定条件下从事某项工作而设计的，因此适应性差。

为了解决这些问题，近年来，电子技术和自动化技术被大量用于农业和农业机械领域。智能化技术在农业中应用得日益广泛，为农业的进一步发展奠定了基础，同时也给人们提供了许多新的研究方向。

二、作物生产智能化技术

现代农业智能化包括在育种育苗、作物栽种管理、土壤及环境管理、农业科技设施等多个方面引入计算机软件，实施程序化。

作物生产智能化已逐渐渗透到农业生产的各个方面，包括智能化栽培技术、智能化耕作技术、智能化喷灌技术和智能化收获技术。

（一）智能化栽培技术

作物智能栽培学就是将系统分析原理和信息技术应用于作物栽培学研究，着重以作物栽培智能决策支持系统来指导作物的生产管理，是一门以计算机技术与传统的作物栽培学相结合的新兴的交叉学科。

其核心和基础的研究内容是作物生长系统的计算机模拟模型及智能化决策支持系统，关键是将生长模型的预测功能、专家系统的推理决策功能、资源管理系统的信息管理功能相融合，对不同环境下的作物生长状况做出实时预测并提供优化管理决策，实现作物高产、高效、优质、持续发展。

在我国，芽苗菜种植十分火热，但是传统的芽苗菜生产方法是靠人为的经验判断湿度够不够，所以不能准确地控制其湿度，导致湿度忽高忽低，容易造成细菌、真菌的滋生，并且生产效率低。

芽苗菜智能化生产通过环控设备与计算机控制系统来实现，具有产量高、周期短、效益高、节约劳动力、清洁干净等优点。

（二）智能化耕作技术

其优点为采用高度自动化和智能化的作业机械，不仅具有操作舒适性和安全性，而且能提高工作效率，保证作业质量，降低生产成本。各种传感技术、遥感技术及电子和计算机技术在农业机械上的应用，为拖拉机的自动化和智能化提供了技术支持和保障。因此，自动化、智能化是未来拖拉机尤其是大中型拖拉机发展的必然趋势。

美国伦敦大学综合技术学院土地管理系成功研制了一种激光拖拉机，利用激光计算机导航装置，不仅能够准确无误地测定其所在位置及运行方向，使误差不超过25cm，而且能够根据送入农场计算机中心的电子图表，查出该处土地的湿度、化学成分、排水沟位置和其他一些特点，准确计算出最佳种植方案，以及所需种子、肥料和农药数量等。并且一人在室内荧屏前可操纵多台激光拖拉机进行耕作，耕作速度快，且可减少种子、化肥和农药的消耗量，节约生产成本 50%，提高作物产量 20%。

英国开发的带有电子监测系统（EMS）的拖拉机具有故障诊断和工作状态液晶显示功能，EMS 可严密地控制机器各主要功能的变化，可以控制耕作及播种的宽度、深度等。

（三）智能化喷灌技术

智能化喷灌技术在农业中的应用，不仅可以提高生产效率，还可以节约成本、降低污染，是智能化农业机械的重要组成部分。

美国内布拉斯加州的瓦尔蒙特工业股份有限公司和 ARS 公司开发出一种能实现农田自动灌溉的红外湿度计，安装在环绕着一片农田的灌溉系统上后，每 6s 可读取 1 次作物叶面湿度。当作物需水时，它会通过计算机发出灌溉指令，及时向农田灌水。

德国 Dammer 推出一种能识别莠草的喷雾器。它在田野移动时，能借助专门的电子传感器来区分庄稼和杂草，当发现只有莠草时，才喷出除莠剂，可以节省 24.6%的除莠剂，从而减轻了对环境的污染。

（四）智能化收获技术

智能化收获机械包括水果采摘机器人、粮食收割机械等。

采摘机器人由机械手、末端执行器、移动机构、机器视觉系统及控制系统等构成。机械手的结构形式和自由度直接影响采摘机器人智能控制的复杂性、作业的灵活性和精度。移动机构的自主导航和机器视觉系统能解决采摘机器人的自主行走和目标定位，是整个机器人系统的核心和关键。

美国学者 Schertz 和 Brown 于 1968 年首先提出应用机器人技术进行果蔬的收获，1983 年第一台番茄采摘机器人在美国诞生。

之后，法国科学家开发的摘苹果机器人，能辨别出苹果是否成熟，摘一个苹果仅需 6s，比人工节省一半时间。

还有美国一家公司发明了一种采蘑菇机器人，可按照蘑菇伞最小直径进行采摘，平均每 6s 采摘一个蘑菇，还不会使蘑菇受损。

智能化收获机械能够节约人力，具有胜任危、难、险、单调、烦琐的工作等优点，主要应用于田间作业、园林生产和在线分级，潜在应用包括果蔬的采摘、林木的修剪等，具有广泛的应用前景。在保证良好性能的前提下，应向高效、大型、大功率、大割幅、大喂入量和高速发展。

日本研制了自动控制半喂入联合收割机。其车速自动控制装置可以利用发动机的转速检测行进速度、收割状态，通过变速机构，实现车速的自动控制，当喂入脱粒室的量过大时，车速会自动变慢。作物喂入深度全自动调节机构，可以保证作物穗部在脱粒室内的合理长度，可减轻脱粒负荷和脱粒损失。

国内研制方面，石家庄研制成功了装备"天眼""触角"和"心脏"的智能化收割机，"天眼"就是全球定位系统，"触角"由速度传感器、割台传感器和冲量传感器组成，"心脏"是被安装在驾驶室内带屏幕的主控单元。在收割过程中，土地的土壤质地、肥力、产量、杂草病虫害、经纬度等信息，通过装在该收割机上的这些先进技术设备传到远方的控制中心进行分析，科研人员就可据此对农业生产进行决策。

作物生产的智能化不只是这 4 种技术，随着计算机及信息技术的发展，智能化已经渗透于农业生产的各个方面。例如，智能化温室技术、智能化除草技术等，同时一些智能化放牧机械、智能化施药机械已经在欧美等国家开始应用。

（五）智能化的优点

1）智能化技术使传统机械无法作业的项目实现了机械化。
2）智能化技术使农业机械的工作更加符合农艺要求。
3）智能化技术研究使农业机动机器人有了重大突破。
4）农业生产和农场的管理是智能化技术在农业上应用的又一重要领域。

（六）智能化研究给我国农业发展的启发

作物生产智能化在欧美等国家已经取得了很大的进展，但我国在这方面的研究还相当落后。而国外在农业智能化发展中所取得的成就也给我国农业发展指明了一条道路。

当前我国正处于社会经济发展的转型期，无论从生产效率还是从环境保护方面，农业生产智能化一定是我国农业发展的必由之路。

第五节　作物病、虫、草害与防治

一、作物病害

作物由于受到病原物或不良环境条件的持续干扰，其干扰强度超过了能够忍耐的程度，使作物正常的生理功能受到严重影响，在生理上和外观上表现出异常，这种偏离了正常状态的作物就是发生了病害。

（一）作物病害发生的原因

病原、感病作物和环境条件是作物病害发生的基本因素，呈现一种三角关系，即"病害三角"。环境条件是病害发生与流行的重要因子。环境条件同时左右着病原物和作物的生活状态，当环境条件有利于病原物而不利于寄主时，病害有可能发生发展；相反，环境条件有利于寄主而不利于病原物时，病害就不会发生或受抑制。防治上若能创造一个适合寄主而不利于病原物的环境条件时，可以减轻和防止病害的发生与流行。

（二）作物病害的症状

作物染病以后，首先发生的是生理变化，称为生理病变。接着发生的是内部组织的变化和外部形态的变化，分别称为组织病变和形态病变。生理病变在开始时往往不易被察觉，但随着病变的加深和发展，组织和形态的病变逐渐显露出来。作物外部形态的不正常表现称为症状。

（1）症状类型　　变色、坏死、腐烂、萎蔫和畸形是作物症状的 5 种表现。

1）变色：植株患病后局部或全株失去正常的绿色或发生颜色变化，称为变色。

2）坏死：植株的细胞或组织受到破坏而死亡，称为坏死。

3）腐烂：作物细胞和组织发生大面积的消解和破坏，称为腐烂。

4）萎蔫：作物由失水而导致的枝叶萎垂的现象，称为萎蔫。

5）畸形：由于病组织或细胞生长受阻或过度增生而造成的形态异常，称为畸形。

（2）病征类型　　作物病征的表现有霉状物、粉状物、锈状物、粒状物、索状物与脓状物等类型。

1）霉状物：霉状物是指病部形成的各种毛绒状的霉层，其颜色、质地和结构变化较大，如绵霉、霜霉、青霉、绿霉、黑霉、灰霉、赤霉等。

2）粉状物：粉状物是指病部形成的白色或黑色粉层，分别是白粉病和黑粉病的病征。

3）锈状物：锈状物是指病部表面形成的小疱状突起，破裂后散出白色或铁锈色的粉状物，分别是白锈病和各种锈病的病征。

4）粒状物：粒状物是指病部产生的大小、形状及着生情况差异很大的颗粒状物，多为真菌性病害的病征。

5）索状物：索状物是指患病作物的根部表面产生紫色或深色的菌丝索，即真菌的根状菌索。

6）脓状物：脓状物是指潮湿条件下在病部产生的黄褐色、胶黏状似露珠的脓状物，即菌脓，干燥后形成黄褐色的薄膜或胶粒。这是细菌病害特有的病征。

（三）作物病害的类型

作物的种类很多，病因也各不相同，造成的病害形式多样，根据病因类型通常把作物病害分为侵染性病害和非侵染性病害。

（1）侵染性病害　　侵染性病害由病原生物引起，该病原生物能够在植株间传染，故也称为传染性病害。根据病原生物的种类，侵染性病害又可分为真菌病害、细菌病害、病毒病害、线虫病害及寄生性种子作物病害。

（2）非侵染性病害　　非侵染性病害也称为非传染性病害或生理性病害，由不适宜的环境因素引起。该类病害没有病原生物的参与，在植株间不会传染。

非侵染性病害和侵染性病害的病因虽然各不相同，但两类病害之间的关系是非常密切的，在一定的条件下可以相互影响。非侵染性病害可以降低寄主作物对病原物的抵抗能力，常常诱发或加重侵染性病害。例如，麦苗受春冻后诱发根腐病引起烂根，造成麦苗陆续死亡；水稻缺钾、磷易诱发水稻胡麻斑病。另外，侵染性病害也可为非侵染性病害的发生创造条件。例如，小麦锈病发生严重时，病部表皮破裂易丧失水分，浇水不及时易受旱害。

（四）作物病害的病原生物

病原生物的两个基本特征是寄生性和致病性。寄生性是寄生物从寄主体内夺取养分和水分等生活物质以维持生存和繁殖的特性。致病性是病原物所具有的破坏寄主并引起病害的特性。

（1）真菌　　真菌是真核生物，典型的繁殖方式是产生各种类型的孢子。真菌的营养方式有腐生、共生和寄生 3 种，许多寄生性真菌是作物病原菌，可以寄生于作物引起作物病害。真菌经一定时期的营养生长后就进行繁殖。

（2）原核生物　　原核生物是一类具有原核结构的单细胞微生物，具有由细胞膜或细胞壁包围着的原生质体。作物病原原核生物主要包括细菌和菌原体，侵染作物可引起许多重要病害，如水稻白叶枯病、茄科作物青枯病、十字花科作物软腐病等。

（3）病毒　　病毒是一类结构简单的分子寄生物，不具备细胞形态，一个病毒颗粒主要由基因组核酸和保护性蛋白质衣壳组成。病毒的繁殖与细菌和真菌不同，只能在活的寄主细胞内进行，通过改变寄主细胞的代谢途径，复制合成病毒的核酸和蛋白质，形成新的病毒颗粒体，所以病毒的繁殖又称为增殖。病毒的寄生性是很严格的，大多数病毒离开寄主活体便失去侵染力，但也有较稳定的病毒。例如，烟草花叶病毒在干燥的组织内能存活多年。

（4）作物病原线虫　　线虫又称为蠕虫，是一类低等的无脊椎动物，数量多而分布广。寄生作物的线虫有数百种，引起的病害称为作物线虫病，如小麦线虫病、花生根结线虫病等。

（5）寄生性种子作物　　作物绝大多数是自养的，少数由于缺少足够的叶绿素或因为某些器官的退化而营寄生生活，称为寄生性作物，寄生性作物中除少数藻类外，大都为种子作物。

（五）病原物的侵染过程和病害循环

（1）病原物的侵染过程　　作物侵染性病害发生有一定的过程，病原物通过与寄主感病部位接触、侵入寄主和在作物体内繁殖扩展，表现致病作用。相应地，寄主作物对病原物的侵入也会产生一系列反应，最后显示病状而发病。侵染过程一般分为侵入前期、侵入期、潜育期和发病期。

1）侵入前期：当寄主的生长季节开始时，病原物也开始活动，从越冬、越夏的场所，通过一定的传播介体（如风、雨水、昆虫等）传到寄主的感病点上，并与之接触，即侵入前期。

2）侵入期：侵入期就是从病原物接触寄主开始，直至与寄主建立寄生关系的一段时期。外界环境条件、寄主作物的抗病性，以及病原物侵入量的多少和致病力的强弱等因素，都有可能影响病原物的侵入和寄生关系的建立。

3）潜育期：潜育期是指从病原物与寄主建立寄生关系开始，到表现明显症状前的一段时间。潜育期是病原物在寄主体内吸收营养和扩展的时期，也是寄主对病原物的扩展表现不同程度抵抗性的过程，症状的出现就是潜育期的结束。

4）发病期：作物受到侵染以后，从出现明显症状开始就进入发病期。此后，症状的严重性不断增加。例如，真菌性病害随着症状的发展，在受害部位产生大量无性孢子，提供了再侵染的病原体来源。

（2）病害循环　　病害循环是指侵染性病害从寄主作物的前一个生长季节开始发病，到下一个生长季节再度发病的整个过程。其主要涉及病原物的越冬或越夏、传播和初侵染与再侵染 3 个环节。

1）病原物的越冬或越夏：病原物的越冬或越夏有寄生、腐生、休眠 3 种方式。病原物类别不同，其越冬或越夏方式各异。病原物的越冬或越夏场所一般也是下一个生长季节的初侵染来源。

2）病原物的传播：病原物从越冬、越夏场所到达寄主感病部位，或者从已经形成的发病中心向四周扩散，均需要传播才能实现。传播是联系病害循环中各个环节的纽带。防止病原物的传播，不仅使病害循环中断，病害发生受到控制，还可防止危险性病害发生区域的扩大。

3）病原物的初侵染与再侵染：越冬或越夏的病原物，在作物一个生长季节中最初引起的侵染，称为初侵染；由初侵染的病部产生的病原体通过传播引起的侵染称为再侵染。在同一生长季节中，再侵染可能发生许多次。

二、作物虫害

作物虫害主要是由害虫侵染所致，其次是由有害的蛾类及软体动物引起的。据联合国粮食及农业组织估计，虫害对作物生产所造成的损失在亚洲为 21%，非洲为 13%，南美洲为 10%，北、中美洲为 9%，欧洲为 5%。为确保作物的产量和品质，需要对虫害进行有效的防治。

（一）昆虫的生物学特性

不同昆虫的生长发育、繁殖方式、习性和行为等生命特性差异很大。了解昆虫的生物学特性，对掌握昆虫个体发育的基本规律及害虫的防治，具有非常重要的现实意义。

1. 昆虫的生殖方式　　昆虫在复杂的环境条件下具有多样的生活方式。经过长期的适应，生殖方式也表现出多样性，归纳起来有两性生殖、孤雌生殖、卵胎生殖和多胚生殖等。

（1）**两性生殖**　　雌雄昆虫经过两性交配后，精子与卵子结合。雌虫产下受精卵，每一粒卵发育成一个新个体。这种生殖方式称为两性生殖，这是昆虫繁殖后代最普遍的形式。

（2）**孤雌生殖**　　又称单性生殖。雌虫不经过交配或卵不经过受精就能发育成新个体的生殖方式，称为孤雌生殖，如同翅目的粉虱科、介壳虫科等种类。

（3）卵胎生殖　是指卵在母体内孵化后直接产出小幼虫的生殖方式。这种方式的卵在母体内成熟后并不产下，而是停留在母体内继续进行胚胎发育，直到孵化后直接产出幼虫。

（4）多胚生殖　一个卵在个体发育过程中可分裂成两个或多个胚胎，每个胚胎发育成一个新个体。最多的一个卵可孵出 3000 多个幼虫，幼虫的性别以所产的卵是否受精而定，受精的卵发育成雌虫，未受精的卵发育为雄虫。

2. 昆虫的发育与变态

（1）变态及类型　昆虫的个体发育过程分为胚胎发育和胚后发育两个阶段。胚胎发育是在卵内完成的，至卵孵化为止；胚后发育是从卵孵化后至成虫性成熟的整个发育期。

昆虫的生长发育是新陈代谢的过程。昆虫从幼虫到成虫的整个发育过程中要经过外部形态、内部构造及生活习性上的一系列改变，这种现象称为变态。按昆虫发育阶段的变化，变态可分为以下几种类型。

1）无变态：这是较原始的变态类型。它的特点是幼虫和成虫外形相似、习性相同。昆虫纲中无翅亚纲都属于此类变态。

2）不全变态：不全变态是昆虫个体在发育过程中，只经过卵→若虫→成虫 3 个发育阶段。其若虫和成虫外形相似，习性相同。它们取食相同的食料，栖息在相近的环境里。若虫不同于成虫的主要区别是翅未长成和性器官没有成熟。这类变态又称为"渐进变态"。

3）全变态：全变态是昆虫在个体发育过程中要经过卵→幼虫→蛹→成虫 4 个阶段。幼虫与成虫的外部形态、内部器官及生活习性完全不同，因此必须经过蛹这个阶段来完成这类形态的转变。

（2）昆虫各虫期的生命活动特点

1）卵期：卵从产下到孵化所经历的时间称为卵期。卵是昆虫个体发育的第一阶段，即胚胎发育时期。昆虫的生命活动是从卵开始的。昆虫的种类不同，卵的大小、形状、产卵方式、产卵场所及卵期长短不同。因此，了解不同昆虫的产卵特性，对识别害虫种类及害虫的防治都具有非常重要的作用。

2）幼虫期：昆虫的胚胎发育完成后进入昆虫的幼虫期，即进入了胚后发育阶段。幼虫或若虫破壳而出的现象称为孵化。幼虫孵化后到发育成蛹（全变态）或成虫（不全变态）之前整个发育阶段，称为幼虫期或若虫期。幼虫孵化后，开始取食摄取营养，即开始对寄主产生危害。掌握幼虫的形态和龄期，对害虫的识别、预测预报及防治有重要意义。幼虫期是昆虫取食生长的时期，大多数害虫在幼虫期危害农作物，而多数天敌则以捕食幼虫或寄生于农林植物害虫的方式发挥作用。

3）蛹期：蛹期是全变态类昆虫所特有的阶段，也是幼虫转变为成虫的过渡阶段。幼虫老熟后先停止取食，迁移到适当的场所。这时幼虫的体躯逐渐缩短，活动减弱，称为预蛹。预蛹脱去最后一层皮变为蛹的过程称为化蛹。

4）成虫期：全变态类蛹蜕皮或不全变态若虫脱最后一次皮，变为成虫的过程称为羽化。成虫从羽化直到死亡所经历的时间，称为成虫期。

（二）昆虫的主要习性

（1）昆虫的假死性　　昆虫受到突然的接触或震动时，全身表现出一种反射性的抑制态，身体蜷曲，一动不动，片刻才又爬行或飞翔，这种习性称为假死性。人们可以利用这种假死性，设计震落捕虫机具加以捕杀。

（2）昆虫的趋性　　趋性是昆虫的神经活动对外界环境的刺激所表现的"趋、避"行为，这是昆虫在系统发育过程中对外界条件的适应。按刺激物的性质，趋性可分为趋光性、趋化性、趋温性、趋湿性和趋色性等。

（3）昆虫的食性　　按其取食的食物种类，昆虫食性可分为植食性、肉食性、腐食性和杂食性。植食性的昆虫以植物为食，多数为农林业的害虫。根据其食性范围的大小，可分为单食性、寡食性和多食性 3 种。

（4）昆虫的群集性　　同种昆虫的个体大量聚集在一起生活的习性称为群集性。各种昆虫群集的方式有所不同，分为临时性群集和永久性群集两种类型。临时性群集是指昆虫仅在某一虫态或某一阶段进行群集生活，然后分散，如多种瓢虫越冬时其成虫常群集在一起，当度过寒冬后即进行分散生活；永久性群集往往出现在昆虫个体的整个生育期，一旦形成群集后，很久不会分散，趋向于群居型生活。

（三）昆虫与环境条件

昆虫的生长发育及繁殖与环境条件有着密切的关系，适宜的环境条件有利于昆虫种群生存和繁衍，而不利的环境会导致昆虫种群的急剧下降甚至灭亡。自然界影响昆虫生存的环境因子包括非生物因子（气象因子、土壤因子）和生物因子（食物因子和天敌因子）两大类，各种因子之间有着密切的联系，它们共同构成昆虫的生活环境，综合地作用于昆虫。

1. 气象因子　　影响昆虫的气象因子包括温度、湿度、光照等。

（1）温度　　温度是气象因子中对昆虫影响最为明显的一类因子。因为昆虫属于变温动物，体温随周围环境的变化而变化。昆虫的生长、发育、繁殖等生命活动都要求在一定的温度范围内进行，这个温度范围称为昆虫的适宜温区或有效温区。

（2）湿度　　湿度的主要作用是影响虫体水分的蒸发及虫体的含水量，其次是影响虫体的体温和代谢速度。昆虫卵孵化、幼虫蜕皮、化蛹、羽化时都需要一定的湿度，如果大气湿度过低，往往使它不能从老皮中脱出，或者发生粘连而大批死亡。

（3）光照　　光照对昆虫具有信号作用，主要是影响昆虫的活动、行为和滞育。

2. 土壤因子　　据报道，98%以上的昆虫种类在生活史中与土壤发生或多或少的关系，因此土壤与昆虫有着密切的关系。土壤温度、土壤湿度、土壤理化性状等对昆虫发生和生长、发育有很大的影响，对地下昆虫的影响尤为显著。

3. 食物因子　　食物因子对昆虫的生长、发育、生存和繁殖起着重要作用。当昆虫取食适宜的食物时，生长发育快，繁殖率高。例如，棉铃虫取食植物的繁殖器官比取食植物的营养器官死亡率低、生长发育快，羽化后的成虫繁殖率高。

4. 天敌因子　　昆虫的生物性敌害称为天敌。天敌对于昆虫的生存具有一定的抑制作用,它主要包括有益昆虫、有益动物和病原微生物三大类。有益昆虫包括寄生性和捕食性昆虫,有益动物包括鸟类、两栖类等,病原微生物主要包括细菌、真菌、病毒、原生动物、线虫、立克次体等。

（四）害虫发生与自然环境的关系

环境因素分为生物因素和非生物因素两大类。生物因素主要是指食物、天敌及种群内和种群间的相互关系;非生物因素主要是指土壤和气候条件。

（1）生物因素　　生物因素中最主要的因素是食物。食物的多寡、优劣对昆虫的生长、发育均有巨大的影响,直接制约昆虫种群的兴衰存亡。同一面积上长期单一种植某种作物,有可能引发某种害虫的猖獗,换茬轮作对降低同一地区有害种群具有重要意义。

（2）非生物因素　　昆虫的发育起点温度一般为 8~20℃,20~30℃为最适温区。在生存温度范围内,温度越适宜,对害虫的生长发育和繁殖越有利,其危害性也越大。

三、作物草害

农田杂草通常是指人们有意识栽培作物以外的、对作物生产有危害的草本作物。杂草是生态系统的一个重要组成部分,对人类生存既有弊也有利,应全面考虑。

（一）农田杂草的危害

农田杂草是影响作物产量的灾害之一。我国每年由草害造成的作物产量损失以亿千克计,特别是一些恶性杂草危害尤为严重。例如,分布于西北及东北部地区的燕麦草,分布于全国各稻区稻田及黑龙江省大豆、春小麦等作物田的稗草,分布于新疆地区的寄生性杂草等都是生产上亟待解决的问题。

农田杂草的危害可分为直接危害和间接危害两方面：①直接危害主要是指农田杂草对作物生长发育的妨碍并造成农作物的产量和品质的下降。杂草有顽强的生命力,在地上和地下与作物进行竞争,地上部主要表现为对光和空间的竞争,地下部主要表现为对水分和营养的竞争,直接影响作物的生长发育。②间接危害主要是指农田杂草中的许多种类是病虫的中间寄主和越冬场所,有助于病虫的发生与蔓延,从而造成损失。水渠两旁长满杂草,使渠水流速减缓,泥沙淤积,传输草籽,不仅影响水利设施的效益和寿命,给作物生产也会带来危害。另外,有些杂草植株或某些器官有毒,如毒麦籽实混入粮食或饲料中能引起人畜中毒。因此,草害防除是提高作物产量与品质,达到高产、稳产和高效的重要措施。

（二）杂草的类型

根据杂草的作物学特征,可将其分为双子叶杂草和单子叶杂草,这两种类型的杂草对除草剂的敏感程度有着明显的差别。

根据杂草的营养与生活方式,又可将其分为寄生性杂草、半寄生性杂草和非寄生性杂草。寄生性杂草没有绿色叶片,不能进行光合作用,用茎或根盘旋缠绕在寄主作物上,吸取所需的有机养料，如菟丝子、列当。半寄生性杂草有绿色叶片，能进行光合作用制造有机物质，以寄生根从寄主体内摄取水分和养料，最常见的有桑寄生属和槲寄生属，常寄生于杨树、苹果树上。非寄生性杂草具有独立的生活方式，可以从外界吸收水、CO_2 和矿物质，能进行光合作用制造供自身生命活动的有机物质。

此外，根据生长季节的不同，可将其分为冬季杂草和夏季杂草；根据其生活年限，又可将其分为一年生杂草、二年生杂草和多年生杂草；根据杂草和水分条件的关系，可将其分为水田杂草和旱地杂草。

（三）杂草的主要特性

由于长期自然选择的结果，农田杂草形成了适应环境条件的一些重要特性，了解这些特性是制订正确的杂草防除措施的基础。

1．农田杂草的生物学特性　　农田杂草的生物学特性包括以下几种。

（1）休眠性　　在长期的自然选择过程中，大多数杂草种子形成了休眠的特性，即当种子成熟后的数月内即使外部环境条件满足发芽要求时也不发芽，从而表现出很强的环境适应性。而且即便打破休眠后，如果环境条件不适时还会产生二次休眠的现象。

（2）早熟性　　杂草的营养生长期较短，并能根据环境的变化缩短营养生长转向生殖生长，使杂草在短时间内就能成熟结实。

（3）多繁性　　杂草具有强大的繁殖能力。其繁殖方式分为种子繁殖和营养繁殖两种类型。以种子繁殖的杂草的种子具有籽粒小、数量大的特征，一株杂草的种子数少则 1000 粒，多则数十万粒，通常可达 3 万～4 万粒。

2．杂草的传播　　杂草种子可借风力、水流等自然因素进行传播，也可通过动物和人的活动进行传播。通常杂草种子的传播能力很强，并有各种散播种子的结构，大田耕作、施用未腐熟的农家肥、播种混有杂草的种子、调种或引种等往往可以造成杂草的人为传播。营养体繁殖的杂草，则主要是依靠地下根茎的延伸来传播。

3．杂草与环境的关系　　农田杂草与自然环境条件有着密切的联系，在地理分布上有一定的规律性，并且因土壤条件、水分状况、季节与栽培作物而不同。我国长江以南地区高温多雨，主要的杂草种类属于喜温、喜湿作物，如香附子、狗牙根、繁缕等；长江以北地区气候比较干燥而寒冷，耐寒抗寒的杂草占优势，如灰菜、扁蓄、野燕麦、小蓟等。由于季节的变化和各种杂草萌发所需要的温度不同，同一田块中各种杂草交替出现。例如，一块稻田中最早出现稗草，中期出现异型莎草；冬小麦地的杂草先是荠菜等，春季以后是灰菜等。

四、作物病、虫、草害的防治方法

防治病、虫、草害的方法很多，有作物检疫、农业防治、生物防治、物理防治和化学防治等。作物病、虫害与农田杂草对农业生产有严重的危害性。病、虫、草害每年都会给农业生产造成巨大损失，防治作物病、虫、草害是保证农业增产的一项重要技术措施。

（一）作物检疫

作物检疫是贯彻"预防为主，综合防治"方针的一项重要措施。其目的是杜绝危险性病原物的输入和输出，以保护农业生产。作物检疫不是对所有的重要病害都要实行检疫，要根据危险性病害、局部地区发生、由人为传播这3个条件制定国内和国外的检疫对象名单。

作物检疫又称法规防治，它是由国家颁布法令，对作物及其产品，特别是种子、苗木、接穗等繁殖材料进行管理和控制，明令禁止某些局部地区发生的危险性病、虫、草蔓延传播，并采取各种紧急措施，就地消灭。

作物检疫对象的确定，主要依据 3 个基本条件：一是局部地区发生的病、虫、草，一旦具有普遍性，就失去了检疫的意义；二是危险性大，能给农业生产造成巨大损失的病、虫、草；三是通过人为因素进行远距离传播的病、虫、草。作物检疫对保护国家或地区的农业生产，具有十分重要的意义。随着贸易、交通的发展，人员和物资的交流越来越频繁，危险性病、虫、草传播的可能性增大，实行作物检疫制度，由国家设立专门的机构，会同海关、铁路、邮政、交通等部门共同实施，是防止疫情扩大蔓延的有效手段。

（二）农业防治

农业防治即在农田生态系统中，利用和改进耕作栽培技术，调节病原物、寄主及环境之间的关系，创造有利于作物生长、不利于病害发生的环境条件，控制病害发生与发展。在各种作物病害防治技术中，农业防治最为经济、安全，且往往能够有效控制一些其他措施难以防治的病害。农业防治措施包括以下4种。

（1）选用优良品种　　许多作物病害的病原物，如水稻白叶枯病菌、水稻干尖线虫等，都经种苗携带而传播扩散。生产和利用无病种苗可有效防治这类病害，如建立无病留种田或无病繁殖区，对种子进行检验，对带病种子进行剔除、消毒或灭菌处理，或利用作物茎尖生长点分生组织不带病毒的特点，进行组织培养，获得无毒苗。

（2）建立合理的耕作制度　　合理的耕作制度，既可调节农田生态系统，改善土壤肥力和土壤的理化性质，有利于作物生长发育和土壤中有益微生物的繁衍，又能减少病原生物的存活率，切断病害循环，减轻病害。

（3）加强栽培管理　　合理播种（播种期、种植密度）、合理整枝、科学管理肥水、中耕等栽培管理措施可直接杀灭或抑制病、虫、草害的发生。

（4）改善农田生态环境　　改善农田生态环境是控制和消灭病、虫、草害的有效措施。此外，通过深耕灭茬、清洁田园，及时将枯枝落叶、落果等清除，可消灭潜藏的多种害虫并减少病原物接种体的数量，有效减轻或控制病害。清除田边、沟边、路旁杂草也是防止杂草蔓延的重要措施。

（三）化学防治

化学防治即用化学农药来防治害虫、病菌、杂草及其他有害生物。自从有机化学农药在 20 世纪 40 年代开始大量生产并广泛使用以来，化学防治已成为作物保护的重要手段。

农药的主要种类：农药是指用于防治危害作物及其产品的害虫、病菌、杂草等的化学物质，并包括提高这些药剂效益的辅助剂、增效剂等。随着近代农药研制的发展，对于调节或抑制昆虫生长发育的药剂，如保幼激素、驱避剂、拒食剂等，也都属于农药的范围。按不同的防治对象分，农药主要有杀虫剂、杀菌剂和除草剂三大类。

（1）杀虫剂　　杀虫剂即用来防治害虫的药剂。在我国目前农药生产中，杀虫剂的品种和产量居第一位。化学防治杀虫快，效果好，使用方便，不受地区和季节性限制，适于大面积机械化防治。

（2）杀菌剂　　用于防治作物病害的农药统称为杀菌剂，包括杀真菌剂、杀细菌剂、杀病毒剂和杀线虫剂。杀菌剂是一类能够杀死病原生物，抑制其侵染、生长和繁殖，或提高作物抗病性的农药。

（3）除草剂　　除草剂按其在作物体内的移动性可分为触杀型和内吸型除草剂。触杀型除草剂被作物吸收后，不能在作物体内移动或移动范围很小，因而主要在接触部位发挥作用。这类除草剂只有喷洒均匀，才能收到较好的除草效果。

（四）生物防治

生物防治是利用某些生物（包括昆虫、螨类、蜘蛛、脊椎动物、细菌、真菌、线虫和病毒等）来控制病、虫、草害的发生和危害，通常把这些生物概称为天敌。对于天敌的利用一般有 3 种途径：一是保护和利用农田生态系统内原有的天敌，促使天敌的种群数量自然地迅速增殖，以达到控制病、虫、草害的目的；二是进行人工繁殖释放，大量补充农田生态系统中天敌种群的种类和数量；三是通过天敌移植和天敌引种，将一个地区的天敌迁移到另一个地区，使其在新地区定居下来，建立种群。

利用微生物间的拮抗作用、寄生作用、交互保护作用等可控制一些病害的发生。生物防治既是一种预防性的措施，又能直接扑杀病、虫、草，特别是在形成一定密度而且数量稳定的天敌种群以后，可以收到持续较长时期的理想效果。这类防治措施可以降低农药对环境的污染，保障人、畜的健康，降低防治费用，是综合防治的重要组成部分。

（五）物理防治

物理防治主要是利用光、热、电、机械等手段来防治病、虫、草害，对一些特定的防治对象具有良好的效果。物理防治能杀死隐蔽危害的害虫（如用红外线、高频电流），没有化学防治的副作用，但有的物理防治需较多的劳力或巨大的费用，有些方法对天敌也有影响。

五、专家系统在作物病、虫、草害防治中的应用

农业专家系统是把专家系统知识应用于农业领域的一项计算机技术。专家系统是人工智能的一个分支，主要目的是要使计算机在各个领域中起人类专家的作用。目前，

专家系统在植物保护领域中的应用主要集中在 3 个方面，即病、虫、草害的诊断与鉴别、预测预报及综合防治决策。

（1）农作物病、虫、草害的诊断与鉴别　　正确地诊断、鉴别病、虫、草害，是有效进行农业有害生物管理的基础，因此病、虫、草害的诊断与鉴别成为农业专家系统在植物保护领域应用的主要方面之一。诊断专家系统主要是根据观察到的病、虫、草害症状及危害特点，模拟农业专家的辨别思维来推断、鉴定出目标病、虫、草害，并给出相应的处理措施。认识和了解目标病、虫、草害，有针对性地进行研究和管理，是病、虫、草害综合治理的前提。

（2）农作物病、虫、草害的预测预报　　预测预报是植物保护工作的主要内容之一。它不仅对重大病、虫、草害的发生做出预测，还为政府部门发展农业、稳定农业生产做出决策依据。预测专家系统的主要任务是，通过对过去和现在已知状况的分析，推理未来可能发生的情况。对病害和虫害的预测是农林作物生产的关键所在。然而，要对疫情或病、虫、草害做出正确的预测，不但需要收集和分析大量的数据，而且需要有权威的专家对所获得数据的分析结果进行解释，如果单纯用人工从事这项工作既费时又费力。预测预报专家系统正好满足了这方面的需求。

（3）农作物病、虫、草害的综合防治决策　　农业生产上开发专家系统的根本目的是对病、虫、草害进行综合防治。决策专家系统是农业管理中最常用到的专家系统，它通过对现有病、虫、草害数据的分析，发现病、虫、草害在农作物生长中的异常反应，帮助管理者针对这些问题采取有效的措施。在作物健康及疾病管理中任何需要做出决定的方面，决策专家系统都有其用武之地。

学习重点与难点

重点掌握作物栽培技术的要点和作用。

复习思考题

作物主要的病、虫、草害有哪些种类？如何防治才能防止病害流行？

主要参考文献

北京农业工程大学. 1988. 农学基础. 北京：农业出版社

北京农业机械化学院. 1980. 农学基础. 北京：农业出版社

贝弗尔. 1983. 土壤物理学. 周传槐，译. 北京：农业出版社

曹卫星. 2001. 作物学通论. 北京：高等教育出版社

董钻. 2000. 作物栽培学总论. 北京：中国农业出版社

龚志求. 1985. 土壤学. 长沙：湖南科学技术出版社

关连珠. 2007. 普通土壤学. 北京：中国农业大学出版社

黄昌勇. 2000. 土壤学. 北京：中国农业出版社

姜岩. 1983. 土壤. 长春：吉林人民出版社

李存东. 2007. 农学概论. 北京：科学出版社

李建民. 1997. 农学概论. 北京：中国农业科技出版社

李建民，王宏富. 2010. 农学概论. 北京：中国农业大学出版社

梁秀兰，陈建军，梁计南，等. 2001. 农学概论. 广州：华南理工大学出版社

林成谷. 1983. 土壤学. 北京：农业出版社

林大仪. 2002. 土壤学. 北京：中国林业出版社

刘巽浩. 1994. 耕作学. 北京：中国农业出版社

吕贻忠，李保国. 2006. 土壤学. 北京：中国农业出版社

沈学年. 1963. 耕作学. 北京：农业出版社

沈雪峰，舒迎花. 2016. 农业标准化体系. 广州：华南理工大学出版社

王立祥. 2001. 耕作学. 重庆：重庆出版社

王艳红. 2020. 土壤与土壤耕作措施. 农业工程，77（3）：3-4

希勒尔. 1988. 土壤物理学概论. 尉庆丰，等译. 西安：陕西人民教育出版社

熊顺贵. 2001. 基础土壤学. 北京：中国农业大学出版社

徐文修，万素梅，刘建国. 2018. 农学概论. 北京：中国农业大学出版社

杨生华. 1986. 农学基础. 北京：中国农业出版社

杨生华. 1990. 农学基础. 北京：北京农业工程大学出版社

杨文钰. 2002. 农学概论. 北京：中国农业出版社

杨文钰. 2008. 农学概论. 2版. 北京：中国农业出版社

杨文钰. 2011. 农学概论. 3版. 北京：中国农业出版社

叶常丰，戴心维. 1994. 种子学. 北京：中国农业出版社

张树榛. 1965. 作物育种和良种繁育. 北京：北京出版社

浙江农业大学. 1991. 植物营养与肥料. 北京：中国农业出版社

浙江农业大学种子教研组. 1980. 种子学. 上海：上海科学技术出版社

周文嘉，金志南. 1983. 土壤. 太原：山西人民出版社

朱祖祥. 1983. 土壤学. 北京：农业出版社

祖康祺. 1986. 土壤. 北京：科学普及出版社